2024年版全国一级建造师执业资格考试辅导

水利水电工程管理与实务

全国一级建造师执业资格考试辅导编写委员会　编写

中国建筑工业出版社
中国城市出版社

图书在版编目（CIP）数据

水利水电工程管理与实务章节刷题/全国一级建造师执业资格考试辅导编写委员会编写. —北京：中国城市出版社，2024.4

2024年版全国一级建造师执业资格考试辅导
ISBN 978-7-5074-3703-4

Ⅰ.①水… Ⅱ.①全… Ⅲ.①水利水电工程—工程管理—资格考试—习题集 Ⅳ.①TV-44

中国国家版本馆CIP数据核字（2024）第079917号

责任编辑：田立平
责任校对：姜小莲

2024年版全国一级建造师执业资格考试辅导

水利水电工程管理与实务章节刷题

全国一级建造师执业资格考试辅导编写委员会　编写

*

中国建筑工业出版社、中国城市出版社出版、发行（北京海淀三里河路9号）
各地新华书店、建筑书店经销
建工社（河北）印刷有限公司印刷

*

开本：787毫米×1092毫米　1/16　印张：23　字数：559千字
2024年5月第一版　2024年5月第一次印刷
定价：**68.00**元（含增值服务）
ISBN 978-7-5074-3703-4
（904718）

如有内容及印装质量问题，请联系本社读者服务中心退换
电话：（010）58337283　QQ：2885381756
（地址：北京海淀三里河路9号中国建筑工业出版社604室　邮政编码：100037）

版权所有　翻印必究

请读者识别、监督：

本书封面有网上增值服务码，环衬为有中国建筑工业出版社水印的专用防伪纸，封底贴有中国建筑工业出版社专用防伪标，否则为盗版书。

举报电话：（010）58337026；举报QQ：3050159269
本社法律顾问：上海博和律师事务所许爱东律师

出 版 说 明

为了满足广大考生的应试复习需要，便于考生准确理解考试大纲的要求，尽快掌握复习要点，更好地适应考试，根据"一级建造师执业资格考试大纲"（2024年版）（以下简称"考试大纲"）和"2024年版全国一级建造师执业资格考试用书"（以下简称"考试用书"），我们组织全国著名院校和企业以及行业协会的有关专家教授编写了"2024年版全国一级建造师执业资格考试辅导——章节刷题"（以下简称"章节刷题"）。此次出版的章节刷题共13册，涵盖所有的综合科目和专业科目，分别为：

- 《建设工程经济章节刷题》
- 《建设工程项目管理章节刷题》
- 《建设工程法规及相关知识章节刷题》
- 《建筑工程管理与实务章节刷题》
- 《公路工程管理与实务章节刷题》
- 《铁路工程管理与实务章节刷题》
- 《民航机场工程管理与实务章节刷题》
- 《港口与航道工程管理与实务章节刷题》
- 《水利水电工程管理与实务章节刷题》
- 《矿业工程管理与实务章节刷题》
- 《机电工程管理与实务章节刷题》
- 《市政公用工程管理与实务章节刷题》
- 《通信与广电工程管理与实务章节刷题》

《建设工程经济章节刷题》《建设工程项目管理章节刷题》《建设工程法规及相关知识章节刷题》包括单选题和多选题，专业工程管理与实务章节刷题包括单选题、多选题、实务操作和案例分析题。章节刷题中附有参考答案、难点解析、案例分析以及综合测试等。为了帮助应试考生更好地复习备考，我们开设了在线辅导课程，考生可通过中国建筑出版在线网站（wkc.cabplink.com）了解相关信息，参加在线辅导课程学习。

为了给广大应试考生提供更优质、持续的服务，我社对上述13册图书提供网上增值服务，包括在线答疑、在线视频课程、在线测试等内容。

章节刷题紧扣考试大纲，参考考试用书，全面覆盖所有知识点要求，力求突出重点，解释难点。题型参照考试大纲的要求，力求练习题的难易、大小、长短、宽窄适中。各科目考试时间、分值见下表：

序号	科目名称	考试时间（小时）	满分
1	建设工程经济	2	100
2	建设工程项目管理	3	130
3	建设工程法规及相关知识	3	130
4	专业工程管理与实务	4	160

本套章节刷题力求在短时间内切实帮助考生理解知识点，掌握难点和重点，提高应试水平及解决实际工作问题的能力。希望这套章节刷题能有效地帮助一级建造师应试人员提高复习效果。本套章节刷题在编写过程中，难免有不妥之处，欢迎广大读者提出批评和建议，以便我们修订再版时完善，使之成为建造师考试人员的好帮手。

中国建筑工业出版社

中国城市出版社

2024年2月

购正版图书　享超值服务

凡购买我社章节刷题的读者，均可凭封面上的增值服务码，免费享受网上增值服务。增值服务包括在线答疑、在线视频、在线测试等内容，使用方法如下：

1. 计算机用户

2. 移动端用户

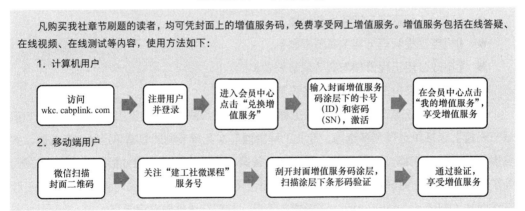

读者如果对图书中的内容有疑问或问题，可关注微信公众号【建造师应试与执业】，与图书编辑团队直接交流。

建造师应试与执业

前　　言

  为了帮助全国一级建造师执业资格考试水利水电工程专业应考人员进一步理解考试大纲和考试用书，加深对考点和知识点的理解和掌握，提高复习效率，巩固复习效果，提高应考人员的解题能力，本书编委会依据《一级建造师执业资格考试大纲（水利水电工程）》（2024年版）、2024年版全国一级建造师执业资格考试用书《水利水电工程管理与实务》，就水利水电工程技术、水利水电工程相关法规与标准以及水利水电工程项目管理实务等有关内容，针对考试大纲的具体要求，编写了本章节刷题。

  本章节刷题共分三部分，包括选择题、实务操作和案例分析题和综合测试题，其中选择题部分是按照2024年版考试用书《水利水电工程管理与实务》的条目格式进行编写的，包括水利水电工程技术、水利水电工程相关法规与标准、水利水电工程项目管理实务等三部分组成，便于应试者巩固知识点，帮助复习之用。实务操作和案例分析题以案例分析的形式，旨在培养应试者应用《水利水电工程管理与实务》以及《建设工程经济》《建设工程项目管理》《建设工程法规及相关知识》等考试用书所建立的知识体系，系统解决水利水电工程中实际问题的能力。综合测试题帮助应试者检验复习效果，模拟迎考。

  本章节刷题类型齐全，题目量大，覆盖面广，是应试者复习的必备参考书，同时可作为各培训班的教材，也可供广大工程建设技术人员和院校师生参考。在实际工作中，水利水电工程专业涉及水利行业和能源行业，两个行业对项目的技术要求以及管理的要求存在一些不同之处，为了更好地模拟考试，部分选择题用到的知识横跨不同的章节。上述不同在复习时需要注意复习要点的有关提示。实务操作和案例分析题，需要注意答案以及括号内对答案理解的解读。

  在编写过程中，编者力求做到内容精炼、重点突出，有较强的针对性，便于应试者复习，但难免有不足之处，诚望广大读者指正，以便再版时修改完善。

目　　录

第1篇　水利水电工程技术

第1章　水利水电工程勘测与设计 ··· 1
1.1　水利水电工程勘测 ··· 1
1.2　水利水电工程设计 ··· 6

第2章　水利水电工程施工水流控制与基础处理 ························· 23
2.1　施工导流与截流 ··· 23
2.2　导流建筑物及基坑排水 ··· 27
2.3　地基处理工程 ··· 31

第3章　土石方与土石坝工程 ··· 39
3.1　土石方工程 ··· 39
3.2　土石坝施工技术 ··· 46
3.3　面板堆石坝施工技术 ··· 51

第4章　混凝土与混凝土坝工程 ··· 55
4.1　混凝土的生产与浇筑 ··· 55
4.2　模板与钢筋 ··· 59
4.3　混凝土坝的施工技术 ··· 63
4.4　碾压混凝土的施工技术 ··· 66

第5章　堤防与河湖疏浚工程 ··· 69
5.1　堤防工程施工技术 ··· 69
5.2　河湖疏浚工程施工技术 ··· 72

第6章　水闸、泵站与水电站工程 ··· 75
6.1　水闸施工技术 ··· 75
6.2　泵站与水电站的布置及机组安装 ··· 78

第2篇 水利水电工程相关法规与标准

第7章 相关法规 ... 86
7.1 水法与工程建设有关的规定 ... 86
7.2 防洪的有关法律规定 ... 91
7.3 水土保持的有关法律规定 ... 98
7.4 大中型水利水电工程建设征地补偿和移民安置的有关规定 ... 101

第8章 相关标准 ... 104
8.1 工程建设标准体系 ... 104
8.2 与施工相关的标准 ... 106

第3篇 水利水电工程项目管理实务

第9章 水利水电工程企业资质与施工组织 ... 116
9.1 水利水电工程企业资质 ... 116
9.2 施工组织设计 ... 120
9.3 建设项目管理有关要求 ... 127
9.4 建设监理 ... 141

第10章 工程招标投标与合同管理 ... 153
10.1 工程招标投标 ... 153
10.2 工程合同管理 ... 172

第11章 施工进度管理 ... 177
11.1 工程建设程序 ... 177
11.2 水利工程验收 ... 180
11.3 水力发电工程验收 ... 194

第12章 施工质量管理 ... 198
12.1 水利水电工程质量职责与事故处理 ... 198
12.2 施工质量检验 ... 221

第13章 施工成本管理 ... 229
13.1 水利水电工程概预算 ... 229
13.2 阶段成本控制 ... 239

第 14 章　施工安全管理 ································ 243
14.1　水利水电工程建设安全生产职责 ············· 243
14.2　水利水电工程建设风险管控 ··················· 250

第 15 章　绿色建造及施工现场环境管理 ·············· 258
15.1　绿色建造 ·· 258
15.2　施工现场环境管理 ······························· 263

第 16 章　实务操作和案例分析题 ······················· 268

综合测试题（一） ·· 335

综合测试题（二） ·· 349

网上增值服务说明 ·· 360

第1篇 水利水电工程技术

第1章 水利水电工程勘测与设计

1.1 水利水电工程勘测

微信扫一扫
在线做题+答疑

复习要点

1. 测量仪器的使用
2. 水利水电工程施工测量的要求
3. 水利水电工程地质与水文地质条件及分析

一 单项选择题

1. 工程测量中较多使用 DS3 型微倾式普通水准仪,数字 3 表示该仪器精度,即每公里往返测量高差中数的偶然中误差不超过( )。
   A. ±3cm   B. 3cm
   C. −3cm   D. ±3mm

2. 下列仪器设备中,具有在海、陆、空全方位实时三维导航与定位能力的是( )。
   A. 全站仪   B. 电磁波测距仪
   C. 卫星定位系统 D. 经纬仪

3. 进行角度测量的主要仪器是( )。
   A. 全站仪   B. 电磁波测距仪
   C. 全球定位系统 D. 经纬仪

4. 集自动测距、测角、计算和数据自动记录及传输功能于一体的自动化、数字化及智能化的三维坐标测量与定位系统的是( )。
   A. 全站仪   B. 电磁波测距仪
   C. 全球定位系统 D. 经纬仪

5. 下列关于微倾水准仪使用的说法,错误的是( )。
   A. 使用步骤依次为:粗平—精平—调焦和照准—读数
   B. 读数时产生视差的原因是目标影像与十字丝板分划板不重合
   C. 使用的水准仪是正像时,读数应由注记小的一端向大的一端读出
   D. 使用的水准仪是倒像时,读数应由注记小的一端向大的一端读出

6. 对于高程放样中误差要求不大于 ±10mm 的部位,应采用( )。

A．视距法　　　　　　　　　　B．直角交会法
C．水准测量法　　　　　　　　D．解析三角高程法

7．采用经纬仪代替水准仪进行土建工程放样时，放样点离高程控制点不得大于（　　）m。

A．50　　　　　　　　　　　　B．100
C．150　　　　　　　　　　　　D．200

8．填筑工程量测算时，独立两次对同一工程量测算体积之差，在小于该体积的（　　）时，可取中数作为最后值。

A．3%　　　　　　　　　　　　B．4%
C．5%　　　　　　　　　　　　D．6%

9．建筑物基础块（第一层）轮廓点的放样，必须全部采用相互独立的方法进行检核。放样和检核点位之差不应大于（　　）m（m 为轮廓点的测量放样中误差）。

A．1　　　　　　　　　　　　　B．$\sqrt{2}$
C．3　　　　　　　　　　　　　D．5

10．两次独立测量同一区域的岩石开挖工程量其差值小于 5% 时，可取（　　）作为最后值。

A．大值　　　　　　　　　　　B．小值
C．中数　　　　　　　　　　　D．均方差值

11．施工期间的外部变形监测垂直位移的基点，至少要布设一组，每组不少于（　　）个固定点。

A．2　　　　　　　　　　　　　B．3
C．4　　　　　　　　　　　　　D．5

12．光电测距仪的照准误差（相位不均匀误差）、偏调误差（三轴平行性）及加常数、乘常数，一般（　　）进行一次检验。

A．每月　　　　　　　　　　　B．每半年
C．每年　　　　　　　　　　　D．每次使用前

13．对于混凝土重力坝溢流面高程放样的精度，一般应（　　）。

A．与平面位置放样的精度相一致
B．大于平面位置放样的精度
C．小于平面位置放样的精度
D．要求较低，主要防止粗差的发生

14．采用视准线监测的围堰变形点，其偏离视准线的距离不应大于（　　）mm。

A．15　　　　　　　　　　　　B．20
C．30　　　　　　　　　　　　D．50

15．一般情况下，水平位移监测采用（　　）。

A．交会法　　　　　　　　　　B．三角高程法
C．水准观测法　　　　　　　　D．视准线法

16．在地质勘探试验中，属于原位测试的是（　　）。

A．抗剪强度试验　　　　　　　B．十字板剪切试验

C．物理性质试验　　　　　　　D．动力性质试验

17. 在相同的观测条件下，对某一量进行一系列的观测，如果出现的误差在符号和数值上都不相同，从表面上看没有任何规律性，这种误差称为（　　）。

A．随机误差　　　　　　　　　B．偶然误差
C．粗差　　　　　　　　　　　D．动态误差

18. 由于观测者粗心或者受到干扰造成的错误称为（　　）。

A．随机误差　　　　　　　　　B．偶然误差
C．粗差　　　　　　　　　　　D．动态误差

19. 双面水准尺的主尺是（　　）。

A．红面尺　　　　　　　　　　B．黑面尺
C．蓝面尺　　　　　　　　　　D．白面尺

20. 某建筑物基坑开挖深度为7m，建基面下2～10m范围内为承压水层，承压水头8m，该基坑降水宜采用（　　）。

A．明排　　　　　　　　　　　B．管井
C．真空井点　　　　　　　　　D．喷射井点

21. 在坝址、地下工程及大型边坡等勘察中，当需详细调查深部岩层性质及其构造特征时，可采用（　　）。

A．钻探　　　　　　　　　　　B．静力触探
C．地球物理勘探　　　　　　　D．井探

22. 变形观测的基点，应尽量利用施工控制网中较为稳固可靠的控制点，也可建立独立的、相对的控制点，其精度应不低于（　　）等网的标准。

A．一　　　　　　　　　　　　B．二
C．三　　　　　　　　　　　　D．四

23. 天然建筑材料的勘察级别划分为普查、初查、详查三个阶段，初查阶段对应于工程的（　　）。

A．项目建议书阶段　　　　　　B．可行性研究阶段
C．初步设计阶段　　　　　　　D．施工图阶段

24. 在天然建筑材料的详查阶段，勘察储量一般不小于设计需要量的（　　）倍。

A．1.5～2　　　　　　　　　　B．2.5～3
C．3.5～4　　　　　　　　　　D．4.5～5

25. 在野外常见的边坡变形破坏类型中，边坡岩体主要在重力作用下向临空方向发生长期缓慢的塑性变形现象，称为（　　）。

A．松弛张裂　　　　　　　　　B．滑坡
C．崩塌　　　　　　　　　　　D．蠕动变形

26. 某点沿铅垂线方向到大地水准面的距离，称为该点的（　　）。

A．绝对高程　　　　　　　　　B．相对高程
C．假定高程　　　　　　　　　D．高差

27. 我国通常采用（　　）代替大地水准面作为高程基准面。

A．平均地面高程　　　　　　　B．平均高潮位

C．平均低潮位　　　　　　　　D．平均海平面

28．我国现行的高程起算的统一基准是（　　）。

A．1956年黄海高程系　　　　　B．1985年国家高程基准

C．废黄河高程系　　　　　　　D．1985年黄海高程系

29．按地形图比例尺分类，1∶10000地形图属于（　　）比例尺地形图。

A．大　　　　　　　　　　　　B．较大

C．中　　　　　　　　　　　　D．小

30．在相同的观测条件下，对某一量进行一系列的观测，如果出现的误差在符号和数值上都相同，或按一定的规律变化，这种误差称为（　　）。

A．系统误差　　　　　　　　　B．偶然误差

C．粗差　　　　　　　　　　　D．正态误差

二 多项选择题

1．经纬仪的使用包括（　　）等操作步骤。

A．粗平　　　　　　　　　　　B．对中

C．整平　　　　　　　　　　　D．照准

E．读数

2．平面位置放样应根据放样点位的精度要求、现场作业条件和拥有的仪器设备，选择适用的放样方法。平面位置放样的基本方法有（　　）。

A．直角交会法　　　　　　　　B．极坐标法

C．距离交会法　　　　　　　　D．视距法

E．角度交会法

3．开挖工程测量的内容包括（　　）。

A．开挖区原始地形图和原始断面图测量

B．开挖轮廓点放样

C．开挖竣工地形、断面测量

D．工程量测算

E．建筑物变形测量

4．下列关于施工期外部变形监测的工作基点和测点的选择与埋设的说法，正确的有（　　）。

A．基点必须建立在变形区以外稳固的基岩上

B．基点应尽量靠近变形区

C．垂直位移基点至少要布设一组，每组不少于两个固定点

D．建筑物裂缝观测点应埋设在裂缝两侧

E．滑坡测点宜设在滑动量大、滑动速度快的轴线方向

5．岩石种类很多，按其成因可分为（　　）。

A．岩浆岩　　　　　　　　　　B．沉积岩

C．变质岩　　　　　　　　　　D．石灰岩

E．花岗岩

6．工程地质构造按构造形态可分为（　　）。

A．倾斜构造　　　　　　　B．褶皱构造
C．断裂构造　　　　　　　D．片状构造
E．块状构造

7．在野外常见到的边坡变形破坏主要有（　　）等几种类型。

A．松弛张裂　　　　　　　B．管涌破坏
C．蠕动变形　　　　　　　D．崩塌
E．滑坡

8．影响边坡稳定的因素主要有（　　）。

A．地形地貌　　　　　　　B．岩土类型和性质
C．地质构造　　　　　　　D．水
E．有害气体

9．经纬仪分为（　　）。

A．微倾经纬仪　　　　　　B．激光经纬仪
C．光学经纬仪　　　　　　D．电子经纬仪
E．游标经纬仪

10．以下比例尺为大比例尺的有（　　）。

A．1∶2000　　　　　　　　B．1∶5000
C．1∶10000　　　　　　　D．1∶25000
E．1∶50000

11．测量误差按其产生的原因和对测量结果影响性质的不同可分为（　　）。

A．人为误差　　　　　　　B．仪器误差
C．系统误差　　　　　　　D．偶然误差
E．粗差

12．下列属于精密水准测量的是（　　）。

A．国家五等水准测量　　　B．国家四等水准测量
C．国家三等水准测量　　　D．国家二等水准测量
E．国家一等水准测量

【答案】

一、单项选择题

1．A；　2．C；　3．D；　4．A；　5．A；　6．C；　7．A；　8．A；
9．B；　10．C；　11．B；　12．C；　13．A；　14．D；　15．D；　16．B；
17．B；　18．C；　19．B；　20．B；　21．D；　22．D；　23．B；　24．A；
25．D；　26．A；　27．D；　28．B；　29．A；　30．A

二、多项选择题

1．B、C、D、E；　2．A、B、C、E；　3．A、B、C、D；　4．A、B、D、E；

5. A、B、C；   6. A、B、C；   7. A、C、D、E；   8. A、B、C、D；
9. C、D、E；   10. A、B、C；   11. C、D、E；   12. D、E

1.2 水利水电工程设计

复习要点

1. 水利水电工程等级划分及工程特征水位
2. 水利水电工程合理使用年限及耐久性
3. 水工建筑物结构受力状况及主要设计方法
4. 水利水电工程建筑材料的应用
5. 水力荷载
6. 渗流分析
7. 水流形态及消能方式

一 单项选择题

1. 《水利水电工程等级划分及洪水标准》SL 252—2017 规定，水利水电工程根据其工程规模、效益以及在经济社会中的重要性，划分为（　　）等。
   A. 三　　　　　　　　　　　B. 四
   C. 五　　　　　　　　　　　D. 六

2. 水利水电工程的永久性主要建筑物的级别，划分为（　　）级。
   A. 三　　　　　　　　　　　B. 四
   C. 五　　　　　　　　　　　D. 六

3. 水利水电工程的永久性次要建筑物的级别，划分为（　　）级。
   A. 三　　　　　　　　　　　B. 四
   C. 五　　　　　　　　　　　D. 六

4. 独立立项的拦河水闸的工程等别，应根据（　　）确定。
   A. 工程效益　　　　　　　　B. 承担的工程任务和规模
   C. 防洪标准　　　　　　　　D. 灌溉面积

5. 枢纽工程中拦河水闸的工程等别，应根据（　　）确定。
   A. 拦蓄库容　　　　　　　　B. 与该枢纽工程等别相同
   C. 防洪标准　　　　　　　　D. 灌溉面积

6. 某堤防工程，其保护对象的防洪标准为 50 年，该堤防工程级别为（　　）级。
   A. 1　　　　　　　　　　　　B. 2
   C. 3　　　　　　　　　　　　D. 4

7. 某水库工程等别为Ⅱ等，其大坝最大高度为 205m，该水库大坝建筑物的级别应为（　　）级。
   A. 1　　　　　　　　　　　　B. 2

C. 3   D. 4

8. 根据山区、丘陵地区永久性水工建筑物洪水标准要求，对一级混凝土坝，在校核情况下的洪水重现期为（　　）年。
   A. 10000～5000   B. 5000～2000
   C. 5000～1000   D. 2000～1000

9. 根据《水利水电工程等级划分及洪水标准》SL 252—2017，某土石坝施工中，汛前达到拦洪度汛高程（超过围堰顶高程），相应库容为5000万 m^3，坝体施工期临时度汛的洪水标准为（　　）年。
   A. 20～10   B. 50～20
   C. 100～50   D. ≥100

10. 当平原、滨海地区的水利水电工程其永久性水工建筑物的挡水高度高于（　　）m，且上下游水头差大于（　　）m时，其洪水标准宜按山区、丘陵地区标准确定。
    A. 10、5   B. 15、10
    C. 20、15   D. 25、15

11. 某库容10亿 m^3 的水库大坝的施工临时围堰，围堰高55m，施工期防洪库容 $8×10^7 m^3$，使用年限3年。该临时围堰的级别应为（　　）级。
    A. 2   B. 3
    C. 4   D. 5

12. 水库遇大坝的设计洪水时在坝前达到的最高水位，称为（　　）。
    A. 防洪限制水位   B. 设计洪水位
    C. 正常高水位   D. 防洪高水位

13. 水库在汛期允许兴利的上限水位，也是水库防洪运用时的起调水位，称为（　　）。
    A. 防洪限制水位   B. 设计洪水位
    C. 正常高水位   D. 防洪高水位

14. 防洪高水位至防洪限制水位之间的水库容积叫作（　　）。
    A. 总库容   B. 死库容
    C. 防洪库容   D. 调洪库容

15. 校核洪水位至防洪汛限水位之间的水库容积，称为（　　）。
    A. 总库容   B. 死库容
    C. 防洪库容   D. 调洪库容

16. 正常蓄水位至死水位之间的水库容积称为（　　）。
    A. 兴利库容   B. 死库容
    C. 防洪库容   D. 调洪库容

17. 水库在非常运用校核情况下允许临时达到的最高洪水位称为（　　）。
    A. 校核洪水位   B. 设计洪水位
    C. 防洪高水位   D. 防洪限制水位

18. 正常蓄水位至防洪限制水位之间汛期用于蓄洪、非汛期用于兴利的水库库容称为（　　）。

　　A．兴利库容　　　　　　　　B．共用库容
　　C．调洪库容　　　　　　　　D．防洪库容

19．根据《水利水电工程等级划分及洪水标准》SL 252—2017，新建混凝土坝工程，大坝级别为2级，导流洞封堵后，如永久泄洪建筑物尚未具备设计泄洪能力，该坝体设计洪水标准为（　　）年。

　　A．50～20　　　　　　　　　B．100～50
　　C．200～100　　　　　　　　D．500～200

20．根据《水利水电工程等级划分及洪水标准》SL 252—2017，新建混凝土坝工程，大坝级别为2级，导流洞封堵后，如永久泄洪建筑物尚未具备设计泄洪能力，该坝体校核洪水标准为（　　）年。

　　A．50～20　　　　　　　　　B．100～50
　　C．200～100　　　　　　　　D．500～200

21．用以改善河流的水流条件，调整河流水流对河床及河岸的作用以及为防护水库、湖泊中的波浪和水流对岸坡冲刷的建筑物称为（　　）。

　　A．泄水建筑物　　　　　　　B．输水建筑物
　　C．整治建筑物　　　　　　　D．取水建筑物

22．渠系建筑物中，渠道与山谷、河流、道路相交，为连接渠道而设置的过水桥，称为（　　）。

　　A．虹吸管　　　　　　　　　B．渡槽
　　C．倒虹吸管　　　　　　　　D．涵洞

23．水下一个任意倾斜放置的矩形平面，当L表示平面的长度（m）；b表示平面的宽度（m）；γ表示流体的重力密度（kN/m^3）；h_1、h_2分别表示这一矩形平面的顶面和底面距水面的深度（m）时，则作用于该矩形平面上的静水总压力P为（　　）$\gamma(h_1+h_2)bL$。

　　A．2.0　　　　　　　　　　 B．0.5
　　C．0.25　　　　　　　　　　D．1.0

24．混凝土重力坝坝基面上的水压强度集合称为（　　）。

　　A．扬压力　　　　　　　　　B．浮托力
　　C．正压力　　　　　　　　　D．渗透压力

25．坝底扬压力包括浮托力和渗透压力两部分，其中（　　）。

　　A．浮托力是由上游水深形成的，渗透压力是由上下游水位差形成的
　　B．浮托力是由下游水深形成的，渗透压力是由上下游水位差形成的
　　C．浮托力是由上下游水位差形成的，渗透压力是由上游水深形成的
　　D．浮托力是由上下游水位差形成的，渗透压力是由下游水深形成的

26．混凝土坝坝基所受的渗透压力大小与（　　）成正比。

　　A．上游水深　　　　　　　　B．下游水深
　　C．上、下游水位差　　　　　D．坝高

27．混凝土坝防渗帷幕后设置排水孔幕的目的是降低（　　）。

A．渗透压力 B．浮托力
C．动水压力 D．静水压力

28．某混凝土衬砌有压隧洞中心线高程 65.0m，地下水位 78.2m，外水压力折减系数取 0.45，则作用于衬砌上的外水压力强度标准值为（ ）kN/m^2。
A．5.94 B．58.27
C．6.60 D．64.75

29．溢流坝泄水时，在溢流面上作用有动水压力，在反弧段上，可根据水流的（ ）求解动水压力。
A．动能方程 B．动量方程
C．能量方程 D．能量守恒方程

30．当温度回升时（仍低于0℃），因冰盖膨胀对建筑物表面产生的冰压力称为（ ）。
A．静水压力 B．静冰压力
C．动水压力 D．动冰压力

31．流网法是土石坝渗流分析的一种方法，下列关于流网法基本特性的说法，错误的是（ ）。
A．等势线和流线互相正交
B．坝下不透水层面可视为一流线
C．浸润线不能视为一流线
D．渗流在下游坝坡上溢出点的压力等于大气压

32．在渗透系数测定试验中，实测的流量为 Q、通过渗流的土样横断面面积为 A、通过渗流的土样高度为 L、实测的水头损失为 H，则对于土体的渗透系数 k，相关参数关系为（ ）。
A．与 Q、A 成正比；与 L、H 成反比
B．与 Q、L 成正比；与 A、H 成反比
C．与 Q、H 成正比；与 L、A 成反比
D．与 A、L 成正比；与 Q、H 成反比

33．在渗流作用下，非黏性土土体内的细小颗粒沿着粗大颗粒间的孔隙通道移动或被渗流带出，致使土层中形成孔道而产生集中涌水的现象称为（ ）。
A．流土 B．接触冲刷
C．管涌 D．接触流土

34．在渗流作用下，非黏性土土体内的颗粒群同时发生移动的现象；或者黏性土土体发生隆起、断裂和浮动等现象，都称为（ ）。
A．流土 B．接触冲刷
C．管涌 D．接触流土

35．当渗流沿着两种颗粒不同的土层交界面流动时，在交界面处的土壤颗粒被冲动而产生的冲刷现象称为（ ）。
A．流土 B．接触冲刷
C．管涌 D．接触流土

36. 土体中细小颗粒在渗流作用下开始在孔隙内移动时的水力坡降为（　　）。
    A．临界坡降　　　　　　　　B．允许坡降
    C．极限坡降　　　　　　　　D．破坏坡降
37. 产生管涌和流土的条件主要取决于渗透坡降和（　　）。
    A．土的颗粒组成　　　　　　B．反滤层的设置
    C．上下游水位差　　　　　　D．减压井的设置
38. 混凝土抗压强度标准立方体试件的标准养护条件为（　　）。
    A．温度（20±2）℃，相对湿度95%以上
    B．温度（20±2）℃，相对湿度98%以上
    C．温度（20±3）℃，相对湿度95%以上
    D．温度（20±3）℃，相对湿度98%以上
39. 在流场中任何空间上所有的运动要素都不随时间改变的水流称为（　　）。
    A．均匀流　　　　　　　　　B．恒定流
    C．非均匀流　　　　　　　　D．非恒定流
40. 当水流的流线为相互平行的直线时，该水流称为（　　）。
    A．均匀流　　　　　　　　　B．恒定流
    C．非均匀流　　　　　　　　D．非恒定流
41. 下列关于恒定流的说法，正确的是（　　）。
    A．同一流线上不同点的流速相等
    B．断面平均流速相等
    C．流场中所有运动要素都不随时间而改变
    D．过水断面的形状和尺寸沿程不变
42. 若水流的流线之间夹角很大或者流线曲率半径很小，这种水流称为（　　）。
    A．均匀流　　　　　　　　　B．渐变流
    C．恒定流　　　　　　　　　D．急变流
43. 同一液体在同一管道中流动，当流速较小，各流层的液体质点有条不紊地运动，互不混掺，该流动形态为（　　）。
    A．均匀流　　　　　　　　　B．渐变流
    C．紊流　　　　　　　　　　D．层流
44. 同一液体在同一管道中流动，当流速较大，各流层的液体质点形成涡体，在流动过程中互相混掺，该流动形态为（　　）。
    A．均匀流　　　　　　　　　B．渐变流
    C．紊流　　　　　　　　　　D．层流
45. 闸后、跌水、泄水、水轮机中的水流均为（　　）。
    A．均匀流　　　　　　　　　B．渐变流
    C．紊流　　　　　　　　　　D．层流
46. 在明渠均匀流中，由于克服阻力，产生沿程水头损失，（　　）。
    A．压能、动能、位能均不变
    B．压能、动能不变，位能逐渐减小

C．压能、位能不变，动能逐渐减小

D．压能、位能、动能均逐渐减小

47．利用水跃消能，将泄水建筑物泄出的急流转变为缓流，以消除多余动能的消能方式称为（　　）。

A．底流消能　　　　　　　　B．挑流消能

C．面流消能　　　　　　　　D．消力戽消能

48．低水头、大流量、地质条件较差的泄水建筑物宜采用（　　）。

A．底流消能　　　　　　　　B．挑流消能

C．面流消能　　　　　　　　D．消力戽消能

49．高水头、大流量、坚硬岩基上的高坝，其消能方式一般采用（　　）。

A．底流消能　　　　　　　　B．挑流消能

C．面流消能　　　　　　　　D．消力戽消能

50．在明渠水流中，当水深小于临界水深，弗汝德数大于1的水流，称为（　　）。

A．层流　　　　　　　　　　B．紊流

C．缓流　　　　　　　　　　D．急流

51．下列材料中，只能在空气中硬化，并保持或继续提高其强度的材料是（　　）。

A．硅酸盐水泥　　　　　　　B．普通硅酸盐水泥

C．硅酸盐大坝水泥　　　　　D．石灰

52．下列属于特性水泥的是（　　）。

A．低热水泥　　　　　　　　B．复合硅酸盐水泥

C．快硬硅酸盐水泥　　　　　D．火山灰质硅酸盐水泥

53．既可用于地上，也可用于地下或水中建筑物的胶凝材料是（　　）。

A．硅酸盐水泥　　　　　　　B．石灰

C．石膏　　　　　　　　　　D．水玻璃

54．下列关于建筑材料应用的说法，正确的是（　　）。

A．用于护坡的石料的吸水率应不小于0.8

B．花岗岩的耐久性好于闪长岩

C．所有砂岩均具有遇水软化的特性，因此不能用于水中建筑物

D．位于地下部位的混凝土可以选用矿渣硅酸盐水泥

55．根据《土工合成材料应用技术规范》GB/T 50290—2014，利用土工布（　　）的特点，可作为土石坝、水闸等工程的排水和反滤体。

A．防渗性强　　　　　　　　B．透水性好、孔隙小

C．强度高　　　　　　　　　D．耐久性好

56．除快硬水泥以外，其他水泥存储超过（　　）个月应复试其各项指标，并按复试结果使用。

A．0.5　　　　　　　　　　　B．1

C．2　　　　　　　　　　　　D．3

57．均质土坝的土料是砂质黏土和壤土，要求其应具有一定的抗渗性和强度，其黏粒含量一般为（　　）。

A. 5%～10% B. 10%～30%
C. 5%～20% D. 20%～40%

58. 常用于均质土坝的土料是砂质黏土和壤土，要求其应具有一定的抗渗性和强度，其渗透系数不宜大于（　　）。
    A. 1×10^{-5}cm/s B. 1×10^{-4}cm/s
    C. 1×10^{-3}cm/s D. 1×10^{-2}cm/s

59. 下列属于硬木材的是（　　）。
    A. 松 B. 柏
    C. 杉 D. 槐

60. 石灰岩属于（　　）。
    A. 火成岩 B. 变质岩
    C. 水成岩 D. 玄武岩

61. 水位变动区域的外部混凝土、溢流面受水流冲刷部位的混凝土，避免采用（　　）。
    A. 普通硅酸盐水泥 B. 硅酸盐大坝水泥
    C. 抗硫酸盐硅酸盐水泥 D. 火山灰质硅酸盐水泥

62. 根据规范，钢筋采用绑扎连接时，钢筋搭接处，应用绑丝扎牢，绑扎不少于（　　）道。
    A. 2 B. 3
    C. 4 D. 5

63. 快硬水泥存储时间超过（　　）个月，应复试其各项指标，并按复试结果使用。
    A. 0.5 B. 1
    C. 2 D. 3

64. 混凝土立方体抗压强度试件的标准养护温度为（　　）。
    A. （20±2）℃ B. （20±3）℃
    C. （20±4）℃ D. （20±5）℃

65. 混凝土抗渗等级为W4，表示混凝土能抵抗（　　）MPa的水压力而不渗水。
    A. 0.04 B. 0.4
    C. 4.0 D. 40

66. 新拌砂浆的流动性、保水性分别用（　　）表示。
    A. 沉入度、分层度 B. 坍落度、分层度
    C. 坍落度、沉入度 D. 沉入度、坍落度

67. 混凝土拌合物的和易性包括（　　）等几个方面。
    A. 流动性、黏聚性和保水性 B. 流动性和保水性
    C. 流动性和黏聚性 D. 黏聚性和保水性

68. 硅酸盐水泥初凝时间不得早于（　　）min。
    A. 45 B. 40
    C. 30 D. 25

69. 混凝土细集料是指粒径在（　　）mm 的集料。
    A. 0.16～5.0　　　　　　　　B. 0.5～7.5
    C. 5.0～10.0　　　　　　　　D. 10.0～20.0
70. 混凝土的抗冻性是指混凝土在饱和状态下，经多次冻融循环作用而不严重降低强度的性能，其抗压强度下降不超过25%，质量损失不超过（　　）。
    A. 3%　　　　　　　　　　　B. 5%
    C. 7%　　　　　　　　　　　D. 9%
71. 抗磨蚀混凝土中，F类粉煤灰取代普通硅酸盐水泥的最大限量是（　　）。
    A. 40%　　　　　　　　　　 B. 30%
    C. 20%　　　　　　　　　　 D. 15%
72. 可以改善混凝土拌合物流动性能的外加剂是（　　）。
    A. 速凝剂　　　　　　　　　B. 减水剂
    C. 膨胀剂　　　　　　　　　D. 防水剂
73. 钢材在外力作用下开始产生塑性变形时的应力为（　　）。
    A. 抗拉极限强度　　　　　　B. 最大抗拉强度
    C. 硬度　　　　　　　　　　D. 抗拉屈服强度
74. 粗集料的最大粒径不应超过钢筋净间距的（　　）。
    A. 1/4　　　　　　　　　　　B. 1/2
    C. 2/3　　　　　　　　　　　D. 1倍
75. 当最大粒径为80mm时，施工中宜将该粗集料粒径组合分为（　　）级。
    A. 两　　　　　　　　　　　B. 三
    C. 四　　　　　　　　　　　D. 五
76. 混凝土粗集料是指粒径大于（　　）mm 的集料。
    A. 5　　　　　　　　　　　　B. 10
    C. 15　　　　　　　　　　　 D. 20
77. 结构自重和永久设备自重、土压力等属于（　　）。
    A. 永久作用荷载　　　　　　B. 可变作用荷载
    C. 偶然作用荷载　　　　　　D. 临时作用荷载
78. 下列属于水工建筑物永久作用荷载的是（　　）。
    A. 地震作用荷载　　　　　　B. 预应力
    C. 静水压力　　　　　　　　D. 扬压力
79. 下列属于水工建筑物可变作用荷载的是（　　）。
    A. 结构自重　　　　　　　　B. 地应力
    C. 预应力　　　　　　　　　D. 扬压力
80. 下列属于水工建筑物偶然作用荷载的是（　　）。
    A. 地震作用荷载　　　　　　B. 地应力
    C. 静水压力　　　　　　　　D. 预应力
81. 高土石坝一般要用（　　）计算坝体坝基及岸坡接头在填土自重及其他荷载作用下的填土应力应变，为坝体稳定分析和与土坝连接建筑物设计提供依据。

A．材料力学法　　　　　　　　B．有限单元法
C．理论力学法　　　　　　　　D．弹性力学法

82．根据大坝的结构特点和设计要求，为达到选取恰当的防渗措施和校验建筑物在渗流作用下是否安全的目的，一定要进行的计算不包括（　　）。

A．确定渗透压力和渗透力　　　B．确定渗透坡降（或流速）
C．确定渗流量　　　　　　　　D．确定浸润线位置

83．工程抗震设防类别为（　　）类的水工建筑物，可根据其遭受强震影响的危害性，在基本烈度基础上提高1度作为设计烈度。

A．甲　　　　　　　　　　　　B．乙
C．丙　　　　　　　　　　　　D．丁

84．采用材料力学法分析重力坝坝体应力时，将坝体视为固结于地基上的（　　）。

A．梯形结构　　　　　　　　　B．三角形结构
C．简支结构　　　　　　　　　D．悬臂梁

85．水闸的消能通常采用（　　）。

A．水垫消能　　　　　　　　　B．面流消能
C．挑流消能　　　　　　　　　D．底流消能

86．在仓库，水泥抽样频次为（　　）。

A．1/（100～200）t　　　　　 B．1/（200～300）t
C．1/（200～400）t　　　　　 D．1/（300～500）t

87．混凝土的混合材料是指（　　）。

A．水泥　　　　　　　　　　　B．砂石
C．粉煤灰　　　　　　　　　　D．外加剂

88．拌和混凝土时，水泥称重允许偏差为（　　）。

A．±1%　　　　　　　　　　　B．±2%
C．±3%　　　　　　　　　　　D．±4%

89．仓面应进行混凝土坍落度检测，每班至少（　　）次。

A．2　　　　　　　　　　　　　B．3
C．4　　　　　　　　　　　　　D．5

90．根据《水工纤维混凝土应用技术规范》SL/T 805—2020，拌和混凝土时，钢纤维称量允许偏差为（　　）。

A．±1.0%　　　　　　　　　　B．±1.5%
C．±2.0%　　　　　　　　　　D．±2.5%

91．根据《水工纤维混凝土应用技术规范》SL/T 805—2020，拌和混凝土时，合成纤维称量允许偏差为（　　）。

A．±1.0%　　　　　　　　　　B．±1.5%
C．±2.0%　　　　　　　　　　D．±2.5%

92．常态纤维混凝土抗压强度试件采用边长（　　）mm的立方体。

A．100　　　　　　　　　　　　B．150
C．200　　　　　　　　　　　　D．250

93. 喷射纤维混凝土抗压强度试件采用边长（　　）mm 的立方体。
   A．100　　　　　　　　　　B．150
   C．200　　　　　　　　　　D．250

94. 对于结构纤维混凝土，每（　　）m³ 应取样 1 组混凝土进行 28d 龄期抗压强度检验。
   A．50　　　　　　　　　　B．75
   C．100　　　　　　　　　　D．125

95. 对于结构纤维混凝土，每（　　）m³ 应取样 1 组混凝土进行设计龄期抗压强度检验。
   A．50　　　　　　　　　　B．100
   C．150　　　　　　　　　　D．200

二 多项选择题

1. 永久性水工建筑物的洪水标准，应根据建筑物的（　　）确定。
   A．投资　　　　　　　　　　B．规模
   C．结构类型　　　　　　　　D．级别
   E．建设工期

2. 根据《水利水电工程等级划分及洪水标准》SL 252—2017，水利水电工程等别划分依据是（　　）。
   A．作用　　　　　　　　　　B．工程规模
   C．效益　　　　　　　　　　D．在经济社会中的重要性
   E．使用年限

3. 水库工程中永久性建筑物的级别，应根据（　　）确定。
   A．工程的等别　　　　　　　B．失事造成的后果
   C．作用　　　　　　　　　　D．使用年限
   E．永久性水工建筑物的分级指标

4. 临时性水工建筑物的级别应根据（　　）确定。
   A．作用　　　　　　　　　　B．保护对象的重要性
   C．失事造成的后果　　　　　D．使用年限
   E．临时性水工建筑物规模

5. 根据《水利水电工程合理使用年限及耐久性设计规范》SL 654—2014，水利水电工程的合理使用年限，应根据工程（　　）确定。
   A．等别　　　　　　　　　　B．功能
   C．级别　　　　　　　　　　D．投资
   E．类别

6. 下列属于临时性水工建筑物的是（　　）。
   A．电站　　　　　　　　　　B．导流隧洞
   C．导流明渠　　　　　　　　D．围堰

E．土石坝

7．水工建筑物中的坝体按构造分类，可分为（　　）。
　　A．土石坝　　　　　　　　B．混凝土坝
　　C．浆砌石坝　　　　　　　D．重力拱坝
　　E．拱坝

8．根据《水利水电工程合理使用年限及耐久性设计规范》SL 654—2014，下列环境条件中，水工建筑物所处的侵蚀环境类别为二类的是（　　）。
　　A．淡水水位变化区　　　　B．海水水位变化区
　　C．海水水下区　　　　　　D．室内潮湿环境
　　E．露天环境

9．根据《水利水电工程合理使用年限及耐久性设计规范》SL 654—2014，下列环境条件中，水工建筑物所处的侵蚀环境类别为三类的是（　　）。
　　A．淡水水位变化区　　　　B．海水水位变化区
　　C．海水水下区　　　　　　D．室内潮湿环境
　　E．露天环境

10．下列荷载属于可变作用荷载的有（　　）。
　　A．地震作用　　　　　　　B．静水压力
　　C．动水压力　　　　　　　D．温度荷载
　　E．校核洪水位时的静水压力

11．混凝土坝坝基所受的扬压力通常包括（　　）。
　　A．浮托力　　　　　　　　B．动水压力
　　C．静水压力　　　　　　　D．孔隙水压力
　　E．渗透压力

12．静冰压力大小与（　　）有关。
　　A．冰层厚度　　　　　　　B．风速
　　C．开始升温时的气温　　　D．温升率
　　E．冰层下水深

13．土料的渗透系数大小主要取决于土的（　　）等。
　　A．颗粒形状　　　　　　　B．颗粒大小
　　C．水头　　　　　　　　　D．不均匀系数
　　E．水温

14．土料的渗透系数测定方法主要包括（　　）。
　　A．经验法　　　　　　　　B．野外测定法
　　C．室内测定法　　　　　　D．理论计算
　　E．流网法

15．渗透变形一般可分为（　　）等类型。
　　A．流土　　　　　　　　　B．滑坡
　　C．管涌　　　　　　　　　D．接触流失
　　E．接触冲刷

16. 防止土体发生流土渗透变形的工程措施主要有（　　）。
    A．铺设碎石垫层　　　　　　　B．设置垂直防渗体
    C．增加出口处盖重　　　　　　D．设置排水沟或减压井
    E．设置水平防渗体

17. 下列关于水流形态的说法，正确的有（　　）。
    A．恒定流一定是均匀流
    B．非恒定流一定不是均匀流
    C．管径不变的弯管中的水流属于均匀流
    D．管径沿程缓慢均匀扩散或收缩的渐变管中的水流属于非均匀流
    E．流线为相互平行直线的水流属于均匀流

18. 钢筋的混凝土保护厚度应满足（　　）的要求。
    A．钢筋防锈　　　　　　　　　B．耐火
    C．保温　　　　　　　　　　　D．防渗
    E．与混凝土之间粘结力传递

19. 适用于尾水较深，流量变化范围较小，水位变幅较小，或有排冰、漂木要求的情况，且一般不需要作护坦的消能方式有（　　）。
    A．底流消能　　　　　　　　　B．挑流消能
    C．面流消能　　　　　　　　　D．消力戽消能
    E．消力坎消能

20. 建筑材料按其物理化学性质可分为（　　）。
    A．无机非金属材料　　　　　　B．有机非金属材料
    C．复合材料　　　　　　　　　D．无机材料
    E．有机材料

21. 下列关于水泥细度标准的说法，正确的有（　　）。
    A．硅酸盐水泥的比表面积不小于 $300m^2/kg$
    B．普通硅酸盐水泥的比表面积不小于 $300m^2/kg$
    C．矿渣硅酸盐水泥、火山灰质硅酸盐水泥的 $80\mu m$ 方孔筛筛余不大于 10%
    D．粉煤灰硅酸盐水泥、复合硅酸盐水泥的 $45\mu m$ 方孔筛筛余不大于 30%
    E．矿渣硅酸盐水泥的 $80\mu m$ 方孔筛筛余不大于 10%，且 $45\mu m$ 方孔筛筛余不大于 30%

22. 下列材料中不仅能在空气中，而且能更好地在水中硬化，保持并继续提高其强度的有（　　）。
    A．石灰　　　　　　　　　　　B．石膏
    C．硅酸盐水泥　　　　　　　　D．矿渣硅酸盐水泥
    E．水玻璃

23. 下列关于水泥凝结时间标准的说法，正确的有（　　）。
    A．硅酸盐水泥初凝不小于 45min
    B．普通硅酸盐水泥初凝不小于 45min
    C．硅酸盐水泥终凝不大于 390min

D．火山灰质硅酸盐水泥终凝不大于 540min

E．粉煤灰硅酸盐水泥终凝不大于 600min

24．下列关于水泥的适用范围的说法，正确的有（　　）。

A．水位变化区域的外部混凝土，应优先选用硅酸盐水泥等

B．溢流面受水流冲刷部位的混凝土，应优先选用火山灰质硅酸盐水泥

C．有抗冻要求的混凝土，应优先选用硅酸盐水泥等

D．大体积建筑物内部的混凝土，应优先选用矿渣硅酸盐大坝水泥等，以适应低热性的要求

E．位于水中和地下部位的混凝土，宜采用矿渣硅酸盐水泥等

25．影响混凝土强度的因素主要有（　　）。

A．施工方法　　　　　　　　B．水泥强度

C．浇筑强度　　　　　　　　D．养护条件

E．水胶比

26．混凝土耐久性包括（　　）等几个方面。

A．抗渗性　　　　　　　　　B．强度

C．抗冻性　　　　　　　　　D．抗冲磨性

E．抗侵蚀性

27．沥青材料具有良好的（　　）。

A．防水性　　　　　　　　　B．抗渗性

C．吸水性　　　　　　　　　D．抗冲击性

E．脆性

28．下列关于建筑材料的说法，正确的有（　　）。

A．气硬性胶凝材料只能在空气中硬化

B．水硬性胶凝材料只能在水中硬化

C．钢、铜、铝及其合金均为有色金属

D．沥青能抵抗酸碱侵蚀

E．软木较硬木胀缩更显著

29．反映钢筋塑性性能的基本指标包括（　　）。

A．伸长率　　　　　　　　　B．冷弯性能

C．屈服强度　　　　　　　　D．极限强度

E．焊接性能

30．为适应低热性的要求，建筑物内部的大体积混凝土，应优先选用（　　）。

A．矿渣硅酸盐大坝水泥　　　B．矿渣硅酸盐水泥

C．粉煤灰硅酸盐水泥　　　　D．普通硅酸盐水泥

E．火山灰质硅酸盐水泥

31．钢筋标牌上的标记中，除规格、尺寸等外，还应包括（　　）等内容。

A．生产厂家　　　　　　　　B．厂家地址

C．生产日期　　　　　　　　D．牌号

E．产品批号

32．混凝土配合比是指混凝土中水泥、水、砂及石子四种材料之间的三个对比关系，包括（　　）。
　　A．水胶比　　　　　　　　B．砂率
　　C．浆骨比　　　　　　　　D．吸水率
　　E．含泥量

33．下列能改善混凝土耐久性的外加剂有（　　）。
　　A．泵送剂　　　　　　　　B．引气剂
　　C．防水剂　　　　　　　　D．速凝剂
　　E．缓凝剂

34．分区混凝土中，坝体内部混凝土主要考虑（　　）因素。
　　A．强度　　　　　　　　　B．抗渗
　　C．抗侵蚀　　　　　　　　D．低热
　　E．抗裂

35．可以调节混凝土凝结时间、硬化性能的外加剂有（　　）。
　　A．泵送剂　　　　　　　　B．速凝剂
　　C．早强剂　　　　　　　　D．防冻剂
　　E．缓凝剂

36．对于合理使用年限为 50 年的水工结构，环境条件类别为二类的配筋混凝土耐久性的基本要求包括（　　）。
　　A．混凝土最低强度等级为 C25　　B．最小水泥用量为 300kg/m³
　　C．最大水胶比为 0.45　　D．最大氯离子含量为 0.1%
　　E．最大碱含量为 3.0kg/m³

37．水工建筑物的荷载按作用随时间的变异性，可分为（　　）。
　　A．永久作用荷载　　　　　B．临时作用荷载
　　C．可变作用荷载　　　　　D．偶然作用荷载
　　E．动力作用荷载

38．水工建筑物永久作用荷载包括（　　）等。
　　A．结构自重　　　　　　　B．地应力
　　C．静水压力　　　　　　　D．扬压力
　　E．预应力

39．下列作用荷载属于偶然作用荷载的是（　　）。
　　A．校核洪水位时的浪压力　　B．地应力
　　C．围岩压力　　　　　　　D．地震作用
　　E．结构自重

40．在下列荷载中，（　　）是可变作用荷载。
　　A．土压力　　　　　　　　B．扬压力
　　C．浪压力　　　　　　　　D．静水压力
　　E．结构自重

41．根据《土工合成材料应用技术规范》GB/T 50290—2014，土工合成材料包括

( )等类别。
   A．土工织物   B．土工膜
   C．土工复合材料   D．土工特殊材料
   E．土工石笼

42. 高土石坝一般要用有限单元法计算坝体坝基及岸坡接头在填土自重及其他荷载作用下的填土应力应变，以判断（   ）。
   A．是否发生剪切破坏   B．有无过量的变形
   C．是否存在拉力区和裂缝 D．防渗土体是否发生水力劈裂
   E．坝体总沉降

43. 地震荷载是大坝遭受地震时所承受的荷载，包括（   ）。
   A．地震惯性力   B．水平向地震动水压力
   C．水平向地震静水压力   D．水平向地震动土压力
   E．水平向地震静土压力

44. 拱坝应力的理论分析法主要有（   ）。
   A．纯拱法   B．拱梁分载法
   C．有限元法   D．壳体理论法
   E．悬臂梁法

45. 重力坝的消能方式有（   ）。
   A．底流消能   B．挑流消能
   C．面流消能   D．水垫消能
   E．空中对冲消能

46. 只有拱坝采用的消能方式是（   ）。
   A．底流消能   B．挑流消能
   C．面流消能   D．水垫消能
   E．空中对冲消能

47. 绿色建材是指（   ）建材。
   A．可循环可利用   B．高强度
   C．绿色装饰装修   D．节水节能节地
   E．绿色部品部件

48. 新拌和混凝土需要检测的项目内容有（   ）。
   A．坍落度   B．水胶比
   C．含气量   D．湿度
   E．配合比

49. 混凝土施工质量评定的标准主要有（   ）。
   A．设计强度是否有足够的保证率   B．强度的均匀性是否良好
   C．模板是否平整   D．振捣是否均匀
   E．养护是否及时

50. 硬化混凝土的检测方法有（   ）。
   A．物理方法   B．钻孔压水

C．配合比 D．埋设仪器
E．钻孔取样

51．根据《水工纤维混凝土应用技术规范》SL/T 805—2020，下列说法正确的有（   ）。

A．钢纤维混凝土受破坏时，以从混凝土中拔出居多，非拉断
B．形状为平直形的钢纤维会降低混凝土拌合物的流动性
C．非圆形截面的纤维，按截面积相等原则换算成圆形截面的直径，称为当量直径
D．长径比是指纤维的长度与直径的比值
E．可以采取薄钢片切削制成钢纤维

52．根据《水工纤维混凝土应用技术规范》SL/T 805—2020，水工纤维包含（   ）。

A．钢纤维 B．合成纤维
C．麻纤维 D．棉纤维
E．竹纤维

53．根据《水工纤维混凝土应用技术规范》SL/T 805—2020，合成纤维从产品外观分为（   ）。

A．单丝纤维 B．多丝纤维
C．膜裂网状纤维 D．粗纤维
E．细纤维

54．根据《水工纤维混凝土应用技术规范》SL/T 805—2020，下列说法正确的有（   ）。

A．纤维混凝土中水泥称量允许偏差与普通混凝土相同
B．外加剂宜采用无碱速凝剂产品
C．拌和宜先干拌后湿拌
D．连续浇筑混凝土中断时，按普通混凝土施工面进行处理
E．水工纤维混凝土的养护不应按《水工混凝土施工规范》SL 677—2014 执行

【答案】

一、单项选择题

1．C； 2．C； 3．A； 4．B； 5．B； 6．B； 7．A； 8．B；
9．C； 10．B； 11．C； 12．B； 13．A； 14．C； 15．D； 16．A；
17．A； 18．B； 19．B； 20．C； 21．C； 22．B； 23．B； 24．A；
25．B； 26．C； 27．A； 28．B； 29．B； 30．A； 31．C； 32．B；
33．C； 34．A； 35．B； 36．A； 37．A； 38．A； 39．B； 40．A；
41．C； 42．D； 43．D； 44．C； 45．C； 46．B； 47．A； 48．B；
49．B； 50．D； 51．C； 52．C； 53．A； 54．D； 55．B； 56．D；
57．B； 58．B； 59．D； 60．C； 61．D； 62．B； 63．B； 64．A；

65. B；　66. A；　67. A；　68. A；　69. A；　70. B；　71. C；　72. B；
73. D；　74. C；　75. B；　76. A；　77. A；　78. B；　79. D；　80. A；
81. B；　82. D；　83. A；　84. D；　85. D；　86. C；　87. C；　88. A；
89. A；　90. A；　91. A；　92. B；　93. A；　94. C；　95. D

二、多项选择题

1. C、D；　　　　2. B、C、D；　　　3. A、E；　　　　4. B、C、D、E；
5. A、E；　　　　6. B、C、D；　　　7. A、B、C；　　　8. D、E；
9. A、C；　　　　10. B、C、D；　　　11. A、E；　　　　12. A、C、D；
13. A、B、D、E；　14. A、B、C；　　　15. A、C、D、E；　16. B、C、D、E；
17. B、D、E；　　 18. A、B、E；　　　19. C、D；　　　　20. C、D、E；
21. A、B、C、D；　22. C、D；　　　　23. A、B、E；　　　24. A、C、D、E；
25. A、B、D、E；　26. A、C、D、E；　27. A、B、D；　　　28. A、D；
29. A、B；　　　　30. A、B、C、E；　31. A、C、D、E；　32. A、B、C；
33. B、C；　　　　34. A、D；　　　　35. B、C、E；　　　36. A、E；
37. A、C、D；　　 38. A、B、E；　　　39. A、D；　　　　40. B、C、D；
41. A、B、C、D；　42. A、B、C、D；　43. A、B、D；　　　44. A、B、C、D；
45. A、B、C；　　 46. D、E；　　　　47. A、C、E；　　　48. A、B、C、D；
49. A、B；　　　　50. A、B、D、E；　51. A、C、D、E；　52. A、B；
53. A、C、D；　　 54. A、B、C

第 2 章 水利水电工程施工水流控制与基础处理

2.1 施工导流与截流

复习要点

微信扫一扫
在线做题+答疑

1. 施工导流标准
2. 施工导流方式
3. 截流方法

一 单项选择题

1. 导流建筑物级别一般划分为（　　）级。
   A．1～2　　　　　　　　B．2～3
   C．3～4　　　　　　　　D．4～5
2. 分段围堰法导流，又称为（　　）。
   A．明渠导流　　　　　　B．分期围堰法导流
   C．通过已建或在建的建筑物导流　　D．隧洞导流
3. 适用于有一岸具有较宽的台地、垭口或古河道的地形的导流方式是（　　）。
   A．明渠导流　　　　　　B．隧洞导流
   C．涵管导流　　　　　　D．束窄河床导流
4. 某水利工程所在河道的河床宽、流量大，且有通航要求，该工程施工宜采用的导流方式为（　　）。
   A．隧洞导流　　　　　　B．分期导流
   C．明渠导流　　　　　　D．涵管导流
5. 适用于河谷狭窄、两岸地形陡峻、山岩坚实的山区河流的导流方法是（　　）。
   A．涵管导流　　　　　　B．永久建筑物导流
   C．隧洞导流　　　　　　D．束窄河床导流
6. 下列不属于水利水电工程导流标准的确定依据的是（　　）。
   A．工程总工期　　　　　B．保护对象
   C．导流建筑物的使用年限　　D．失事后果
7. 多用于分期导流后期阶段的导流方式是（　　）。
   A．束窄河床导流　　　　B．通过建筑物导流
   C．明渠导流　　　　　　D．隧洞导流
8. 通常用于分期导流的前期阶段，特别是一期导流的导流方式是（　　）。
   A．束窄河床导流　　　　B．通过建筑物导流
   C．明渠导流　　　　　　D．隧洞导流
9. 在截流过程中需架设浮桥及栈桥的截流方法是（　　）。

A．立堵法 B．宽戗截流法
C．平堵法 D．水力冲填截流法

10．在坝址处于峡谷地区，岩石坚硬、岸坡陡峻、交通不便时，可采用（　　）。
A．投块料截流 B．水力冲填法截流
C．定向爆破截流 D．下闸截流

11．下列可改善龙口水力条件的措施是（　　）。
A．加大分流量 B．双戗截流
C．加大材料供应量 D．增加施工设备投入

12．下列关于双戗截流的说法，错误的是（　　）。
A．可以分摊落差，减轻截流难度
B．可以避免使用或少使用大块料
C．双线进占龙口均需护底，增加护底工程量
D．龙口落差小，可减小通航难度

13．在岩质河床，广泛应用的截流方法是（　　）。
A．平堵法 B．立堵法
C．立平堵法 D．平立堵法

14．在河道截流中，采用双戗截流最主要的目的是（　　）。
A．减少截流流量 B．利于通航
C．增加截流施工强度 D．分担落差

15．河流的水文特征可分为（　　）个流量不同期。
A．2 B．3
C．4 D．5

二　多项选择题

1．导流建筑物级别的划分根据的指标有（　　）。
A．保护对象 B．失事后果
C．使用年限 D．洪水标准
E．导流建筑物规模

2．辅助导流方式包括（　　）。
A．一次拦断河床围堰导流 B．明渠导流
C．全段围堰导流 D．施工过程中的坝体底孔导流
E．分期围堰法导流

3．通过主体建筑物导流的主要方式包括（　　）。
A．混凝土坝体中的底孔导流 B．涵管导流
C．混凝土坝体上预留缺口导流 D．隧洞导流
E．混凝土坝体上梳齿孔导流

4．下列关于河道截流龙口位置选择的说法，正确的有（　　）。
A．龙口应尽量选在河床抗冲刷能力强的地段

B．龙口处河底不宜有顺流向陡坡和深坑

C．龙口不宜选在基岩粗糙、参差不齐的地段

D．有通航要求的河流，龙口一般选在深槽主航道处

E．有通航要求的河流，龙口宜选择在浅滩上

5．全段围堰法导流按其导流泄水建筑物的类型可分为（　　）。

A．明渠导流　　　　　　　　B．束窄河床导流

C．隧洞导流　　　　　　　　D．涵管导流

E．通过建筑物导流

6．确定施工导流的标准依据的指标有（　　）。

A．导流建筑物的保护对象　　B．失事后果

C．使用年限　　　　　　　　D．工程规模

E．工程的效益

7．施工导流标准与（　　）直接相关。

A．工程所在地的水文气象特性　B．地质地形条件

C．永久建筑物类型　　　　　D．施工工期

E．失事后果

8．施工导流的基本方式分为（　　）。

A．明渠导流　　　　　　　　B．全段围堰导流

C．隧洞导流　　　　　　　　D．束窄河床导流

E．分段围堰导流

9．施工导流标准包括划分导流建筑物级别，确定相应的洪水标准，还包括（　　）。

A．坝体施工期临时度汛洪水标准

B．导流建筑物封堵期洪水标准

C．导流建筑物封堵后坝体度汛洪水标准

D．施工期下游河道防洪标准

E．工程竣工后的第一个汛期度汛标准

10．戗堤法截流可分为（　　）。

A．平堵　　　　　　　　　　B．立堵

C．水力冲填法　　　　　　　D．混合堵

E．建闸截流

11．无戗堤法截流主要有（　　）。

A．建闸截流　　　　　　　　B．水力冲填法

C．定向爆破截流　　　　　　D．浮运结构截流

E．抛投块料截流

12．在戗堤法截流中，平堵法与立堵法相比具有的特点是（　　）。

A．单宽流量小　　　　　　　B．最大流速也小

C．水流条件较好　　　　　　D．可以减小对龙口基床的冲刷

E．无需架设浮桥及栈桥

13. 下列关于水利水电工程截流的说法，正确的有（　　）。
    A．平堵法较立堵法的单宽流量及最大流速都小
    B．立堵法不适用于地质条件较差的河道截流
    C．宽戗截流可以分散水流落差，且抛投强度较小
    D．双戗截流可减少上戗进占的龙口落差和流速
    E．加大截流施工强度可以减少龙口流量和落差

14. 减少截流难度的主要技术措施是（　　）。
    A．加大分流量　　　　　　　B．合理的截流方式
    C．改善龙口水力条件　　　　D．增大抛投料的稳定性，减少块料流失
    E．加大截流的施工强度

15. 为减少截流施工难度，改善分流条件的措施有（　　）。
    A．合理确定导流建筑物尺寸　　B．合理确定导流建筑物断面形式
    C．合理确定导流建筑物底高程　D．增大截流建筑物的泄水能力
    E．加大截流的施工强度

16. 改善龙口水力条件的措施有（　　）。
    A．定向爆破截流　　　　　　B．双戗截流
    C．三戗截流　　　　　　　　D．宽戗截流
    E．平抛垫底

17. 导流设计流量是选择（　　）的主要依据。
    A．导流方案　　　　　　　　B．施工初期导流标准
    C．坝体拦洪度汛标准　　　　D．设计导流建筑物
    E．导流泄水建筑物封堵标准

18. 水库大坝工程的导流标准包括（　　）等。
    A．施工初期导流标准　　　　B．坝体设计洪水位标准
    C．跨河建筑物标准　　　　　D．坝体拦洪度汛标准
    E．导流泄水建筑物封堵标准

19. 河流的水文特征可分为（　　）。
    A．小水期　　　　　　　　　B．枯水期
    C．中水期　　　　　　　　　D．大水期
    E．洪水期

【答案】

一、单项选择题

1. C；　2. B；　3. A；　4. B；　5. C；　6. A；　7. B；　8. A；
9. C；　10. C；　11. B；　12. D；　13. B；　14. D；　15. B

二、多项选择题

1. A、B、C、E；　2. B、D；　3. A、C、E；　4. A、B、D；
5. A、C、D；　6. A、B、C、D；　7. A、B、C、D；　8. B、E；

9. A、C；　　　10. A、B、D；　　　11. A、B、C、D；　　　12. A、B、C、D；
13. A、B、D、E；　14. A、C、D、E；　15. A、B、C、D；　16. B、C、D、E；
17. A、D；　　　18. A、D、E；　　　19. B、C、E

2.2 导流建筑物及基坑排水

复习要点

1. 围堰的类型
2. 围堰布置与设计
3. 基坑排水技术
4. 导流泄水建筑物

一 单项选择题

1. 围堰是保护水工建筑物干地施工的必要（　　）。
   A．挡水建筑物　　　　　　B．泄水建筑物
   C．过水建筑物　　　　　　D．不过水建筑物

2. 下列关于围堰的说法，错误的是（　　）。
   A．混凝土围堰一般不宜采用爆破法拆除
   B．混凝土围堰宜建在岩石地基上
   C．土石围堰水上部分应分层碾压填筑
   D．木笼围堰比土石围堰相抗冲能力强

3. 为防止土石围堰与岸坡接头部位产生集中绕渗破坏，可以通过（　　）等方法来实现。
   A．扩大接触面　　　　　　B．预埋止水片
   C．接缝灌浆　　　　　　　D．接触灌浆

4. 土石围堰水下部分石渣、堆石体的填筑，一般采用（　　）施工。
   A．分层填筑　　　　　　　B．整体浇灌
   C．进占法　　　　　　　　D．填压法

5. 打入式钢板桩围堰最大挡水水头不宜大于（　　）m。
   A．10　　　　　　　　　　B．20
   C．30　　　　　　　　　　D．40

6. 装配式钢板桩格型围堰最大挡水水头不宜大于（　　）m。
   A．10　　　　　　　　　　B．20
   C．30　　　　　　　　　　D．40

7. 平行于水流方向的围堰为（　　）。
   A．横向围堰　　　　　　　B．纵向围堰
   C．过水围堰　　　　　　　D．不过水围堰

8. 垂直于水流方向的围堰为（　　）。
   A．横向围堰　　　　　　　B．纵向围堰
   C．过水围堰　　　　　　　D．不过水围堰
9. 混凝土围堰结构形式有重力式和（　　）。
   A．双向挡水支墩式　　　　B．拱形式
   C．撑墙式　　　　　　　　D．溢流重力式
10. 可与截流戗堤结合且利用开挖弃渣的围堰形式是（　　）。
    A．草土围堰　　　　　　　B．纵向围堰
    C．不过水围堰　　　　　　D．土石围堰
11. 基坑初期排水对于土质围堰或覆盖层边坡，一般开始排水降速以（　　）m/d 为宜。
    A．0.3～0.6　　　　　　　B．0.5～0.8
    C．0.6～0.9　　　　　　　D．0.8～1.2
12. 大型基坑初期排水，排水时间可采用（　　）d。
    A．3～5　　　　　　　　　B．4～6
    C．5～7　　　　　　　　　D．6～8
13. 中型基坑初期排水，排水时间可采用（　　）d。
    A．3～5　　　　　　　　　B．4～6
    C．5～7　　　　　　　　　D．6～8
14. 根据《水利水电工程施工组织设计规范》SL 303—2017，导流明渠弯道半径不宜小于（　　）倍明渠底宽。
    A．3　　　　　　　　　　　B．4
    C．5　　　　　　　　　　　D．6
15. 根据《水利水电工程施工组织设计规范》SL 303—2017，导流明渠进出口轴线与河道主流方向的夹角宜小于（　　）。
    A．20°　　　　　　　　　　B．30°
    C．40°　　　　　　　　　　D．45°
16. 根据《水利水电工程施工组织设计规范》SL 303—2017，导流隧洞弯曲半径不宜小于（　　）倍洞径（或洞宽）。
    A．3　　　　　　　　　　　B．4
    C．5　　　　　　　　　　　D．6
17. 围堰背水坡坡脚距永久性建筑物基坑开挖轮廓线不宜小于（　　）m。
    A．7　　　　　　　　　　　B．8
    C．9　　　　　　　　　　　D．10
18. 基坑纵向坡坡趾距永久性建筑物轮廓至少保留（　　）m 距离。
    A．0.1～0.3　　　　　　　B．0.3～0.4
    C．0.4～0.6　　　　　　　D．0.6～1.0

二 多项选择题

1. 根据《水利水电工程施工组织设计规范》SL 303—2017，导流明渠断面尺寸应根据（　　）等条件确定。
   A．导流设计流量　　　　　　B．允许抗冲流速
   C．截流难度　　　　　　　　D．围堰规模
   E．围堰挡水水头

2. 导流底孔布置应遵循的原则包括（　　）。
   A．宜布置在近河道主流位置
   B．宜与永久泄水建筑物结合布置
   C．坝内导流底孔宽度不宜超过该坝段宽度的一半
   D．坝内导流底孔宜错缝布置
   E．应考虑下闸和封堵施工方便

3. 按围堰与水流方向的相对位置分类，围堰可分为（　　）。
   A．过水围堰　　　　　　　　B．横向围堰
   C．纵向围堰　　　　　　　　D．土石围堰
   E．木笼围堰

4. 横向土石围堰与混凝土纵向围堰的接头，通常采用（　　）等措施。
   A．扩大横向土石围堰断面　　B．刺墙插入土石围堰
   C．扩大接头防渗体断面　　　D．扩大混凝土纵向围堰断面
   E．预埋止水片

5. 钢板桩格形围堰平面形式有（　　）。
   A．圆筒形　　　　　　　　　B．锥形
   C．扇形　　　　　　　　　　D．花瓣形
   E．矩形

6. 围堰施工的主要内容有（　　）。
   A．堰体修筑　　　　　　　　B．堰体拆除
   C．围堰的防渗防冲　　　　　D．围堰的接头处理
   E．堰体地基处理

7. 围堰可以按（　　）进行分类。
   A．围堰使用材料　　　　　　B．围堰与水流方向的相对位置
   C．导流期间基坑过水与否　　D．工程量大小
   E．被围护的建筑物

8. 土石围堰的防渗结构形式有（　　）等。
   A．斜墙式　　　　　　　　　B．灌浆帷幕式
   C．垂直防渗墙式　　　　　　D．斜墙带水平铺盖式
   E．灌浆带水平铺盖式

9. 基坑初期排水总量的计算，应考虑的因素包括（　　）。

A．基坑初期积水量 　　　　　B．可能的降水量
C．施工弃水量 　　　　　　　D．堰身及基坑覆盖层中的含水量
E．围堰及基础渗水量

10．基坑经常性排水，排水总量应包括（　　　）。
A．排水时降水量 　　　　　　B．覆盖层中的含水量
C．施工弃水量 　　　　　　　D．围堰和基础在设计水头的渗流量
E．堰身中的含水量

11．基坑经常性排水的两种方式是（　　　）。
A．明沟排水 　　　　　　　　B．管井排水法
C．真空井点排水法 　　　　　D．人工降低地下水位
E．喷射井点法

12．导流隧洞断面尺寸应根据（　　　），经技术经济比较后确定。
A．导流流量 　　　　　　　　B．截流难度
C．围堰规模 　　　　　　　　D．工程投资
E．允许抗冲流速

13．初期排水流量一般可根据（　　　）等因素，并参考实际工程经验进行估算。
A．地质情况 　　　　　　　　B．基坑大小
C．工程等级 　　　　　　　　D．工期长短
E．施工条件

14．草土围堰的断面形式一般为（　　　）。
A．三角形 　　　　　　　　　B．矩形
C．边坡较陡的梯形 　　　　　D．L形
E．空腔形

15．下列关于围堰的说法，正确的有（　　　）。
A．袋装土围堰属于土石围堰　B．横向围堰布置与水流垂直
C．过水围堰是指堰顶过水　　D．围堰布置至少为上游、下游各一道
E．分期围堰法导流时，上、下游横向围堰其平面布置通常为梯形

16．下列关于围堰施工的说法，正确的有（　　　）。
A．利用土工膜进行横向围堰与纵向围堰防渗搭接
B．围堰的防渗基本要求与一般挡水建筑物的要求不同
C．混凝土横向围堰与纵向围堰的接头，通常采用刺墙形式
D．围堰转角处设置导流墙，可以解决冲刷问题
E．抛投块料截流多采用戗堤法

【答案】

一、单项选择题

1．A；　2．A；　3．A；　4．C；　5．B；　6．C；　7．B；　8．A；
9．B；　10．D；　11．B；　12．C；　13．A；　14．A；　15．B；　16．C；

17. D; 18. C

二、多项选择题

1. A、B;
2. A、B、C、E;
3. B、C;
4. B、C;
5. A、C、D;
6. A、B、C、D;
7. A、B、C;
8. A、B、C、D;
9. A、B、D、E;
10. A、B、C、D;
11. A、D;
12. A、B、C、D;
13. A、C、D、E;
14. B、C;
15. C、E;
16. A、D、E

2.3 地基处理工程

复习要点

1. 地基基础的要求及地基处理的方法
2. 灌浆施工技术
3. 防渗墙施工技术

一 单项选择题

1. 水工建筑物地基可分为软基和（　　）。
   A. 砂砾石地基　　　　　　B. 软土地基
   C. 岩基　　　　　　　　　D. 淤泥

2. 硬基是由（　　）构成的地基。
   A. 砂砾石　　　　　　　　B. 砂卵石
   C. 岩石　　　　　　　　　D. 粉细砂

3. 防渗墙施工中，在钻凿的圆孔或开挖槽孔内采用（　　）固壁。
   A. 砂浆　　　　　　　　　B. 泥浆
   C. 水泥浆　　　　　　　　D. 混凝土

4. 采取铺设塑料多孔排水板加速土中水分的排除，使土固结的地基处理方法为（　　）。
   A. 挤密法　　　　　　　　B. 置换法
   C. 换填法　　　　　　　　D. 排水法

5. 以机械旋转方法搅动地层，同时注入水泥基质浆液，在松散细颗粒地层内形成柱体的基础处理形式为（　　）。
   A. 深层搅拌桩　　　　　　B. 打入桩
   C. 灌注桩　　　　　　　　D. 旋喷桩

6. 将建筑物基础底面的软弱土层挖去，换填无侵蚀性及低压缩性的散粒材料，从而加速软土固结的方法是（　　）。
   A. 开挖　　　　　　　　　B. 置换法
   C. 防渗墙　　　　　　　　D. 挤实法

7. 拱坝岩基面起伏差应控制在（　　）m以内。

A．0.3 B．0.4
C．0.5 D．0.6

8. 坝基开挖遇到易风化的页岩、黏土岩时，应保留（　　）m 保护层。
   A．1.0 B．0.8
   C．0.5 D．0.2～0.3

9. 水闸基础遇开挖困难的淤泥、流沙时，适宜采用（　　）。
   A．强夯地基 B．桩基础
   C．沉井基础 D．灌浆处理

10. 地基处理中的灌浆按其目的可分为固结灌浆、帷幕灌浆和（　　）等。
    A．压力灌浆 B．接触灌浆
    C．高压喷射灌浆 D．黏土灌浆

11. 为减小地基渗流量或降低扬压力，主要采用（　　）。
    A．帷幕灌浆 B．接触灌浆
    C．接缝灌浆 D．固结灌浆

12. 为提高岩体的整体性和抗变形能力，主要采用（　　）。
    A．帷幕灌浆 B．接触灌浆
    C．接缝灌浆 D．固结灌浆

13. 为改善传力条件增强坝体整体性，主要采用（　　）。
    A．帷幕灌浆 B．接触灌浆
    C．接缝灌浆 D．固结灌浆

14. 为增强围岩或结构的密实性，在混凝土与围岩之间应采用（　　）。
    A．帷幕灌浆 B．接触灌浆
    C．接缝灌浆 D．回填灌浆

15. 在帷幕灌浆施工中，当某一比级浆液的注入量已达 300L 以上或灌浆时间已达 30min 时，而灌浆压力和注入率均无改变或改变不显著时，应（　　）。
    A．将浓度改浓一级 B．将浓度改稀一级
    C．保持浆液浓度不变，继续灌浆 D．停止灌浆，进行检查

16. 用压水试验检查固结灌浆质量的合格标准之一是：单元工程内检查孔各段的合格率应达（　　）以上。
    A．50% B．75%
    C．80% D．85%

17. 灌浆泵容许工作压力应大于最大灌浆压力的（　　）倍。
    A．0.8 B．1.0
    C．1.5 D．2.0

18. 高压灌浆是指灌浆压力在（　　）MPa 以上的灌浆。
    A．3 B．4
    C．5 D．6

19. 固结灌浆孔的基岩灌浆段长大于（　　）m 时，灌浆孔宜分段进行灌浆。
    A．3 B．4

C. 5　　　　　　　　　　　　D. 6

20. 在循环式灌浆中，可以根据（　　）判断岩层吸收水泥的情况。
　　A. 灌浆压力的变化　　　　　B. 进浆和回浆液相对密度的差值
　　C. 浆液流动速度　　　　　　D. 水泥浆用量

21. 帷幕灌浆段长度特殊情况下可适当缩减或加长，但不得大于（　　）m。
　　A. 5　　　　　　　　　　　　B. 10
　　C. 15　　　　　　　　　　　　D. 20

22. 帷幕灌浆施工中，采用自下而上分段灌浆法时，先导孔应（　　）进行压水试验。
　　A. 自下而上分段　　　　　　B. 自下而上全段
　　C. 自上而下分段　　　　　　D. 自上而下全段

23. 帷幕灌浆全孔灌浆结束后，封孔灌浆时间宜为（　　）。
　　A. 20min　　　　　　　　　　B. 30min
　　C. 40min　　　　　　　　　　D. 1h

24. 固结灌浆段在最大设计压力下，当注入率不大于（　　）L/min 时，继续灌注 30min，灌浆可以结束。
　　A. 0.4　　　　　　　　　　　B. 0.5
　　C. 0.6　　　　　　　　　　　D. 1

25. 固结灌浆采用单点法进行灌浆前应做简易压水试验，试验孔数一般不宜少于总孔数的（　　）。
　　A. 6%　　　　　　　　　　　B. 7%
　　C. 5%　　　　　　　　　　　D. 10%

26. 薄防渗墙槽孔的孔斜率不应大于（　　）。
　　A. 2%　　　　　　　　　　　B. 4%
　　C. 2‰　　　　　　　　　　　D. 4‰

27. 防渗墙质量检查程序应包括墙体质量检查和（　　）。
　　A. 工序质量检查　　　　　　B. 单元工程质量检查
　　C. 分部工程质量检查　　　　D. 单位工程质量检查

28. 防渗墙墙体质量检查应在成墙（　　）d 后进行。
　　A. 7　　　　　　　　　　　　B. 14
　　C. 21　　　　　　　　　　　　D. 28

29. 帷幕灌浆钻孔冲孔一直要进行到回水澄清（　　）min 才结束。
　　A. 5～10　　　　　　　　　　B. 10～15
　　C. 15～20　　　　　　　　　　D. 20～25

30. 帷幕灌浆裂隙冲洗方法分为（　　）种。
　　A. 二　　　　　　　　　　　B. 三
　　C. 四　　　　　　　　　　　D. 五

二 多项选择题

1. 水工建筑物的地基分为（　　）。
   A. 岩基　　　　　　　　B. 软土地基
   C. 软基　　　　　　　　D. 砂砾石地基
   E. 壤土地基

2. 砂砾石地基的特点包括（　　）。
   A. 空隙大　　　　　　　B. 孔隙率高
   C. 渗透性强　　　　　　D. 含水量大
   E. 触变性强

3. 软土地基的特点有（　　）。
   A. 渗透性强　　　　　　B. 水分容易排出
   C. 含水量大　　　　　　D. 孔隙率低
   E. 沉陷大

4. 水工建筑物对地基基础的基本要求是（　　）。
   A. 具有足够的强度，能够承受上部结构传递的应力
   B. 具有足够的整体性，能够防止基础滑动
   C. 具有足够的抗渗性，能够避免发生严重的渗漏和渗透破坏
   D. 具有足够的耐久性，能够防止在地下水长期作用下发生侵蚀破坏
   E. 具有足够的均一性，能够防止基础的沉陷超过设计要求

5. 桩基础包括（　　）。
   A. 打入桩　　　　　　　B. 灌注桩
   C. 旋喷桩　　　　　　　D. 深层搅拌桩
   E. 沉陷桩

6. 下列属于软土地基处理的方法有（　　）。
   A. 开挖　　　　　　　　B. 桩基础
   C. 灌浆　　　　　　　　D. 固结法
   E. 挤实法

7. 下列关于坝基处理的说法，正确的有（　　）。
   A. 坝基宜挖成台阶状
   B. 防渗帷幕厚度自上而下基本不变
   C. 断层破碎带可以采取混凝土塞加固
   D. 软弱夹层可以采取混凝土拱加固
   E. 固结灌浆可以提高坝基弹性模量

8. 下列关于坝基处理的说法，正确的有（　　）。
   A. 重力坝地基宜开挖成台阶状
   B. 渗透坡降沿帷幕灌浆自顶部向下逐渐增大
   C. 邻近帷幕下游钻设的排水孔，称为次排水孔幕

D．坝基固结灌浆的目的是降低坝底扬压力

E．拱坝开挖后的整个坝基面应平顺且无突变

9．灌浆按其作用分为（   ）。

　　A．固结灌浆　　　　　　　B．化学灌浆

　　C．高压喷射灌浆　　　　　D．帷幕灌浆

　　E．接触灌浆

10．高压喷射灌浆可采用（   ）等形式。

　　A．旋喷　　　　　　　　　B．摆喷

　　C．定喷　　　　　　　　　D．上喷

　　E．下喷

11．高压喷射灌浆的基本方法包括（   ）。

　　A．胶管法　　　　　　　　B．单管法

　　C．二管法　　　　　　　　D．三管法

　　E．多管法

12．帷幕灌浆施工过程中，下列情况不得改变浆液浓度的是（   ）。

　　A．当某一比级浆液的注入量已达 300L 以上，而灌浆压力和注入率均无改变

　　B．当某一比级浆液的注入时间已达 1h，而灌浆压力和注入率均无改变

　　C．灌浆压力保持不变，注入率持续减少

　　D．注入率大于 30L/min

　　E．灌浆注入率保持不变而压力持续升高

13．下列固结灌浆施工分序的原则中，正确的是（   ）。

　　A．应按分序加密的原则进行

　　B．同一区段内，周边孔应先行施工

　　C．同一坝块内，中间孔应先行施工

　　D．同一排孔孔与孔之间，可分为二序施工

　　E．可只分排序不分孔序

14．帷幕灌浆段注入量大而难以结束时，应首先结合地勘或先导孔资料查明原因，根据具体情况，可选用的处理措施有（   ）。

　　A．结束灌浆　　　　　　　B．灌注混合浆液

　　C．灌注膏状浆液　　　　　D．灌注速凝浆液

　　E．低压、浓浆、限流、限量、间歇灌浆

15．下列关于帷幕灌浆施工的说法，正确的有（   ）。

　　A．由三排孔组成的帷幕，应先进行边排孔的灌浆

　　B．由三排孔组成的帷幕，应先进行中排孔的灌浆

　　C．由两排孔组成的帷幕，宜先进行下游排孔的灌浆

　　D．由两排孔组成的帷幕，宜先进行上游排孔的灌浆

　　E．单排帷幕灌浆孔应分为三序施工

16．下列关于帷幕灌浆施工过程中的特殊情况的处理，正确的有（   ）。

　　A．灌浆过程中发现冒浆，可根据具体情况采用表面封堵、低压、限量等措施

B．发生串浆时，如具备灌浆条件可同时进行灌浆
C．灌浆因故中断应及早恢复
D．灌浆中断恢复后，应使用与中断前相同的水泥浆浓度
E．注入率较中断前减少较多，浆液应逐级加浓继续灌注

17．确定帷幕灌浆中各类钻孔孔径的依据有（　　）。
A．地质条件　　　　　　　　B．钻孔深度
C．钻孔方法　　　　　　　　D．钻孔用途
E．灌浆方法

18．帷幕灌浆施工工艺主要包括（　　）等。
A．钻孔　　　　　　　　　　B．裂隙冲洗
C．压水试验　　　　　　　　D．钻孔时间
E．灌浆和灌浆的质量检查

19．帷幕灌浆采用自上而下分段灌浆法时，灌浆结束标准为：在规定的压力下，（　　）。
A．当注入率不大于 0.4L/min 时，继续灌注 60min
B．当注入率不大于 0.4L/min 时，继续灌注 90min
C．当注入率不大于 1L/min 时，继续灌注 60min
D．当注入率不大于 1L/min 时，继续灌注 90min
E．当注入率在 0.4~1L/min 时，继续灌注 60min

20．帷幕灌浆采用自下而上分段灌浆法时，灌浆孔封孔应采用（　　）。
A．分段灌浆封孔法　　　　　B．置换和压力灌浆封孔法
C．压力灌浆封孔法　　　　　D．分段压力灌浆封孔法
E．机械压浆封孔法

21．固结灌浆可采用的方法包括（　　）。
A．一次灌浆法　　　　　　　B．自上而下分段灌浆法
C．自下而上分段灌浆法　　　D．孔口封闭灌浆法
E．套阀管灌浆法

22．在帷幕灌浆时，其钻孔质量要求包括（　　）等。
A．钻孔位置与设计位置的偏差不得大于 10cm
B．孔深应符合设计规定
C．灌浆孔宜选用较小的孔径
D．灌浆孔宜选用较大的孔径
E．孔壁应平直完整

23．坝基固结灌浆时，灌浆压力一般是（　　）。
A．底部大　　　　　　　　　B．顶部小
C．中间孔比边孔大　　　　　D．第一排比第二排大
E．孔裂隙冲洗压力的 2 倍

24．防渗墙按墙体结构形式分为（　　）。
A．振冲型防渗墙　　　　　　B．钻孔型防渗墙

C. 桩柱型防渗墙   D. 槽孔型防渗墙
E. 混合型防渗墙

25. 防渗墙按墙体材料分为（   ）防渗墙。
    A. 普通混凝土   B. 钢筋混凝土
    C. 黏土混凝土   D. 塑性混凝土
    E. 水泥砂浆

26. 薄防渗墙的成槽方法包括（   ）等。
    A. 振冲成槽   B. 薄型抓斗成槽
    C. 冲击钻成槽   D. 射水法成槽
    E. 锯槽机成槽

27. 防渗墙墙体质量检查内容包括（   ）。
    A. 必要的墙体物理力学性能指标   B. 墙段接缝
    C. 钻孔质量   D. 墙体外观
    E. 可能存在的缺陷

28. 防渗墙槽孔建造的终孔质量检查内容应包括（   ）。
    A. 孔深、槽孔中心偏差、孔隙率、槽宽和孔形
    B. 基岩岩样与槽孔嵌入基岩深度
    C. 一期槽孔间接头的套接厚度
    D. 二期槽孔间接头的套接厚度
    E. 孔底淤积厚度

29. 帷幕灌浆钻孔冲洗工作分为（   ）冲洗。
    A. 空气   B. 压力水
    C. 水与空气混合   D. 钻孔
    E. 裂隙

30. 帷幕灌浆裂隙冲洗方法分为（   ）冲洗。
    A. 单孔   B. 双孔
    C. 先单后双   D. 先双后单
    E. 群孔

【答案】

一、单项选择题

1. C；　 2. C；　 3. B；　 4. D；　 5. A；　 6. B；　 7. C；　 8. D；
9. C；　10. B；　11. A；　12. D；　13. C；　14. D；　15. A；　16. D；
17. C；　18. A；　19. D；　20. B；　21. B；　22. C；　23. D；　24. D；
25. C；　26. D；　27. A；　28. D；　29. A；　30. A

二、多项选择题

1. A、C；　　　2. A、B、C；　　3. C、E；　　　4. A、B、C、D；
5. A、B、C、D；6. A、B、D、E；　7. C、D、E；　8. A、E；

9. A、D、E; 10. A、B、C; 11. B、C、D; 12. C、E;
13. A、B、D、E; 14. B、C、D、E; 15. A、C、E; 16. A、B、C、E;
17. A、B、C、E; 18. A、B、C、E; 19. A、D; 20. B、C;
21. A、B、C、D; 22. A、B、C、E; 23. A、B、C; 24. C、D、E;
25. A、B、C、D; 26. B、C、D、E; 27. A、B、E; 28. A、B、C、D;
29. D、E; 30. A、E

第3章 土石方与土石坝工程

3.1 土石方工程

复习要点

微信扫一扫
在线做题+答疑

1. 土石方工程施工的土石分级
2. 土方开挖技术
3. 石方开挖技术
4. 锚固技术
5. 地下工程施工

一、单项选择题

1. 根据开挖方法、开挖难易、坚固系数等,土分为（　　）级。
   A. 3　　　　　　　　　　B. 4
   C. 5　　　　　　　　　　D. 6
2. 岩石根据坚固系数可分为（　　）级。
   A. 6　　　　　　　　　　B. 8
   C. 10　　　　　　　　　D. 12
3. 水工建筑物地下开挖工程中,根据围岩地质特征将围岩分为（　　）类。
   A. 三　　　　　　　　　B. 四
   C. 五　　　　　　　　　D. 六
4. Ⅳ级岩石的坚固系数的范围是（　　）。
   A. 10~25　　　　　　　B. 20~30
   C. 20~25　　　　　　　D. 25~30
5. 围岩总评分 $65 < T \leqslant 85$,围岩强度应力比 S 为 3 的围岩类别属于（　　）类。
   A. Ⅳ　　　　　　　　　B. Ⅲ
   C. Ⅱ　　　　　　　　　D. Ⅰ
6. 根据土的分级标准,下列属于Ⅲ级土的是（　　）。
   A. 砂土　　　　　　　　B. 含少量砾石的黏土
   C. 壤土　　　　　　　　D. 含卵石黏土
7. 岩石分级是根据（　　）的大小确定的。
   A. 开挖难易　　　　　　B. 天然湿度下平均密度
   C. 坚固系数　　　　　　D. 极限抗压强度
8. 根据围岩分类标准,下列属于Ⅳ类围岩的是（　　）。
   A. 不稳定围岩　　　　　B. 稳定性差的围岩
   C. 稳定围岩　　　　　　D. 基本稳定围岩

9. 围岩整体稳定，不会产生塑性变形，局部可能产生掉块的属于（　　）类围岩。
   A．Ⅲ   B．Ⅴ
   C．Ⅱ   D．Ⅳ
10. 根据《水利水电工程施工组织设计规范》SL 303—2017，适合掘进机施工的洞径范围是（　　）m。
   A．1～5   B．3～5
   C．3～12   D．5～15
11. 具有强力推力装置，能挖各种坚实土和破碎后的岩石的开挖机械是（　　）。
   A．正铲挖掘机   B．反铲挖掘机
   C．铲运机   D．拉铲挖掘机
12. 下列地质条件中，适宜采用开敞式掘进机开挖的是（　　）。
   A．软岩   B．坚硬岩体
   C．局部土层   D．完整性较差的岩体
13. 能进行挖装作业和集渣、推运、平整等工作的施工机械是（　　）。
   A．推土机   B．正向挖掘机
   C．拉铲挖掘机   D．装载机
14. 适用于开挖有黏性的土，集开挖、运输和铺填三项工序于一身的施工机械是（　　）。
   A．铲运机   B．正向挖掘机
   C．拉铲挖掘机   D．装载机
15. 沿开挖边界布置密集爆破孔，采用不耦合装药或装填低威力炸药，在主爆区之前起爆。该爆破方法属于（　　）。
   A．台阶爆破   B．预裂爆破
   C．光面爆破   D．平面爆破
16. 沿开挖边界布置密集爆破孔，采用不耦合装药或装填低威力炸药，在主爆区之后起爆。该爆破方法属于（　　）。
   A．台阶爆破   B．预裂爆破
   C．光面爆破   D．平面爆破
17. 下列材料中，可用作炮孔装药后堵塞材料的是（　　）。
   A．块石   B．瓜子片
   C．细砂   D．预制混凝土塞
18. 明挖爆破后，人员进入工作面检查等待时间至少应在爆破后（　　）min后。
   A．3   B．5
   C．10   D．15
19. 在天然地层中的锚固方法以（　　）方式为主。
   A．钻孔回填   B．钻孔灌浆
   C．锚定板   D．加筋土
20. 倾角为75°的水工地下洞室属于（　　）。
   A．平洞   B．斜井

C．竖井 D．缓斜井

21．可用于水下开挖的机械是（　　）。
A．正铲挖掘机 B．拉铲挖掘机
C．装载机 D．铲运机

22．由杆体穿过岩石的节理裂隙面，锚头伸入并张开嵌入岩体内，依靠摩擦和挤压孔壁的反力而起到锚固作用的锚杆是（　　）。
A．砂浆锚杆 B．楔缝式锚杆
C．预应力锚杆 D．无粘结锚杆

23．某种围岩在采用分部分块开挖时，需先在顶拱处开挖导洞，然后进行顶拱扩大开挖，并及时进行支护，那么这种围岩属于（　　）类岩。
A．Ⅰ～Ⅱ B．Ⅲ
C．Ⅲ～Ⅳ D．Ⅴ

24．下列地质条件中，适宜采用护盾式掘进机开挖的是（　　）。
A．软岩 B．淤泥
C．坚硬岩体 D．中等坚硬的较完整岩体

25．洞室断面积为 $10m^2$，跨度为 3m，该洞室规模属于（　　）。
A．特小断面 B．小断面
C．中断面 D．大断面

26．浅孔爆破是指（　　）的钻孔爆破。
A．孔径小于 50mm、深度小于 3m B．孔径小于 60mm、深度小于 4m
C．孔径小于 75mm、深度小于 5m D．孔径小于 80mm、深度小于 6m

27．深孔爆破是指（　　）的钻孔爆破。
A．孔径大于 50mm、孔深大于 3m B．孔径大于 60mm、孔深大于 4m
C．孔径大于 75mm、孔深大于 5m D．孔径大于 80mm、孔深大于 6m

28．爆破方法按照药室的状态不同分为（　　）种。
A．2 B．3
C．4 D．5

29．深孔爆破法一般适用于（　　）级及以上岩石。
A．Ⅴ B．Ⅵ
C．Ⅶ D．Ⅷ

30．Ⅷ级岩石基础保护层一般分（　　）层开挖。
A．3 B．4
C．5 D．6

31．Ⅷ级岩石基础保护层第一层开挖时，装药直径不得大于（　　）mm。
A．10 B．20
C．30 D．40

32．《水工建筑物岩石基础开挖工程施工技术规范》DL/T 5389—2007 推荐的保护层一次爆破开挖法有（　　）种。
A．2 B．3

C. 4 D. 5

33. 对破碎和较软的岩体，须留（　　）m厚岩体进行撬挖。
    A. 0.2 B. 0.3
    C. 0.4 D. 0.5

34. 建基面开挖时，对于完整和坚硬的岩体，其 H/D 一般为（　　）。
    A. 10 B. 15
    C. 20 D. 25

35. 爆破作业时的爆破公害主要有（　　）种。
    A. 3 B. 4
    C. 5 D. 6

36. 20m 范围内不允许爆破，是指锚杆灌浆强度未达到设计强度的（　　）以前。
    A. 60% B. 70%
    C. 80% D. 90%

37. 爆破飞石对人员的安全允许距离至少为（　　）m。
    A. 100 B. 150
    C. 200 D. 250

38. 浅孔爆破法破大块岩石时，人员距炮孔中心的距离不少于（　　）m。
    A. 200 B. 300
    C. 400 D. 500

39. 地下建筑物开挖不宜欠挖，平均径向超挖值，平洞应不大于（　　）cm。
    A. 10 B. 20
    C. 30 D. 40

40. 平洞倾角小于等于（　　）。
    A. 3° B. 6°
    C. 9° D. 12°

41. 斜井倾角为（　　）。
    A. 3°～45° B. 6°～45°
    C. 9°～75° D. 6°～75°

42. 水工建筑物岩石基础保护层一次爆破开挖法有（　　）种。
    A. 三 B. 四
    C. 五 D. 六

43. 不具备试验条件时，岩石基础保护层厚度宜为上一层台阶爆破药卷直径的（　　）。
    A. 5～10 倍 B. 15～20 倍
    C. 25～40 倍 D. 45～60 倍

44. 对极破碎岩石基础保护层开挖时，爆破孔不应穿入距水平建基面（　　）m 范围。
    A. 0.4 B. 0.3
    C. 0.2 D. 0.1

二 多项选择题

1. 水利水电施工中土石分级的依据是（　　）。
   A. 开挖方法　　　　　　　B. 经验
   C. 开挖难易　　　　　　　D. 密实度
   E. 坚固系数

2. 基本稳定围岩的特点是（　　）。
   A. 围岩整体稳定
   B. 不会产生塑性变形
   C. 局部可能产生掉块
   D. 围岩总评分 T：$65 \geqslant T > 45$，围岩强度应力比 S：$S > 2$
   E. 支护类型为喷混凝土、系统锚杆加钢筋网，跨度为 20～25m 时，浇筑混凝土衬砌

3. 地下洞室围岩总评分 T 的影响因素除岩石强度、岩体完整程度外，还包括（　　）。
   A. 结构面状态　　　　　　B. 地下水
   C. 围岩强度应力比　　　　D. 主要结构面产状
   E. 支护类型

4. 在洞室开挖的围岩类型中，Ⅲ 类围岩的特点是（　　）。
   A. 围岩强度不足，局部会产生塑性变形，不支护可能产生塌方或变形破坏
   B. 围岩自稳时间很短，规模较大的各种变形和破坏都可能发生
   C. 完整的较软岩，可能暂时稳定
   D. 围岩总评分 T：$65 \geqslant T > 45$，围岩强度应力比 S：$S > 2$
   E. 围岩整体稳定，不会产生塑性变形，局部可能产生掉块

5. 在洞室开挖的围岩类型中，Ⅳ 类围岩的特点是（　　）。
   A. 围岩不能自稳，变形破坏严重
   B. 围岩自稳时间很短，规模较大的各种变形和破坏都可能发生
   C. 围岩整体稳定，不会产生塑性变形，局部可能产生掉块
   D. 围岩总评分 T：$45 \geqslant T > 25$，围岩强度应力比 S：$S > 2$
   E. 支护类型为喷混凝土、系统锚杆加钢筋网，并浇筑混凝土衬砌

6. 下列属于Ⅳ级土的有（　　）。
   A. 砂土　　　　　　　　　B. 含少量砾石的黏土
   C. 坚硬黏土　　　　　　　D. 含卵石黏土
   E. 砾质黏土

7. 按照破碎岩石的方法，掘进机可分为（　　）等类型。
   A. 挤压式　　　　　　　　B. 切削式
   C. 开敞式　　　　　　　　D. 单盾式
   E. 双护盾式

8. 土方开挖的开挖方式包括（　　）。
   A．自上而下开挖　　　　　　B．上下结合开挖
   C．自下而上开挖　　　　　　D．分期分段开挖
   E．先岸坡后河槽开挖
9. 爆破工程最基本的爆破方法包括（　　）。
   A．台阶爆破　　　　　　　　B．预裂爆破
   C．光面爆破　　　　　　　　D．明挖爆破
   E．地下洞室爆破
10. 水利水电地下工程施工方式包括（　　）。
    A．全面开挖方式　　　　　　B．全断面开挖方式
    C．先导洞后扩大开挖方式　　D．台阶扩大开挖方式
    E．分部分块开挖方式
11. 下列材料中，可用作炮孔装药后堵塞材料的是（　　）。
    A．土壤　　　　　　　　　　B．细砂
    C．泡沫　　　　　　　　　　D．石渣
    E．块石
12. 下列适用铲运机开挖的岩层有（　　）。
    A．砂土　　　　　　　　　　B．黏土
    C．砂砾石　　　　　　　　　D．风化岩石
    E．爆破块石
13. 装载机的特点包括（　　）。
    A．可进行挖装作业　　　　　B．可进行推运
    C．可进行平整　　　　　　　D．能用于水下开挖
    E．购置费用高
14. 水工地下洞室按照倾角（洞轴线与水平面的夹角）可划分为（　　）等类型。
    A．平洞　　　　　　　　　　B．斜井
    C．竖井　　　　　　　　　　D．斜洞
    E．竖洞
15. 人工填土中的锚固方法包括（　　）。
    A．钻孔回填　　　　　　　　B．锚定板
    C．简易灌浆　　　　　　　　D．加筋土
    E．预压灌浆
16. 水利水电地下工程按其断面大小可分为（　　）。
    A．小断面　　　　　　　　　B．中断面
    C．大断面　　　　　　　　　D．较大断面
    E．特大断面
17. 爆破方法按照药室的状态不同分为（　　）。
    A．钻孔爆破　　　　　　　　B．洞室爆破
    C．岩塞爆破　　　　　　　　D．微差爆破

E．水下爆破
18．关于钻孔爆破的合理要求是（　　）。
   A．需形成台阶状便于布置炮孔　　B．装药直径大于 75mm
   C．创造更多的临空面　　　　　　D．充分利用天然临空面
   E．炮孔宜与岩层层面垂直
19．洞室爆破适用于（　　）。
   A．建基面开挖　　　　　　　　　B．光面爆破
   C．爆破筑坝　　　　　　　　　　D．爆破截流
   E．堆石坝次堆料区料场的开采
20．下列关于爆破技术的说法，正确的有（　　）。
   A．强约束力条件下的岩体开挖一般采用光面爆破
   B．地下洞室开挖多选择光面爆破
   C．沿设计开挖轮廓线钻孔先爆破的为光面爆破
   D．坝基开挖，预裂爆破和光面爆破的开挖效果差不多
   E．预裂炮孔轴线与开挖轮廓边坡一般呈 45°
21．爆破产生的冲击波包括（　　）。
   A．地震波　　　　　　　　　　　B．空气冲击波
   C．水中冲击波　　　　　　　　　D．质点峰值振动波
   E．爆炸波
22．工程爆破安全距离由（　　）控制。
   A．空气冲击波　　　　　　　　　B．水中冲击波
   C．质点峰值振动波　　　　　　　D．爆破振动
   E．飞石
23．削弱爆破公害强度，在爆源上的控制措施有（　　）。
   A．选择爆破参数　　　　　　　　B．选择装药结构
   C．深孔微差爆破　　　　　　　　D．开挖减振槽
   E．对临空面进行覆盖
24．削弱爆破公害强度，在传播途径上的控制措施有（　　）。
   A．合理布置最小抵抗线方向　　　B．合理选择装药量
   C．预裂爆破　　　　　　　　　　D．开挖减振槽
   E．对临空面进行覆盖
25．防止爆破公害损伤，在保护对象上采取的措施有（　　）。
   A．设立防波屏　　　　　　　　　B．设置防震沟
   C．设立防护屏　　　　　　　　　D．表面覆盖
   E．光面爆破

【答案】

一、单项选择题

1. B； 2. D； 3. C； 4. C； 5. B； 6. B； 7. C； 8. A；
9. C； 10. C； 11. A； 12. B； 13. D； 14. A； 15. B； 16. C；
17. C； 18. B； 19. B； 20. C； 21. B； 22. B； 23. C； 24. A；
25. A； 26. C； 27. C； 28. A； 29. C； 30. A； 31. D； 32. B；
33. A； 34. D； 35. D； 36. B； 37. C； 38. B； 39. B； 40. B；
41. D； 42. A； 43. C； 44. C

二、多项选择题

1. A、C、E； 2. A、B、C； 3. A、B、D； 4. A、C、D；
5. B、D、E； 6. C、D、E； 7. A、B； 8. A、B、D、E；
9. A、B、C； 10. B、C、D、E； 11. A、B； 12. A、B；
13. A、B、C； 14. A、B、C； 15. B、D； 16. A、B、C、E；
17. A、B； 18. A、C、D、E； 19. C、D、E； 20. A、B、D；
21. B、C； 22. D、E； 23. A、B、C； 24. C、D、E；
25. B、C、D

3.2 土石坝施工技术

复习要点

1. 土石坝施工机械的配置
2. 土石坝填筑的施工碾压试验
3. 土石坝填筑的施工方法
4. 土石坝的施工质量控制

一 单项选择题

1. 在确定土石坝土料压实参数的碾压试验中，以单位压实遍数的压实厚度（　　）者为最经济合理。

   A. 最大　　　　　　　　　B. 最大值的1.1倍
   C. 属于中间值　　　　　　D. 最大值的1.5倍

2. 某土石坝面碾压施工设计碾压遍数为5遍，碾滚净宽为4m，则错距宽度为（　　）m。

   A. 0.5　　　　　　　　　　B. 0.8
   C. 1.0　　　　　　　　　　D. 1.5

3. 土石坝填筑施工中，砂的相对密度不应低于（　　）。

   A. 0.5　　　　　　　　　　B. 0.6

C. 0.7　　　　　　　　　　　　D. 0.8

4. 某土石坝填筑土料的击实最大干密度为 1.87g/cm³，设计压实度为 0.98，则设计最大干密度为（　　）g/cm³。

A. 1.91　　　　　　　　　　　B. 1.83
C. 1.87　　　　　　　　　　　D. 1.98

5. 碾压土石坝施工中，具有生产效率高等优点的碾压机械开行方式是（　　）。

A. 进退错距法　　　　　　　　B. 圈转套压法
C. 进退平距法　　　　　　　　D. 圈转碾压法

6. 在碾压土石坝坝体填筑中，各分段之间的接坡坡比一般应缓于（　　）。

A. 1∶3　　　　　　　　　　　B. 1∶2
C. 1∶2.5　　　　　　　　　　D. 1∶1

7. 土石料场实际开采总量与坝体填筑量之比最大的土料是（　　）。

A. 石料　　　　　　　　　　　B. 砂砾料
C. 反滤料　　　　　　　　　　D. 土料

8. 土石坝施工中砂的填筑标准的设计控制指标是（　　）。

A. 相对密度　　　　　　　　　B. 天然密度
C. 干密度　　　　　　　　　　D. 含水量

9. 在土坝黏性土料的压实实验中，w_p 表示土料的（　　）。

A. 相对密实度　　　　　　　　B. 干密度
C. 塑限　　　　　　　　　　　D. 天然含水量

10. 土坝的堆石级配的质量检查应（　　）。

A. 随机取样　　　　　　　　　B. 分层分段取样
C. 分层分段后再随机取样　　　D. 梅花形取样

11. 土石坝施工中，当黏性土料含水量偏低时，主要应在（　　）加水。

A. 压实前　　　　　　　　　　B. 运输过程中
C. 料场　　　　　　　　　　　D. 压实后

12. 土石坝中，1级、2级坝和高坝的压实度应为（　　）。

A. 93%～95%　　　　　　　　B. 95%～98%
C. 98%～100%　　　　　　　　D. 96%～98%

13. 土石坝施工中，非黏性土的砂砾石填筑标准中的相对密度不应低于（　　）。

A. 0.7　　　　　　　　　　　B. 0.5
C. 0.75　　　　　　　　　　　D. 0.8

14. 干密度的测定，黏性土一般可用体积为（　　）cm³ 的环刀测定。

A. 200～500　　　　　　　　　B. 300～500
C. 200～400　　　　　　　　　D. 100～300

15. 堆石体的干密度一般用（　　）测定。

A. 灌水法　　　　　　　　　　B. 灌砂法
C. 环刀取样　　　　　　　　　D. 灌浆法

16. 土坝坝身与混凝土结构物连接部位，填土前，先在混凝土结构物上涂刷一层厚约（　　）mm 的浓黏性浆。

  A．2   B．3

  C．4   D．5

17．限制使用大型机械压实的范围是指靠近混凝土结构物顶部（　　）m 的范围。

  A．0.5   B．1.0

  C．1.5   D．2.0

18．坝基结合面可以使用重型压实机械的时间为填筑厚度达到（　　）m 以上后。

  A．0.5   B．1.0

  C．1.5   D．2.0

19．坝基压实后的刨毛深度为（　　）cm。

  A．2～3   B．3～5

  C．4～5   D．5～8

20．不宜填筑土料的时间是指当日平均气温低于（　　）℃时。

  A．0   B．−5

  C．−10   D．−15

21．负温施工时，砂砾料的含水量应小于（　　）。

  A．2%   B．3%

  C．4%   D．5%

22．负温施工时，防渗体土料含水量不大于塑性的（　　）。

  A．80%   B．85%

  C．90%   D．95%

23．限制使用大型机械压实的范围是指靠近混凝土结构物两侧（　　）m 的范围。

  A．0.5   B．1.0

  C．1.5   D．2.0

二　多项选择题

1．土石坝施工的压实机械分为（　　）等基本类型。

  A．静压碾压   B．羊足碾

  C．振动碾压   D．夯击

  E．气胎碾

2．土石坝施工的土料填筑压实参数主要包括（　　）。

  A．碾压机具的重量   B．含水量

  C．干密度   D．铺土厚度

  E．碾压遍数

3．土石坝施工中含砾和不含砾的黏性土的填筑标准应以（　　）作为设计控制指标。

  A．天然密度   B．压实度

  C．相对密度   D．最优含水率

E．干密度

4. 降低土料含水率的措施有（　　）。
   A．改善料场排水条件　　　　B．翻晒
   C．轮换掌子面　　　　　　　D．机械烘干
   E．堆"土牛"

5. 碾压土石坝坝面作业施工程序包括（　　）等工序。
   A．覆盖层清除　　　　　　　B．铺料
   C．整平　　　　　　　　　　D．洒水
   E．压实

6. 土石坝施工中，铺料与整平时应注意（　　）。
   A．铺料宜平行坝轴线进行，铺土厚度要均匀
   B．进入防渗体内铺料，自卸汽车卸料宜用进占法倒退铺土
   C．黏性土料含水量偏低，主要应在坝面加水
   D．非黏性土料含水量偏低，主要应在料场加水
   E．对于汽车上坝或光面压实机具压实的土层，应刨毛处理

7. 碾压机械的开行方式通常有（　　）。
   A．环行路线　　　　　　　　B．进退错距法
   C．圈转套压法　　　　　　　D．8字形路线法
   E．大环行路线法

8. 碾压机械的圈转套压法的特点是（　　）。
   A．开行的工作面较小　　　　B．适合于多碾滚组合碾压
   C．生产效率较高　　　　　　D．转弯套压交接处重压过多，易于超压
   E．当转弯半径小时，质量难以保证

9. 土石坝施工质量控制主要包括（　　）的质量检查和控制。
   A．填筑工艺　　　　　　　　B．施工机械
   C．料场　　　　　　　　　　D．坝面
   E．压实参数

10. 土石坝根据施工方法可分为（　　）。
    A．干填碾压式　　　　　　　B．湿填碾压式
    C．水中填土　　　　　　　　D．水力冲填
    E．定向爆破修筑

11. 下列关于土石坝填筑接头处理的说法，正确的有（　　）。
    A．层与层之间分段接头应错开一定距离
    B．分段条带应与坝轴线垂直布置
    C．黏土心墙宜土坝壳砂料平起填筑
    D．接坡坡比宜陡于1∶3
    E．靠近建筑物部位宜采用小型机械或人工夯实

12. 与静压碾压相比，振动碾压具有的特点包括（　　）。
    A．碾压机械重量轻　　　　　B．碾压机械体积小

C. 碾压遍数少 　　　　　　　D. 深度小

E. 效率高

13. 土方填筑的坝面作业中，应对（　　）等进行检查。

   A. 土块大小 　　　　　　　B. 含水量

   C. 压实后的干密度 　　　　D. 铺土厚度

   E. 孔隙率

14. 下列关于土石坝填筑过程中土料铺筑与整平的说法，正确的有（　　）。

   A. 铺料宜垂直坝轴线进行，铺土厚度要均匀

   B. 进入防渗体内铺料，自卸汽车卸料宜用进占法倒退铺土

   C. 黏性土料含水量偏低时，主要应在坝面加水，应力求"少、勤、匀"

   D. 非黏性土料含水量偏低时，加水工作主要在坝面进行

   E. 光面压实机具压实的土层，应刨毛处理

15. 非黏性土料的压实参数包括（　　）。

   A. 碾压机具重量 　　　　　B. 含水量

   C. 干密度 　　　　　　　　D. 铺土厚度

   E. 压实遍数

16. 下列关于土方填筑施工技术的说法，正确的有（　　）。

   A. 非黏性土存在最优含水量

   B. 土砂结合部宜交替夯实

   C. 土砂结合部可以采取先土后砂法

   D. 土砂结合部可以采取先砂后土法

   E. 土砂结合部可用气胎碾进行压实

17. 下列关于土坝坝基结合面施工工艺的说法，正确的有（　　）。

   A. 基础部位的填土，宜厚层、轻碾

   B. 黏性土坝基，应将其表层含水量调节至施工含水量的上限范围

   C. 砾质土坝基，用与防渗体土料相同的碾压参数压实

   D. 非黏性土地基第一层土料压实干密度可略低于设计值

   E. 坝基压实后刨毛 3～5cm

18. 流水作业施工时，应保证施工过程中（　　）不闲。

   A. 人 　　　　　　　　　　B. 机

   C. 地 　　　　　　　　　　D. 测

   E. 查

【答案】

一、单项选择题

1. A；　2. B；　3. C；　4. B；　5. B；　6. A；　7. C；　8. A；
9. C；　10. B；　11. C；　12. C；　13. C；　14. A；　15. A；　16. D；
17. A；　18. D；　19. B；　20. C；　21. C；　22. C；　23. A

二、多项选择题

1. A、C、D；   2. A、B、D、E；   3. B、D；   4. A、B、C、D；
5. B、C、D、E；   6. A、B、E；   7. B、C；   8. B、C、D、E；
9. C、D；   10. A、C、D、E；   11. A、C、E；   12. A、B、C、E；
13. A、B、C、D；   14. B、D、E；   15. A、D、E；   16. C、D、E；
17. B、C、D、E；   18. A、B、C

3.3 面板堆石坝施工技术

复习要点

1. 面板堆石坝结构布置
2. 坝体填筑施工
3. 面板及趾板施工

一 单项选择题

1. 用于面板堆石坝水下部分的石料的软化系数不低于（　　）。
   A. 0.65   B. 0.75
   C. 0.85   D. 0.95

2. 在面板堆石坝堆石体的填筑工艺中，后退法的主要优点是（　　）。
   A. 施工速度快   B. 摊平工作量小
   C. 无物料分离现象   D. 轮胎磨损轻

3. 在面板堆石坝堆石体的填筑工艺中，进占法的主要优点是（　　）。
   A. 轮胎磨损轻   B. 摊平工作量小
   C. 施工速度慢   D. 物料分离严重

4. 混凝土面板垂直缝砂浆条铺设的施工程序正确的是（　　）。
   A. 先铺止水，再铺砂浆，架立侧模
   B. 先铺砂浆，再铺止水，架立侧模
   C. 架立侧模，再铺止水，铺砂浆
   D. 架立侧模，再铺砂浆，铺止水

5. 堆石坝坝料压实质量检查，应采用碾压参数和干密度（孔隙率）等参数控制，以控制（　　）为主。
   A. 干密度   B. 孔隙率
   C. 碾压参数   D. 密实度

6. 堆石坝过渡料压实检查，试坑直径为最大粒径的（　　）倍，试坑深度为碾压层厚。
   A. 1~2   B. 2~3
   C. 3~4   D. 4~5

7. 为保证堆石体的坚固、稳定，面板堆石坝主要部位石料的抗压强度不应低于（   ）MPa。
    A．58   B．68
    C．78   D．88

8. 堆石坝碾压应采用错距法，各碾压段之间的搭接不应小于（   ）m。
    A．1.0   B．0.5
    C．2.0   D．0.3

9. 混凝土面板堆石坝中部面板垂直缝的间距为（   ）m。
    A．5～8   B．8～10
    C．12～18   D．20～30

10. 混凝土面板宜采用单层双向钢筋，钢筋宜置于面板截面（   ）。
    A．边缘部位   B．上部
    C．下部   D．中部

11. 堆石坝过渡区石料粒径最大粒径不宜超过（   ）mm。
    A．100   B．200
    C．300   D．400

12. 面板接缝中，铜止水带焊缝处的抗拉强度不应小于母材抗拉强度的（   ）。
    A．70%   B．80%
    C．90%   D．100%

13. 面板堆石坝坝料压实检验时，堆石料试坑的直径为坝料最大粒径的（   ）倍。
    A．1～2   B．2～3
    C．3～4   D．4～5

二、多项选择题

1. 堆石坝坝体材料分区基本定型，主要有（   ）。
    A．垫层区   B．过渡区
    C．主堆石区   D．下游堆石区
    E．底层区

2. 面板堆石坝高坝垫层区材料应具有良好的级配和施工特性，在压实后应具有（   ）。
    A．低压缩性   B．高抗剪强度
    C．内部渗透稳定   D．较低的含水量
    E．较好的抗震性能

3. 面板坝接缝止水材料包括（   ）等。
    A．金属止水片   B．塑料止水带
    C．缝面嵌缝材料   D．保护膜
    E．灌浆

4. 下列关于堆石坝面板施工方法的描述，正确的有（   ）。

A. 混凝土面板宜采用单层双向钢筋
B. 当混凝土面板垂直缝间距 12m 时，混凝土应用两条溜槽入仓
C. 当混凝土面板垂直缝间距 16m 时，混凝土应用四条溜槽入仓
D. 面板混凝土宜在低温季节浇筑
E. 沥青混凝土面板的铺填及压实均在水平面上进行

5. 堆石坝填筑质量控制关键主要是对（　　）进行控制。
   A. 料场　　　　　　　　B. 施工机械
   C. 填筑工艺　　　　　　D. 坝面
   E. 压实参数

6. 堆石体填筑采用后退法，其填筑工艺的特点有（　　）。
   A. 可减轻轮胎磨损　　　B. 推土机摊平工作量小
   C. 堆石填筑速度快　　　D. 对坝料质量无明显影响
   E. 推土机摊平工作量大

7. 混凝土面板施工的主要作业内容包括（　　）等。
   A. 垫层铺设　　　　　　B. 垂直缝砂浆条铺设
   C. 钢筋架立　　　　　　D. 面板混凝土浇筑
   E. 面板养护

8. 面板堆石坝混凝土面板的养护方法包括（　　）。
   A. 保温　　　　　　　　B. 保湿
   C. 光照　　　　　　　　D. 浸水
   E. 高温处理

9. 面板堆石坝堆石体的碾压施工参数除碾重、行车速率外，还包括（　　）。
   A. 压实度　　　　　　　B. 铺料厚度
   C. 干密度　　　　　　　D. 加水量
   E. 碾压遍数

10. 在面板堆石坝堆石的施工质量控制中，需检查的项目包括（　　）。
    A. 颗粒级配　　　　　　B. 干密度
    C. 过渡性　　　　　　　D. 渗透系数
    E. 内部渗透稳定性

11. 堆石坝施工中，砂砾料压实检查项目包括（　　）。
    A. 干密度　　　　　　　B. 孔隙率
    C. 含水量　　　　　　　D. 相对密度
    E. 颗粒级配

【答案】

一、单项选择题
1. C；　2. D；　3. B；　4. B；　5. C；　6. C；　7. C；　8. A；
9. C；　10. D；　11. C；　12. A；　13. B

二、多项选择题

1. A、B、C、D； 2. A、B、C； 3. A、B、C、D； 4. A、B、D；
5. C、E； 6. A、E； 7. B、C、D、E； 8. A、B；
9. B、D、E； 10. A、B； 11. A、D、E

第4章 混凝土与混凝土坝工程

4.1 混凝土的生产与浇筑

复习要点

微信扫一扫
在线做题＋答疑

1. 混凝土拌合设备及其生产能力的确定
2. 混凝土运输方案
3. 混凝土的浇筑与养护
4. 大体积混凝土温控措施

一、单项选择题

1. 混凝土粗集料当以超径、逊径筛检验时，其控制标准为：超径为0，逊径小于（   ）。
   A．0.5%   B．1%
   C．2%   D．3%

2. 在高峰强度持续时间长时，集料生产能力根据（   ）确定。
   A．设备容量   B．开采量
   C．储存量和混凝土浇筑强度 D．累计生产、使用量

3. 在高峰强度持续时间短时，集料生产能力根据（   ）确定。
   A．开采量   B．储存量
   C．混凝土浇筑强度   D．累计生产、使用量

4. 集料分层堆料时，卸料跌差应保持在（   ）m以内。
   A．1   B．2
   C．3   D．4

5. 装料鼓筒不旋转，固定在轴上的叶片旋转的混凝土拌合机械为（   ）拌合机。
   A．自落式   B．强制式
   C．鼓筒式   D．双锥式

6. 某水利工程混凝土按平浇法施工，高峰月浇筑强度为8000m³/月，小时不均匀系数取1.4，每月工作天数按25d计，每天工作小时按20h计，最大混凝土块的浇筑面积为200m²，浇筑分层厚度为0.25m，所用混凝土初凝时间为3h，终凝时间为8h，混凝土拌合料从出机到入仓经历0.1h，则该工程的混凝土拌合系统的实际小时生产能力需达到（   ）m³/h。
   A．12   B．15
   C．17   D．19

7. 混凝土细集料采用天然砂时，其泥块含量应不高于（   ）。
   A．0   B．1%

C．3% D．5%

8．集料储量通常可按高峰时段月平均值的（　　）考虑。
A．40%～60% B．40%～70%
C．50%～70% D．50%～80%

9．拌合楼按工艺流程分层布置，分为进料、贮料、配料、拌合及出料共五层，其中（　　）是全楼的控制中心。
A．进料层 B．配料层
C．贮料层 D．拌合层

10．粗集料的最大粒径：不应超过钢筋净间距的（　　）。
A．1/2 B．2/3
C．3/4 D．4/5

11．天然集料加工以（　　）为主。
A．筛分、清洗 B．破碎、筛分
C．开采、清洗 D．开采、筛分

12．下列不属于混凝土入仓铺料方法的是（　　）。
A．斜层浇筑法 B．薄层浇筑法
C．平铺法 D．台阶法

13．降低混凝土入仓温度的措施不包括（　　）。
A．合理安排浇筑时间 B．采用薄层浇筑
C．对集料进行预冷 D．采用加冰或加冰水拌合

14．在大体积混凝土结构中产生裂缝的主要原因是由于混凝土（　　）不足。
A．抗剪强度 B．抗压强度
C．抗拉强度 D．抗弯刚度

15．混凝土入仓铺料采用斜层浇筑法时，斜层坡度不超过（　　）。
A．5° B．10°
C．15° D．20°

16．混凝土入仓铺料采用斜层浇筑法时，浇筑块高度一般限制在（　　）m左右。
A．1.0 B．1.5
C．2.0 D．2.5

17．塑性混凝土应在浇筑完毕（　　）开始洒水养护。
A．24h后 B．立即
C．6～18h内 D．3d后

18．《水工混凝土施工规范》DL/T 5144—2015规定，混凝土的养护时间不宜少于（　　）d。
A．14 B．21
C．28 D．35

19．混凝土拌合系统的基本生产能力不小于480m³/h，其规模为（　　）。
A．特大型 B．大型
C．中型 D．小型

20. 当混凝土拌合系统规模为大型时，其月生产能力达到（　　）万 m³/月。
    A. 3（含）~10 B. 6（含）~10
    C. 8（含）~10 D. 6（含）~16
21. 混凝土拌合系统的基本生产能力的规模分为（　　）类。
    A. 3 B. 4
    C. 5 D. 6

二 多项选择题

1. 混凝土的运输分为（　　）工具。
    A. 水平运输 B. 垂直运输
    C. 机械运输 D. 人工运输
    E. 混合运输
2. 拌合设备生产能力主要取决于（　　）等因素。
    A. 混凝土浇筑强度 B. 设备容量
    C. 储存量 D. 台数
    E. 生产率
3. 集料堆存的质量要求有（　　）。
    A. 防止跌碎和分离 B. 保持细集料干燥
    C. 保持细集料一定湿度 D. 防止堆存集料混级
    E. 保持集料的洁净
4. 混凝土的垂直运输设备主要有（　　）。
    A. 汽车 B. 门机
    C. 塔机 D. 缆机
    E. 履带式起重机
5. 集料料场规划的原则包括（　　）。
    A. 主要料场应场地开阔，高程适宜，储量大，质量好，开采季节短的料场
    B. 选择料场附近有足够的回车和堆料场地
    C. 选择开采准备工作量大，施工简便的料场
    D. 选择可采率高的料场
    E. 选择天然级配与设计级配较为接近的料场
6. 下列关于混凝土粗集料质量要求的说法，正确的有（　　）。
    A. 最大粒径不应超过钢筋净距的 2/3
    B. 以原孔筛检验时，超径应小于 5%
    C. 泥块含量不得超过 0.5%
    D. 当以超径、逊径筛检验时，超径应为零
    E. 二级配的混凝土粗集料的含泥量不得超过 0.5%
7. 碎石时常用的破碎机械有（　　）。
    A. 颚板式碎石机 B. 反击式碎石机

C．冲击式碎石机　　　　　　D．锥式碎石机

E．锤式碎石机

8. 下列关于混凝土细集料质量要求的说法，正确的有（　　）。

　A．天然砂的细度模数宜在 2.2～3.0 范围内

　B．人工砂饱和面干的含水率不宜超过 6%

　C．强度等级不小于 C30 和有抗冻要求的混凝土若采用天然细集料，其含泥量不应超过 3%

　D．天然砂不允许含有机质

　E．天然砂的轻物质含量应不高于 1%

9. 集料储量主要取决于（　　）。

　A．生产强度　　　　　　　　B．地形条件

　C．可利用量　　　　　　　　D．管理水平

　E．运输条件

10. 混凝土集料开采量应根据（　　）来确定。

　A．混凝土浇筑强度　　　　　B．开挖料的储存量

　C．开挖料的可利用量　　　　D．堆料场地大小

　E．混凝土中各种粒径料的需要量

11. 下列关于混凝土运输浇筑方案选择的说法，正确的有（　　）。

　A．起重设备能够控制整个建筑物的浇筑部位

　B．主要设备型号要多

　C．在保证工程质量前提下能满足高峰浇筑强度的要求

　D．能最大限度地承担模板、钢筋、金属结构及仓面小型机具的调运工作

　E．在工作范围内能连续工作，设备利用率高

12. 按照振捣方式不同，混凝土振捣器分为（　　）等。

　A．插入式　　　　　　　　　B．附着式

　C．表面式　　　　　　　　　D．振动式

　E．注入式

13. 大体积混凝土温控中，减少混凝土发热量的措施有（　　）。

　A．采用干硬性贫混凝土　　　B．采用薄层浇筑

　C．掺加高效减水剂　　　　　D．合理安排浇筑时间

　E．大量掺加粉煤灰

14. 大体积混凝土温控中，降低混凝土入仓温度的措施有（　　）。

　A．加冰水拌和　　　　　　　B．采用薄层浇筑

　C．预埋水管通水冷却　　　　D．合理安排浇筑时间

　E．对集料预冷

15. 大体积混凝土温控中，加速混凝土散热的措施有（　　）。

　A．加冰水拌和　　　　　　　B．确定合理的浇筑层厚和间歇期

　C．预埋水管通水冷却　　　　D．合理安排浇筑时间

　E．对集料预冷

16. 大体积混凝土温度裂缝包括（　　）。
    A．表面裂缝　　　　　　　　B．贯穿裂缝
    C．深层裂缝　　　　　　　　D．细微缝
    E．基础缝
17. 混凝土浇筑的施工过程包括（　　）等。
    A．浇筑前的运输　　　　　　B．浇筑前的准备作业
    C．浇筑时入仓铺料　　　　　D．平仓振捣
    E．混凝土的养护
18. 混凝土坝出现冷缝时，会使层间的（　　）明显降低。
    A．抗渗能力　　　　　　　　B．抗剪能力
    C．抗拉能力　　　　　　　　D．抗压能力
    E．抗冻能力
19. 混凝土铺料允许间隔时间，主要受混凝土（　　）的限制。
    A．终凝时间　　　　　　　　B．初凝时间
    C．温控要求　　　　　　　　D．运输能力
    E．浇筑能力
20. 混凝土入仓铺料的方法有（　　）。
    A．平铺法　　　　　　　　　B．间隔浇筑法
    C．斜层浇筑法　　　　　　　D．台阶法
    E．通仓浇筑法

【答案】

一、单项选择题
1．C；　2．C；　3．D；　4．C；　5．B；　6．D；　7．A；　8．D；
9．B；　10．B；　11．A；　12．B；　13．B；　14．C；　15．B；　16．B；
17．C；　18．C；　19．A；　20．D；　21．B

二、多项选择题
1．A、B；　　　　2．B、D、E；　　　3．A、C、D、E；　　4．B、C、D、E；
5．B、D、E；　　6．A、B、D；　　　7．A、B、D；　　　　8．A、B、C、E；
9．A、D；　　　　10．C、E；　　　　11．A、C、D、E；　　12．A、B、C、D；
13．A、C、E；　　14．A、D、E；　　15．B、C；　　　　　16．A、B、D；
17．B、C、D、E；　18．A、B、C；　　19．B、C；　　　　　20．A、C、D

4.2　模板与钢筋

复习要点

1. 模板的分类与模板施工

2. 钢筋的加工安装技术要求

一 单项选择题

1. 一般标准木模板的重复利用次数即周转率为（　　）次。
   A．5～10　　　　　　　　B．10～15
   C．15～20　　　　　　　D．20～25
2. 多用于起伏的基础部位或特殊的异形结构的模板是（　　）。
   A．固定式　　　　　　　B．拆移式
   C．移动式　　　　　　　D．滑升式
3. 滑升模板上滑时，要求新浇筑混凝土达到初凝，并至少具有（　　）Pa的强度。
   A．$1.5×10^6$　　　　　　B．$1.5×10^5$
   C．$2.5×10^5$　　　　　　D．$2.5×10^6$
4. 对于大体积混凝土浇筑块，模板安装成型后的偏差，不应超过模板安装允许偏差的（　　）。
   A．10%～30%　　　　　　B．30%～50%
   C．50%～80%　　　　　　D．50%～100%
5. 余热处理钢筋属于（　　）级钢筋。
   A．Ⅰ　　　　　　　　　B．Ⅱ
   C．Ⅲ　　　　　　　　　D．Ⅳ
6. 一般钢木混合模板的周转率为（　　）次。
   A．5～10　　　　　　　　B．10～15
   C．20～30　　　　　　　D．30～50
7. 对非承重模板，混凝土强度应达到（　　）Pa以上方可将模板拆除。
   A．$2.5×10^6$　　　　　　B．$2.0×10^6$
   C．$2.0×10^5$　　　　　　D．$2.5×10^5$
8. 钢筋图例中，"⊷——"表示（　　）。
   A．带丝扣的钢筋端部　　　B．无弯钩的钢筋端部
   C．带直钩的钢筋端部　　　D．带半圆形弯钩的钢筋端部
9. 水工钢筋混凝土常用的钢筋为（　　）。
   A．冷轧带肋钢筋　　　　　B．冷拉钢筋
   C．热轧钢筋　　　　　　　D．热处理钢筋
10. 用同钢号某直径钢筋代替另一种直径的钢筋时，变更后钢筋总截面面积与设计文件规定的截面面积之比为（　　）。
    A．95%～106%　　　　　B．96%～105%
    C．97%～104%　　　　　D．98%～103%
11. 钢筋接头配置在同一截面的允许百分率，焊接接头在受弯构件的受拉区不超过（　　）。
    A．30%　　　　　　　　　B．40%

C. 50%   D. 80%

12. 钢筋接头配置在同一截面的允许百分率，绑扎接头在构件的受拉区中不超过（　　），在受压区不超过（　　）。

　　A．25%，30%　　　　　　　　B．25%，40%
　　C．25%，50%　　　　　　　　D．30%，80%

13. 钢筋接头配置在同一截面的允许百分率，机械连接接头在受拉区不宜超过（　　）。

　　A．30%　　　　　　　　　　　B．50%
　　C．60%　　　　　　　　　　　D．80%

14. 钢筋焊接与绑扎接头距离钢筋弯头起点不小于（　　）d。

　　A．5　　　　　　　　　　　　B．6
　　C．8　　　　　　　　　　　　D．10

15. 对于钢筋直径小于或等于（　　）mm 的非轴心受拉构件等的接头，可采用绑扎接头。

　　A．20　　　　　　　　　　　　B．22
　　C．25　　　　　　　　　　　　D．28

16. 钢筋标注形式"$n\phi d@s$"中，@ 表示（　　）。

　　A．钢筋编号　　　　　　　　　B．钢筋根数
　　C．钢筋直径　　　　　　　　　D．钢筋间距的代号

二 多项选择题

1. 下列关于滑升式模板的说法，不正确的有（　　）。
　　A．能适应混凝土的连续浇筑要求
　　B．降低了模板的利用率
　　C．不需进行接缝处理
　　D．加速凝剂和采用低流态混凝土时，应降低滑升速度
　　E．避免了重复立模、拆模工作

2. 下列关于模板的说法，正确的有（　　）。
　　A．大体积混凝土浇筑块成型后的偏差不应超过模板安装允许偏差的 30%～50%
　　B．新浇筑混凝土强度达到 4.5MPa 以上时可拆除非承重模板
　　C．滑模上滑时，要求新浇筑混凝土达到初凝，并具有 1.5×10^5Pa 的强度
　　D．对于不拆除的混凝土预制模板，模板与新浇筑混凝土的结合面需进行凿毛处理
　　E．所有模板均必须设置内部撑杆或外部拉杆，以保证模板的稳定性

3. 混凝土拆模时间一般根据（　　）而定。
　　A．设计要求　　　　　　　　　B．拌合物坍落度
　　C．气温　　　　　　　　　　　D．混凝土强度

E．温控要求

4．可重复或连续在形状一致或变化不大的结构上使用的模板有（　　）。
   A．固定式
   B．拆移式
   C．移动式
   D．钢筋混凝土预制模板
   E．滑动式

5．模板根据架立和工作特征可分为（　　）。
   A．固定式
   B．拆移式
   C．移动式
   D．滑升式
   E．折叠式

6．钢筋下料长度的计算应记入（　　）。
   A．钢筋焊接、绑扎需要的长度
   B．因弯曲而延伸的长度
   C．因温度变化而延伸或缩短的长度
   D．因安装误差的富余长度
   E．混凝土收缩引起的变化长度

7．必须设置内部撑杆或外部拉杆的模板包括（　　）。
   A．悬臂模板
   B．竖向模板
   C．内倾模板
   D．横向模板
   E．外倾模板

8．必须进行模板设计的包括（　　）模板。
   A．移动式
   B．重要结构物的
   C．滑动式
   D．拆移式
   E．承重

9．下列关于钢筋代换的说法，正确的有（　　）。
   A．用不同钢号或直径的钢筋代换时，应按钢筋承载力设计值相等的原则进行
   B．以高一级钢筋代换低一级钢筋时，宜采用改变钢筋直径的方法
   C．用同钢号不同直径钢筋代换时，其直径变化范围不宜超过6mm
   D．用同钢号不同直径钢筋代换时，截面与设计值之比不得小于98%或大于103%
   E．主筋采取同钢号的钢筋代换时，应保持间距不变

10．下列钢筋中，可以采用绑扎连接的有（　　）。
    A．直径为22mm的受拉钢筋
    B．直径为32mm的受拉钢筋
    C．直径为22mm的受压钢筋
    D．直径为32mm的受压钢筋
    E．直径为22mm的构造钢筋

【答案】

一、单项选择题

1．A；　2．A；　3．B；　4．D；　5．C；　6．D；　7．A；　8．A；

9. C； 10. D； 11. C； 12. C； 13. B； 14. D； 15. C； 16. D

二、多项选择题

1. B、D；　　　　2. C、D；　　　　3. A、C、D；　　　4. B、C、E；
5. A、B、C、D；　6. A、B；　　　　7. B、C；　　　　8. A、B、C、E；
9. A、B、D、E；　10. A、C、D、E

4.3 混凝土坝的施工技术

复习要点

1. 混凝土坝的施工分缝分块
2. 混凝土坝的施工质量控制

一 单项选择题

1. 垂直于坝轴线方向的缝称为（　　）。
   A. 纵缝　　　　　　　　　B. 斜缝
   C. 错缝　　　　　　　　　D. 横缝
2. 平行于坝轴线方向的缝称为（　　）。
   A. 纵缝　　　　　　　　　B. 斜缝
   C. 错缝　　　　　　　　　D. 横缝
3. 混凝土重力坝和拱坝的横缝分别为（　　）。
   A. 永久缝、永久缝　　　　B. 永久缝、临时缝
   C. 临时缝、永久缝　　　　D. 临时缝、临时缝
4. 低塑性混凝土宜在浇筑完毕后立即进行（　　）养护。
   A. 喷雾　　　　　　　　　B. 洒水
   C. 覆盖　　　　　　　　　D. 化学剂
5. 混凝土坝采用竖缝分块时，浇块高度一般在（　　）m以内。
   A. 1　　　　　　　　　　　B. 2
   C. 3　　　　　　　　　　　D. 4
6. 为保持坝体的整体稳定性，必须对接缝进行灌浆的分缝是（　　）。
   A. 横缝　　　　　　　　　B. 纵缝
   C. 斜缝　　　　　　　　　D. 错缝
7. 斜缝分块的坝段混凝土浇筑时应有先后程序，必须是（　　）。
   A. 同时浇筑　　　　　　　B. 下游块先浇，上游块后浇
   C. 上游块先浇，下游块后浇　D. 上下游块先浇，后中间块浇
8. 整个坝段不设纵缝，以一个坝段进行浇筑的是（　　）。
   A. 通仓浇筑　　　　　　　B. 平浇法
   C. 薄层浇筑　　　　　　　D. 阶梯浇筑

9. 混凝土坝的坝内裂缝、空洞可采用（　　）。
    A．水泥灌浆　　　　　　　B．化学灌浆
    C．水泥砂浆　　　　　　　D．环氧砂浆
10. 混凝土坝表面裂缝可用（　　）抹浆。
    A．水泥　　　　　　　　　B．化学剂
    C．黏土　　　　　　　　　D．水泥砂浆
11. 在施工中混凝土块体大小必须与混凝土制备、运输和浇筑的生产能力相适应，主要是为了避免（　　）出现。
    A．冷缝　　　　　　　　　B．水平缝
    C．临时缝　　　　　　　　D．错缝
12. 对混凝土极细微裂缝可用（　　）处理。
    A．水泥灌浆　　　　　　　B．化学灌浆
    C．水泥砂浆　　　　　　　D．环氧砂浆
13. 接缝灌浆时，拱坝的坝体混凝土温度一般比年平均温度低（　　）℃。
    A．0～1　　　　　　　　　B．1～2
    C．2～3　　　　　　　　　D．3～4

二　多项选择题

1. 下列关于混凝土坝体分缝的说法，正确的有（　　）。
    A．横缝缝面可不设键槽，也可不灌浆
    B．竖缝必须设键槽
    C．竖缝必须进行接触灌浆处理，或设置宽缝回填膨胀混凝土
    D．斜缝不可直通至坝体上游
    E．错缝必须进行接触灌浆

2. 混凝土坝斜缝分块的原则包括（　　）。
    A．缝是向上游或下游倾斜的
    B．缝是向下游倾斜的
    C．斜缝可以不进行接缝灌浆
    D．斜缝不能直通到坝的上游面，以避免库水渗入缝内
    E．斜缝必须进行接缝灌浆，否则库水渗入缝内

3. 下列关于施工缝的处理，正确的有（　　）。
    A．新混凝土浇筑前，可用高压水枪将老混凝土表面含游离石灰的水泥膜清除
    B．纵缝表面必须凿毛，且应冲洗干净
    C．采用高压水冲毛，视气温高低，可在浇筑后5～20h进行
    D．用风砂枪冲毛时，一般应在浇后一两天进行
    E．施工缝面凿毛或冲毛后，应用压力水冲洗干净

4. 下列关于混凝土坝的施工质量检测方法的说法，正确的有（　　）。
    A．物理监测主要监测裂缝、空洞和弹性模量

B. 压水试验单位吸水率应大于 0.01L/(min·m·m)
C. 大块取样可采用 1m 以上的大直径钻机取样
D. 原型观测是预埋仪器观测温度变化、应力应变变化情况
E. 整个建筑物施工完毕交付使用前必须进行竣工测量

5. 混凝土施工质量常用的检查和监测的方法有（   ）等。
   A. 物理监测　　　　　　　　B. 承包商自检
   C. 钻孔压水检查　　　　　　D. 大块取样试验
   E. 原型观测

6. 在混凝土的质量控制中，应按试件强度的（   ）进行控制。
   A. 平均值　　　　　　　　　B. 中位数
   C. 极差　　　　　　　　　　D. 标准差
   E. 离差系数

7. 对已完工的混凝土坝的检测方法有（   ）。
   A. 物理监测　　　　　　　　B. 钻孔压水
   C. 大块取样　　　　　　　　D. 原型观测
   E. 化学检测

8. 拱坝的收缩缝有（   ）。
   A. 横缝　　　　　　　　　　B. 纵缝
   C. 水平缝　　　　　　　　　D. 灌浆缝
   E. 温度缝

9. 下列关于拱坝施工的说法，正确的有（   ）。
   A. 宽缝填塞混凝土后需要再次灌浆
   B. 宽缝的缝宽达 0.7～1.2m
   C. 窄缝是施工时预留的
   D. 横缝可以不灌浆
   E. 纵缝需要灌浆

【答案】

一、单项选择题
1. D；　2. A；　3. B；　4. A；　5. C；　6. B；　7. C；　8. A；
9. A；　10. D；　11. A；　12. B；　13. C

二、多项选择题
1. A、B、C、D；　2. A、C、D；　3. A、C、D、E；　4. A、C、D、E；
5. A、C、D、E；　6. D、E；　7. A、B、C、D；　8. A、B；
9. A、B、E

4.4 碾压混凝土的施工技术

复习要点

1. 碾压混凝土的施工工艺及特点
2. 碾压混凝土的施工质量控制

一 单项选择题

1. 碾压混凝土坝采用的筑坝材料为（　　）混凝土。
   A. 高强　　　　　　　　B. 普通
   C. 干贫　　　　　　　　D. 低强
2. 根据规范，碾压混凝土拌合物的 VC 值现场宜选用（　　）s。
   A. 2～8　　　　　　　　B. 2～12
   C. 2～30　　　　　　　D. 2～40
3. 碾压混凝土坝的施工工艺程序一般为入仓、平仓、（　　）。
   A. 切缝、振动碾压、无振碾压　　B. 振动碾压、切缝、无振碾压
   C. 无振碾压、切缝、振动碾压　　D. 振动碾压、无振碾压、切缝
4. 碾压混凝土坝施工时应采用（　　）。
   A. 通仓薄层浇筑　　　　B. 竖缝分块
   C. 斜缝分块　　　　　　D. 错缝分块
5. 碾压混凝土 VC 值太大表示（　　）。
   A. 拌合料湿，不易压实　　B. 拌合料湿，易压实
   C. 拌合料干，不易压实　　D. 拌合料干，易压实
6. 碾压混凝土 VC 值太小表示（　　）。
   A. 拌合料湿，不便施工　　B. 拌合料湿，便于施工
   C. 拌合料干，不易压实　　D. 拌合料干，易压实
7. 掺合料种类、掺量应通过试验确定，掺量超过（　　）时，应作专门的试验论证。
   A. 45%　　　　　　　　B. 50%
   C. 55%　　　　　　　　D. 65%
8. 为了便于常态混凝土与碾压混凝土在浇筑时层面能同步上升，应对常态混凝土掺加（　　）。
   A. 高效缓凝剂　　　　　B. 高效速凝剂
   C. 高效减水剂　　　　　D. 大量粉煤灰
9. 在碾压混凝土坝施工时，卸料、平仓、碾压中的质量控制，主要应保证（　　）。
   A. 层间结合良好　　　　　B. 卸料、铺料厚度要均匀
   C. 入仓混凝土及时摊铺和碾压　　D. 集料不分离和拌合料不过干

10. 相对压实度是评价碾压混凝土压实质量的指标，对于建筑物的外部混凝土相对压实度不得小于（　　）。

　　A．95%　　　　　　　　　　B．96%
　　C．97%　　　　　　　　　　D．98%

11. 碾压混凝土坝施工中，压实质检至少每（　　）h 一次。

　　A．1　　　　　　　　　　　B．2
　　C．3　　　　　　　　　　　D．4

12. 在碾压过程中，振动碾压（　　）遍后，混凝土表面有明显灰浆泌出，表面平整、润湿、光滑，碾滚前后有弹性起伏现象，则表明混凝土料干湿适度。

　　A．2～3　　　　　　　　　　B．3～4
　　C．4～5　　　　　　　　　　D．5～6

13. 为便于碾压混凝土的养护和防护，施工组织安排上应尽量避免在（　　）施工。

　　A．春季　　　　　　　　　　B．夏季
　　C．秋季　　　　　　　　　　D．冬季

二 多项选择题

1. 碾压混凝土现场 VC 值的测定可以采用（　　）。

　　A．VC 仪　　　　　　　　　B．凭经验手感测定
　　C．表面型核子水分密度仪　　D．挖坑填砂法
　　E．标样法

2. 碾压混凝土配合比设计参数包括（　　）。

　　A．水胶比　　　　　　　　　B．砂率
　　C．单位水泥用量　　　　　　D．掺合料
　　E．外加剂

3. 碾压混凝土卸料、平仓、碾压中的质量控制要求主要有（　　）。

　　A．卸料落差不应大于 2.0m
　　B．堆料高不大于 1.5m
　　C．入仓混凝土及时摊铺和碾压
　　D．两种混凝土结合部位重新碾压，同时常态混凝土应掺速凝剂
　　E．避免层间间歇时间太长

4. 下列方法中，可以测定碾压混凝土均质性的方法包括（　　）。

　　A．芯样获得率　　　　　　　B．压水试验
　　C．芯样的物理力学性能试验　D．芯样断口位置及形态描述
　　E．芯样外观描述

【答案】

一、单项选择题

1. C； 2. B； 3. B； 4. A； 5. C； 6. A； 7. D； 8. A；
9. A； 10. D； 11. B； 12. B； 13. B

二、多项选择题

1. A、B； 2. A、B、D、E； 3. A、B、C、E； 4. A、C、E

第 5 章　堤防与河湖疏浚工程

5.1　堤防工程施工技术

复习要点

1. 堤身填筑施工方法
2. 护岸护坡的施工方法

一、单项选择题

1. 堤基清理范围包括（　　）。
   A. 堤身及压载的基面
   B. 堤身及铺盖的基面
   C. 堤身、压载及铺盖的基面
   D. 堤身、压载、铺盖及填塘的基面

2. 在堤防施工中，堤防横断面上的地面坡度不应陡于（　　）。
   A. 1∶2 　　B. 1∶3
   C. 1∶4 　　D. 1∶5

3. 堤防工程中的堤身碾压时，碾迹搭压宽度应大于（　　）cm。
   A. 5 　　B. 10
   C. 15 　　D. 20

4. 在堤防工程中，铲运机兼作压实机械时，轮迹应搭压轮宽的（　　）。
   A. 1/2 　　B. 1/3
   C. 1/4 　　D. 1/5

5. 在堤防工程的堤身填筑施工中，碾压行走方向应（　　）。
   A. 平行于堤轴线
   B. 垂直于堤轴线
   C. 平行于堤脚线
   D. 垂直于堤脚线

6. 堤身填筑采用机械施工，其分段作业面长度应（　　）m。
   A. ＜100 　　B. ≥100
   C. ＜50 　　D. ≥50

7. 堤身相邻施工段的作业面以斜坡面相接时，结合坡度为（　　）。
   A. 1∶3～1∶5
   B. 1∶4～1∶5
   C. 1∶2～1∶4
   D. 1∶4～1∶6

8. 在堤身铺料作业中，边线超余量机械施工时宜为（　　）cm。
   A. 20 　　B. 10
   C. 30 　　D. 25

9. 在堤身压实作业中，分段、分片碾压的相邻作业面搭接碾压宽度，平行堤轴线方向不应（　　）m。
   A. 大于 0.5
   B. 小于 0.5

C. 等于 0.5　　　　　　　　　D. 等于 0.3

10. 堤身碾压时必须严格控制土料含水率，土料含水率应控制在最优含水率（　　）范围内。
　　A. ±1%　　　　　　　　　B. ±2%
　　C. ±3%　　　　　　　　　D. ±5%

11. 在堤防工程中，砂砾料压实时，洒水量宜为填筑方量的（　　）。
　　A. 10%～20%　　　　　　B. 20%～30%
　　C. 20%～40%　　　　　　D. 30%～40%

12. 在软土堤基上筑堤时，如堤身两侧设有压载平台，两者的填筑顺序为（　　）。
　　A. 先筑堤身后压载　　　　B. 先筑压载后堤身
　　C. 两者同步填筑　　　　　D. 先上下游后中间

13. 对河床边界条件改变和对近岸水流条件的影响均较小的是（　　）。
　　A. 坡式护岸　　　　　　　B. 坝式护岸
　　C. 墙式护岸　　　　　　　D. 顺坝护岸

14. 干砌石护坡坡面有涌水现象时，应在护坡层下铺反滤层，其厚度应在（　　）cm以上。
　　A. 5　　　　　　　　　　　B. 10
　　C. 15　　　　　　　　　　 D. 20

15. 堤防护岸工程中，坡面可能遭受水流冲刷冲击力强的防护地段，宜采用（　　）。
　　A. 干砌石护坡　　　　　　B. 灌砌石护坡
　　C. 浆砌石护坡　　　　　　D. 预制混凝土板护坡

16. 游荡性河流的护岸多采用（　　）。
　　A. 坡式护岸　　　　　　　B. 坝式护岸
　　C. 墙式护岸　　　　　　　D. 平顺护岸

17. 在河道狭窄的重要堤段，常采用（　　）。
　　A. 坡式护岸　　　　　　　B. 坝式护岸
　　C. 墙式护岸　　　　　　　D. 平顺护岸

18. 在堤外无滩且易受水冲刷的重要堤段，常采用（　　）。
　　A. 坡式护岸　　　　　　　B. 墙式护岸
　　C. 坝式护岸　　　　　　　D. 平顺护岸

19. 在受地形条件或已建建筑物限制的重要堤段，常采用（　　）。
　　A. 坡式护岸　　　　　　　B. 坝式护岸
　　C. 墙式护岸　　　　　　　D. 平顺护岸

20. 在堤身压实作业中，采用振动碾时行走速度应（　　）km/h。
　　A. ≤1　　　　　　　　　　B. ≤1.5
　　C. ≤2　　　　　　　　　　D. ≤2.5

21. 在堤防工程中，中细砂压实的洒水量，宜（　　）。
　　A. 为填筑方量的 10%～20%　　B. 为填筑方量的 20%～30%
　　C. 为填筑方量的 30%～40%　　D. 按最优含水量控制

22. 下列关于堤防填筑作业的说法，错误的是（ ）。
    A. 地面起伏不平时，应顺坡填筑
    B. 堤身两侧设有压载平台，两者应按设计断面同步分层填筑
    C. 相邻施工段的作业面宜均衡上升，段间出现高差，应以斜坡面相接
    D. 光面碾压的黏性土填料层，在新层铺料前，应作刨毛处理

二、多项选择题

1. 堤基清理的要求包括（ ）等。
    A. 堤基清理范围包括堤身、铺盖和压载的基面
    B. 应将堤基范围内的淤泥、腐殖土、不合格土及杂草、树根等清除干净
    C. 堤基内的井窖、树坑、坑塘等应按高于堤身的要求进行分层回填处理
    D. 堤基清理后，应在第一层铺填前进行平整压实
    E. 堤基清理边线应比设计基面边线宽出 50～80cm

2. 在堤防工程的堤身填筑施工中，根据碾压试验确定（ ）等。
    A. 分段长度   B. 碾压遍数
    C. 含水量   D. 铺土厚度
    E. 土块限制直径

3. 堤身铺料作业的要求有（ ）。
    A. 铺料厚度和土块直径的限制尺寸应通过现场试验确定
    B. 严禁将砂砾料或其他透水料与黏性土料混杂
    C. 砂砾料或砾质土卸料时如发生颗粒分离现象，应将其拌和均匀
    D. 边线超填余量，机械施工宜为 30cm，人工施工宜为 10cm
    E. 土料或砾质土可采用进占法或后退法卸料，砂砾料宜用进占法卸料

4. 下列关于堤身填筑的技术要求，正确的有（ ）。
    A. 水平分层，不得顺坡铺填
    B. 机械施工时分段作业面长度不应小于 200m，人工施工时段长可适当减短
    C. 已铺土料表面在压实前被晒干时，应洒水润湿
    D. 光面碾压的黏性土填料层，在新层铺料前，应作刨毛处理
    E. 作业面应分层统一铺土，统一碾压，上、下层的分段接缝应错开

5. 在堤身填筑中，压实作业的要求有（ ）。
    A. 铺料厚度和土块直径的限制尺寸应通过碾压试验确定
    B. 分段碾压，各段应设立标志，以防漏压、欠压、过压
    C. 砂砾料碾压时必须严格控制含水率
    D. 碾压行走方向，应平行于堤轴线
    E. 行走速度应控制：平碾≤2km/h，振动碾≤2km/h，铲运机为 2 挡

6. 堤岸防护工程一般可分为（ ）等。
    A. 平顺护岸   B. 坝式护岸
    C. 墙式护岸   D. 逆向护岸

E．顺向护岸
7．坡式护岸经常采用的护脚形式有（   ）。
   A．抛石护脚　　　　　　　　B．抛枕护脚
   C．抛石笼护脚　　　　　　　D．沉排护脚
   E．混凝土护脚
8．下列关于护岸护坡形式及施工方法的说法，正确的有（   ）。
   A．护岸工程施工应先护脚后护坡
   B．上下层砌筑的干砌石护坡应齐缝砌筑
   C．浆砌石护坡需设排水孔
   D．游荡性河流护岸宜采用坝式护岸
   E．原坡面为砾、卵石的浆砌石护坡可不设垫层
9．堤防填筑作业面要求是（   ）。
   A．分层统一铺土，统一碾压　　B．分层分片铺土，统一碾压
   C．分层统一铺土，分片碾压　　D．上下层分段接缝错开
   E．以上答案都不对

【答案】

一、单项选择题
1．C；　2．D；　3．B；　4．B；　5．A；　6．B；　7．A；　8．C；
9．B；　10．C；　11．C；　12．C；　13．A；　14．C；　15．C；　16．B；
17．C；　18．B；　19．C；　20．C；　21．D；　22．A
二、多项选择题
1．A、B、D；　　2．B、C、D、E；　3．A、B、C、D；　4．A、C、D、E；
5．A、B、D、E；　6．A、B、C；　　7．A、B、C、D；　8．A、C、D、E；
9．A、D

5.2　河湖疏浚工程施工技术

复习要点

1．水下工程施工
2．水下工程施工质量控制

一　单项选择题

1．疏浚工程宜采用的开挖方式是（   ）。
   A．横挖法　　　　　　　　　B．反挖法
   C．顺流开挖　　　　　　　　D．逆流开挖

2. 吸扬式挖泥船进行吹填工程施工宜采用的开挖方式是（　　）。
   A．横挖法 B．反挖法
   C．顺流开挖 D．逆流开挖
3. 挖泥船分层施工应遵循的原则是（　　）。
   A．上层厚、下层薄 B．上层薄、下层厚
   C．分层厚度均匀 D．不作要求
4. 疏浚工程施工中，监理单位平行检验测量点数不应少于施工单位检测点数的（　　）。
   A．3% B．5%
   C．8% D．10%
5. 疏浚工程施工中，监理单位跟踪检验测量点数不应少于施工单位检测点数的（　　）。
   A．3% B．5%
   C．8% D．10%
6. 疏浚工程施工中，项目法人单位委托有资质的第三方检测单位，对完工工程抽样检测应在工程完工后（　　）日内进行。
   A．7 B．14
   C．21 D．28
7. 疏浚工程完工后，项目法人应提出验收申请，验收主持单位应在工程完工（　　）日内及时组织验收。
   A．7 B．14
   C．21 D．28
8. 疏浚工程完工验收后，项目法人应与施工单位在（　　）个工作日内完成工程的交接工作。
   A．14 B．21
   C．30 D．45
9. 疏浚工程中水下断面边坡按台阶形开挖时，超欠比应控制在（　　）。
   A．1.0～1.5 B．1.0～2.0
   C．1.5～2.0 D．1.5～2.5
10. 疏浚工程中纵向浅埂长度（　　）m时，应进行返工处理。
    A．≥1 B．≥1.5
    C．≥2 D．≥2.5
11. 疏浚工程的横断面中心线偏移应（　　）m。
    A．＜1.0 B．＞1.0
    C．＜1.5 D．＞1.5

二 多项选择题

1. 疏浚工程如以水下方计算工程量，设计工程量应为（　　）之和。

A. 设计断面方量　　　　　B. 计算超宽工程量
C. 计算超深工程量　　　　D. 沉陷工程量
E. 流失方量

2. 水下工程作业前通过试生产确定的相关技术参数包括（　　）等。
A. 最佳的船舶前移量　　　B. 横摆速度
C. 挖泥机具下放深度　　　D. 排泥口吹填土堆集速度
E. 土方流失率

3. 吹填工程量按吹填土方量计算时，总工程量应为（　　）之和。
A. 设计吹填方量　　　　　B. 设计允许超填方量
C. 地基沉降量　　　　　　D. 土方流失量
E. 计算超深工程量

4. 疏浚工程中局部欠挖出现（　　）情况时，应进行返工处理。
A. 欠挖厚度大于设计水深的 5%，或超过 30cm
B. 欠挖厚度小于设计水深的 3%
C. 横向浅埋长度大于设计底宽的 5%，或超过 2m
D. 纵向浅埋长度大于 2.5m
E. 一处超挖面积大于 $5.0m^2$

【答案】

一、单项选择题
1. C；　2. D；　3. A；　4. B；　5. D；　6. A；　7. B；　8. C；
9. A；　10. D；　11. A

二、多项选择题
1. A、B、C；　2. A、B、C、D；　3. A、B、C；　4. A、C、D、E

第 6 章 水闸、泵站与水电站工程

6.1 水闸施工技术

微信扫一扫
在线做题+答疑

复习要点

1. 水闸的分类及组成
2. 水闸主体结构的施工方法
3. 闸门的安装方法
4. 启闭机与机电设备的安装方法

一、单项选择题

1. 水闸是一种利用闸门挡水和泄水的（　　）水工建筑物。
   A. 低水头　　　　　　　　B. 中水头
   C. 中高水头　　　　　　　D. 高水头

2. 按水闸承担的任务分类，用于拦洪、调节水位的水闸称为（　　）。
   A. 进水闸　　　　　　　　B. 分洪闸
   C. 节制闸　　　　　　　　D. 挡潮闸

3. 用以引导水流平顺地进入闸室，并与闸室等共同构成防渗地下轮廓的水闸组成部分是（　　）。
   A. 闸门　　　　　　　　　B. 上游连接段
   C. 边墩　　　　　　　　　D. 下游连接段

4. 作为闸室的基础，用以将闸室上部结构的重量及荷载传至地基的部分是（　　）。
   A. 闸门　　　　　　　　　B. 闸墩
   C. 底板　　　　　　　　　D. 胸墙

5. 用以消除过闸水流的剩余能量，引导出闸水流均匀扩散，调整流速分布和减缓流速的水闸组成部分是（　　）。
   A. 闸门　　　　　　　　　B. 上游连接段
   C. 闸室　　　　　　　　　D. 下游连接段

6. 下列关于水闸施工的说法，错误的是（　　）。
   A. 相邻两部位建基面深浅不一时，应先施工建基面较深的结构
   B. 为减轻对邻接部位混凝土产生的不良影响，应先施工较轻的结构
   C. 平底板水闸的底板施工应先于闸墩
   D. 反拱底板水闸的施工一般是先浇墩墙，待沉降稳定后再浇反拱底板

7. 规格分档 FH 为 800 的闸门类型为（　　）。
   A. 小型　　　　　　　　　B. 中型
   C. 大型　　　　　　　　　D. 超大型

8. 弧形闸门的导轨安装及混凝土浇筑过程，正确的顺序是（　　）。
   A．浇筑闸墩混凝土、凹槽埋设钢筋、固定导轨、浇筑二期混凝土
   B．凹槽埋设钢筋、浇筑闸墩混凝土、浇筑二期混凝土、固定导轨
   C．凹槽埋设钢筋、浇筑闸墩混凝土、固定导轨、浇筑二期混凝土
   D．凹槽埋设钢筋、固定导轨、浇筑闸墩混凝土、浇筑二期混凝土

9. 启闭力为500kN的螺杆式启闭机，其型式为（　　）。
   A．小型　　　　　　　　　　B．中型
   C．大型　　　　　　　　　　D．超大型

10. 为检查紫铜片止水焊接后是否渗漏，可采用（　　）进行检验。
    A．光照法　　　　　　　　　B．柴油渗透法
    C．注水渗透法　　　　　　　D．吹气法

11. 启闭机试验分为（　　）种。
    A．2　　　　　　　　　　　B．3
    C．4　　　　　　　　　　　D．5

12. 启闭机动载试验时，采用（　　）倍额定荷载。
    A．1.1　　　　　　　　　　B．1.2
    C．1.3　　　　　　　　　　D．1.4

13. 固定卷扬式启闭机空载试验时，应在全行程往返（　　）次。
    A．2　　　　　　　　　　　B．3
    C．4　　　　　　　　　　　D．5

14. 事故闸门固定卷扬式启闭机的动水闭门和静水启门试验，全行程升降各（　　）次。
    A．2　　　　　　　　　　　B．3
    C．4　　　　　　　　　　　D．5

15. 螺杆式启闭机荷载试验，应将闸门在门槽内无水或静水中全行程启闭（　　）次。
    A．2　　　　　　　　　　　B．3
    C．4　　　　　　　　　　　D．5

16. 液压启闭机液压泵第一次启动时，应将液压泵站上的溢流阀全部打开，连续空转（　　）min。
    A．10～20　　　　　　　　　B．20～30
    C．20～40　　　　　　　　　D．30～40

17. 移动式启闭机动载试验，做重复的起升、下降、停车等动作，累计启动及运行时间，应不小于（　　）h。
    A．0.5　　　　　　　　　　B．1.0
    C．1.5　　　　　　　　　　D．2.0

二 多项选择题

1. 水闸按闸室结构形式可分为（　　）。

A．开敞式　　　　　　　　B．分洪闸
　　C．胸墙式　　　　　　　　D．进水闸
　　E．涵洞式
2. 水闸按承担的任务可分为（　　）。
　　A．节制闸　　　　　　　　B．进水闸
　　C．排水闸　　　　　　　　D．冲沙闸
　　E．挡水闸
3. 水闸闸室段结构包括（　　）。
　　A．闸门　　　　　　　　　B．闸墩
　　C．边墩　　　　　　　　　D．交通桥
　　E．铺盖
4. 闸门标志内容包括（　　）。
　　A．制造厂名　　　　　　　B．产品名称
　　C．制造日期　　　　　　　D．总重量
　　E．出厂合格证
5. 水闸下游连接段主要包括（　　）。
　　A．护坦　　　　　　　　　B．海漫
　　C．防冲槽　　　　　　　　D．翼墙
　　E．工作桥
6. 水闸混凝土施工原则是（　　）。
　　A．先深后浅　　　　　　　B．先轻后重
　　C．先重后轻　　　　　　　D．先高后矮
　　E．先主后次
7. 水闸闸室沉陷缝的填充材料主要有（　　）。
　　A．沥青油毛毡　　　　　　B．沥青杉木板
　　C．水泥砂浆　　　　　　　D．密封胶
　　E．泡沫板
8. 水闸闸室沉陷缝的止水材料主要有（　　）。
　　A．紫铜片　　　　　　　　B．土工膜
　　C．铁皮　　　　　　　　　D．聚氯乙烯
　　E．橡胶
9. 水闸闸室止水缝部位混凝土浇筑，正确的做法是（　　）。
　　A．嵌固止水片的模板应适当提前拆模时间
　　B．浇筑混凝土时，不得冲撞止水片
　　C．水平止水片应在浇筑层的中间
　　D．振捣混凝土时，振捣器不得触及止水片
　　E．嵌固止水片的模板应适当推迟拆模时间
10. 固定式启闭机形式主要有（　　）。
　　A．卷扬式启闭机　　　　　B．螺杆式启闭机

C．门式启闭机　　　　　　　D．油压式启闭机
E．桥式启闭机

11．移动式启闭机形式主要有（　　　）。
A．卷扬式启闭机　　　　　　B．螺杆式启闭机
C．门式启闭机　　　　　　　D．油压式启闭机
E．桥式启闭机

12．按照结构布置的不同，启闭机主要分为（　　　）。
A．卷扬式　　　　　　　　　B．固定式
C．门式　　　　　　　　　　D．移动式
E．油压式

13．下列关于液压启闭机安装的说法，正确的有（　　　）。
A．液压管路现场焊接应采用氩弧焊
B．液压管路焊接时，焊接热影响区内密封件宜拆除
C．液压管路安装完毕后，与启闭机液压系统一起进行整体循环冲洗
D．液压管路冲洗时，管内流速应达到紊流状态
E．液压管路冲洗时间不少于 1h

14．启闭机试验包括（　　　）试验。
A．空运转　　　　　　　　　B．空载
C．动载　　　　　　　　　　D．静载
E．超载

【答案】

一、单项选择题

1．A；　2．C；　3．B；　4．C；　5．D；　6．B；　7．B；　8．C；
9．B；　10．B；　11．C；　12．A；　13．B；　14．A；　15．B；　16．D；
17．B

二、多项选择题

1．A、C、E；　　2．A、B、C、D；　　3．A、B、C、D；　　4．A、B、C、D；
5．A、B、C、D；　6．A、C、D、E；　　7．A、B、D、E；　　8．A、D、E；
9．B、C、D、E；　10．A、B、D；　　　11．C、E；　　　　12．B、D；
13．A、D；　　　14．A、B、C、D

6.2　泵站与水电站的布置及机组安装

复习要点

1．泵站的布置
2．水电站的布置

3. 水轮发电机组与水泵机组安装

一、单项选择题

1. 立式轴流泵、卧式轴流泵、斜式轴流泵是按（　　）分类的。
   A. 泵轴的安装方向　　　　　　B. 叶片的调开方式
   C. 叶轮的数目　　　　　　　　D. 叶片的数目及形状
2. 泵站枢纽的布置主要是根据（　　）来考虑。
   A. 泵站组成　　　　　　　　　B. 泵站综合利用要求
   C. 水泵类型　　　　　　　　　D. 泵站所承担的任务
3. 型号为 20Sh-19 的离心泵属于（　　）离心泵。
   A. 单级单吸卧式　　　　　　　B. 单级双吸卧式
   C. 单级单吸立式　　　　　　　D. 单级双吸立式
4. 比转数 n_s 在 500r/min 以上的轴流泵，通常用于扬程低于（　　）m 的泵站。
   A. 10　　　　　　　　　　　　B. 20
   C. 50　　　　　　　　　　　　D. 100
5. 型号为 20Sh-19 的离心泵，其进口尺寸为（　　）英寸。
   A. 19　　　　　　　　　　　　B. 190
   C. 20　　　　　　　　　　　　D. 200
6. 利用拦河坝使河道水位壅高，以集中水头的水电站称为（　　）水电站。
   A. 坝式　　　　　　　　　　　B. 引水式
   C. 有调节　　　　　　　　　　D. 河床式
7. 将厂房本身作为挡水建筑物的水电站称为（　　）水电站。
   A. 坝式　　　　　　　　　　　B. 引水式
   C. 坝后式　　　　　　　　　　D. 河床式
8. 利用引水道来集中河段落差形成发电水头水电站是（　　）水电站。
   A. 坝式　　　　　　　　　　　B. 引水式
   C. 坝后式　　　　　　　　　　D. 河床式
9. 有压引水道中采用的平水建筑物是（　　）。
   A. 坝　　　　　　　　　　　　B. 调压室
   C. 隧洞　　　　　　　　　　　D. 压力前池
10. 无压引水道中采用的平水建筑物是（　　）。
    A. 坝　　　　　　　　　　　　B. 调压室
    C. 隧洞　　　　　　　　　　　D. 压力前池
11. 水流从四周沿径向进入转轮，然后近似以轴向流出转轮的水轮机是（　　）。
    A. 混流式　　　　　　　　　　B. 轴流式
    C. 斜流式　　　　　　　　　　D. 贯流式
12. 将发电用水自水库输送给水轮机发电机组的建筑物是（　　）。
    A. 水电站进水建筑物　　　　　B. 水电站引水建筑物

C. 水电站平水建筑物　　　　D. 水电站发电建筑物

13. 根据我国"水轮机型号编制规则",水轮机的型号由（　　）部分组成。
   A. 二　　　　　　　　　　B. 三
   C. 四　　　　　　　　　　D. 五

14. 某水轮机型号为 HL 220-LJ-200,其中 200 表示（　　）。
   A. 转轮标称直径　　　　　B. 转轮型号
   C. 主轴型号　　　　　　　D. 工作水头

15. 某水轮机型号为 HL 220-LJ-200,其中 220 表示（　　）。
   A. 转轮标称直径　　　　　B. 转轮型号
   C. 主轴型号　　　　　　　D. 工作水头

16. 适用水头为 1~25m,是低水头、大流量水电站的一种专用机型的水轮机是（　　）。
   A. 混流式　　　　　　　　B. 轴流式
   C. 斜流式　　　　　　　　D. 贯流式

17. 用来平稳由于水电站负荷变化在尾水建筑物中造成流量及压力变化的建筑物是（　　）。
   A. 进水建筑物　　　　　　B. 引水建筑物
   C. 平水建筑物　　　　　　D. 尾水建筑物

18. 水轮发电机组安装时,设备基础混凝土强度应达到设计值的（　　）。
   A. 70%　　　　　　　　　 B. 80%
   C. 90%　　　　　　　　　 D. 100%

19. 水泵机组安装时,设备基础混凝土强度应达到设计值的（　　）。
   A. 60%　　　　　　　　　 B. 70%
   C. 80%　　　　　　　　　 D. 90%

20. 水轮发电机组安装时,设备组合面合缝间隙用（　　）塞尺检查,不能通过。
   A. 0.02　　　　　　　　　B. 0.03
   C. 0.04　　　　　　　　　D. 0.05

21. 水轮发电机组安装时,设备组合面允许有局部间隙,用 0.10mm 塞尺检查,深度不应超过组合面宽度的（　　）。
   A. 1/2　　　　　　　　　 B. 1/3
   C. 1/4　　　　　　　　　 D. 1/5

22. 水轮发电机组安装时,设备组合缝处安装面错牙一般不超过（　　）mm。
   A. 0.10　　　　　　　　　B. 0.20
   C. 0.30　　　　　　　　　D. 0.40

23. 现场制造的承压设备及连接件进行强度耐水压试验时,试验压力为（　　）倍额定工作压力。
   A. 1.2　　　　　　　　　 B. 1.3
   C. 1.4　　　　　　　　　 D. 1.5

24. 设备及其连接件进行严密性耐压试验时,试验压力为（　　）倍实际工作压力。

A. 1.1　　　　　　　　　　　B. 1.15
　　C. 1.25　　　　　　　　　　 D. 1.30

25. 设备及其连接件进行严密性试验时，试验压力为实际工作压力，保持（　　）h 无渗漏现象。
　　A. 4　　　　　　　　　　　　B. 6
　　C. 8　　　　　　　　　　　　D. 10

26. 设备容器进行煤油渗漏试验时，至少保持（　　）h 无渗漏现象。
　　A. 4　　　　　　　　　　　　B. 6
　　C. 8　　　　　　　　　　　　D. 10

27. 设备及其连接件进行严密性耐压试验时，试验压力应保持（　　）min 无渗漏现象。
　　A. 30　　　　　　　　　　　 B. 60
　　C. 90　　　　　　　　　　　 D. 120

28. 电动机轴和水泵轴涂色为（　　）色。
　　A. 绿　　　　　　　　　　　　B. 蓝
　　C. 黄　　　　　　　　　　　　D. 红

29. 阀门及管道附件涂色为（　　）色。
　　A. 绿　　　　　　　　　　　　B. 蓝
　　C. 黑　　　　　　　　　　　　D. 红

30. 泵壳内表面、轮毂、导叶等过流表面涂色为（　　）色。
　　A. 绿　　　　　　　　　　　　B. 蓝
　　C. 黄　　　　　　　　　　　　D. 红

31. 输气管道上表明介质流动方向用（　　）色箭头。
　　A. 绿　　　　　　　　　　　　B. 蓝
　　C. 黄　　　　　　　　　　　　D. 红

32. 管道（非输气）上表明介质流动方向用（　　）色箭头。
　　A. 绿　　　　　　　　　　　　B. 蓝
　　C. 白　　　　　　　　　　　　D. 红

33. 高、中压压缩空气管涂色为（　　）。
　　A. 黄色　　　　　　　　　　　B. 白色
　　C. 白底绿色环　　　　　　　　D. 白底红色环

34. 安装水泵机组并为其安全运行及安装检修提供便利条件的房间是（　　）。
　　A. 主厂房　　　　　　　　　　B. 主厂房和副厂房
　　C. 主厂房和辅机房　　　　　　D. 主厂房和安装间

35. 高扬程泵站，总扬程大于（　　）m。
　　A. 30　　　　　　　　　　　　B. 40
　　C. 50　　　　　　　　　　　　D. 60

36. 中扬程泵站，总扬程为（　　）m。
　　A. 10～30　　　　　　　　　　B. 10～60

C．20～50　　　　　　　　D．40～60

37．低扬程泵站，总扬程低于（　　）m。
A．30　　　　　　　　　B．25
C．20　　　　　　　　　D．10

38．水电站主厂房结构一般分为（　　）层。
A．三　　　　　　　　　B．四
C．五　　　　　　　　　D．六

二 多项选择题

1．泵站工程的基本组成部分，包括（　　）。
A．泵房　　　　　　　　B．进、出水管道
C．电气设备　　　　　　D．进、出水建筑物
E．变电站

2．泵站的主机组主要包括（　　）等设备。
A．水泵　　　　　　　　B．动力机
C．电气设备　　　　　　D．辅助设备
E．传动设备

3．水泵按其工作原理分为（　　）。
A．立式泵　　　　　　　B．离心泵
C．轴流泵　　　　　　　D．混流泵
E．卧式泵

4．水泵按泵轴安装形式分为（　　）。
A．立式泵　　　　　　　B．离心泵
C．卧式泵　　　　　　　D．混流泵
E．斜式泵

5．水泵按电机能否在水下运行分为（　　）。
A．立式泵　　　　　　　B．常规泵机组
C．卧式泵　　　　　　　D．潜水电泵机组
E．斜式泵

6．下列表示水泵规格的参数有（　　）。
A．口径　　　　　　　　B．转速
C．流量　　　　　　　　D．叶片数
E．汽蚀余量

7．水泵选型主要是确定（　　）等。
A．水泵的类型　　　　　B．转速
C．口径　　　　　　　　D．型号
E．台数

8．水泵选型基本原则是（　　）。

A．水泵应在高效范围内运行
B．必须根据生产的需要满足流量和扬程（或压力）的要求
C．工程投资较少
D．在各种工况下水泵机组能正常安全运行
E．便于安装、维修和运行管理

9．混流泵按压水室形式不同可分为（　　）。
A．立式　　　　　　　　B．卧式
C．斜式　　　　　　　　D．蜗壳式
E．导叶式

10．根据泵站担负的任务不同，泵站枢纽布置一般有（　　）等几种典型布置形式。
A．灌溉泵站　　　　　　B．排水泵站
C．混流泵站　　　　　　D．排灌结合站
E．轴流泵站

11．水电站的主要泄水建筑物包括（　　）。
A．溢洪道　　　　　　　B．泄洪隧洞
C．放水底孔　　　　　　D．厂房
E．主坝

12．水电站平水建筑物主要包括（　　）。
A．坝　　　　　　　　　B．调压室
C．隧洞　　　　　　　　D．压力前池
E．溢洪道

13．水轮机按水流能量的转换特征分为（　　）。
A．混流式　　　　　　　B．轴流式
C．水斗式　　　　　　　D．反击式
E．冲击式

14．属于反击式水轮机类型的有（　　）等。
A．混流式　　　　　　　B．轴流式
C．斜流式　　　　　　　D．斜击式
E．贯流式

15．冲击式水轮机按射流冲击转轮的方式不同可分为（　　）。
A．混流式　　　　　　　B．水斗式
C．斜流式　　　　　　　D．斜击式
E．双击式

16．水电站的典型布置形式有（　　）。
A．引水式电站　　　　　B．河床式电站
C．坝内式电站　　　　　D．坝式电站
E．贯流式电站

17．立式反击式水轮机安装主要工作包括（　　）等。

A. 埋入部件安装 B. 转轮装配
C. 导水机构预装 D. 主轴装配
E. 喷嘴及接力器安装

18. 贯流式水轮机安装主要工作包括（　　）等。
A. 埋入部件安装 B. 机壳安装
C. 导水机构装配 D. 主轴装配
E. 喷嘴及接力器安装

19. 冲击式水轮机安装主要工作包括（　　）等。
A. 引水管路安装 B. 机壳安装
C. 导水机构装配 D. 水轮机轴承装配
E. 喷嘴及接力器安装

20. 水轮发电机组管道及附件安装主要工作包括（　　）。
A. 管道预埋件安装 B. 管道焊接
C. 管道涂色 D. 管道内壁处理
E. 管道及管件的试验

21. 水泵机组的辅助设备包括（　　）。
A. 油压装置 B. 变配电设备
C. 空气压缩装置 D. 电气二次设备
E. 真空破坏装置

22. 下列关于水泵机组安装的说法，正确的有（　　）。
A. 设备安装时，基础混凝土强度与水轮发电机组安装的要求相同
B. 多台同型号设备安装时，部件可以相互调换使用
C. 设备安装不宜与土建施工作业交叉进行
D. 安装时，泵房地面装饰应当完成
E. 安装场地的温度一般不低于5℃

23. 下列关于水轮发电机组安装的说法，正确的有（　　）。
A. 发电机安装时，厂房地面装饰应当完成
B. 安装场地的温度一般不低于5℃
C. 机组安装应在本机段和相邻的机组段厂房屋顶封闭完成后进行
D. 部件的组装应注意配合标记
E. 埋设的设备基础垫板水平偏差一般不大于1mm/m

【答案】

一、单项选择题

1. A；　2. D；　3. B；　4. A；　5. C；　6. A；　7. D；　8. B；
9. B；　10. D；　11. A；　12. B；　13. B；　14. A；　15. C；　16. D；
17. C；　18. A；　19. B；　20. D；　21. B；　22. A；　23. D；　24. C；
25. C；　26. A；　27. A；　28. D；　29. C；　30. D；　31. D；　32. C；

33. D； 34. A； 35. D； 36. B； 37. D； 38. B

二、多项选择题

1. A、B、D、E；	2. A、B、E；	3. B、C、D；	4. A、C、E；
5. B、D；	6. A、B、C、E；	7. A、D、E；	8. A、B、C、E；
9. D、E；	10. A、B、D；	11. A、B、C；	12. B、D；
13. D、E；	14. A、B、C、E；	15. B、D、E；	16. A、B、D；
17. A、B、C；	18. A、C、D；	19. A、B、D、E；	20. B、D、E；
21. A、C、E；	22. A、C；	23. B、C、D、E	

第2篇 水利水电工程相关法规与标准

第7章 相关法规

7.1 水法与工程建设有关的规定

复习要点

微信扫一扫
在线做题+答疑

1. 河流上修建永久性拦河闸坝的补救措施
2. 水工程保护的规定
3. 水资源规划及水工程建设许可的要求

一 单项选择题

1. 无堤防的河道、湖泊的管理范围是（　　）。
   A．河道、湖泊岸线外侧 100m 范围内
   B．校核洪水位之间的水域、沙洲、滩地和行洪区
   C．历史最高洪水位或设计洪水位之间的水域沙洲、滩地和行洪区
   D．以岸线两侧第一道分水岭为界
2. 《中华人民共和国水法》规定水资源属于国家所有，水资源的所有权由（　　）代表国家行使。
   A．县以上水行政主管部门　　　B．水利部
   C．流域管理机构　　　　　　　D．国务院
3. 农村集体经济组织修建管理的水库中的水，归（　　）使用。
   A．该农村集体经济组织　　　　B．县级以上地方政府
   C．县级以上集体经济组织　　　D．流域管理机构
4. 全国水资源有偿使用制度的组织实施由（　　）负责。
   A．国务院水行政主管部门　　　B．流域管理机构
   C．省（市）水行政主管部门　　D．市水行政主管部门
5. 因使用水利工程供应的水而向水利工程管理单位支付的费用称为（　　）。
   A．水资源费　　　　　　　　　B．水资源管理费
   C．水费　　　　　　　　　　　D．供水收益
6. 设有防渗压重铺盖的堤防的护堤地应从（　　）开始起算。
   A．防渗压重铺盖坡脚线　　　　B．堤防坡脚线
   C．堤防坡顶线　　　　　　　　D．堤防中心线

7. 根据《中华人民共和国水法》规定，在河道管理范围内铺设跨河电缆属于（   ）。

    A．禁止性规定   B．非禁止性规定
    C．限制性规定   D．非限制性规定

8. 根据《中华人民共和国水法》规定，在河道滩地种植阻碍行洪的高秆作物属于（   ）。

    A．禁止性规定   B．非禁止性规定
    C．限制性规定   D．非限制性规定

9. 未经批准围垦河道，且《中华人民共和国防洪法》未作规定的，应限期清除障碍或者采取其他补救措施，并处（   ）的罚款。

    A．一万元以上五万元以下   B．两万元以上十万元以下
    C．五万元以上十万元以下   D．十万元以上十五万元以下

10. 国家对水资源依法实行取水许可制度，对未经批准擅自取水的，有关部门应当（   ）。

    A．责令停止，并处一万元以上五万元以下罚款
    B．责令停止，并处两万元以上十万元以下罚款
    C．要求补办取水许可证，补交已取用的水费
    D．要求补办取水许可证，双倍补交已取用的水费

11. 堤防工程的护堤地属水利工程的（   ）。

    A．管理范围   B．保护范围
    C．工程覆盖范围   D．临时用地范围

12. 在工程设施周边为满足工程安全需要而划定的范围为（   ）。

    A．管理范围   B．保护范围
    C．影响范围   D．限制范围

13. 水闸管理单位对水闸工程的管理范围（   ）。

    A．有管理权但无使用权   B．仅有管理和保护权
    C．有间接管理和使用权   D．有直接管理和使用权

14. 2级水闸工程两侧建筑物覆盖范围以外的管理范围（宽度）一般为（   ）。

    A．200～300m   B．100～200m
    C．50～100m   D．30～50m

15.《水库工程管理设计规范》SL 106—2017规定，大型水库工程下游管理范围为从坝轴线向下（   ）m。

    A．100～150   B．150～200
    C．200～300   D．300～500

16.《水库工程管理设计规范》SL 106—2017规定，中型水库工程下游管理范围为从坝轴线向下（   ）m。

    A．100～150   B．150～200
    C．200～300   D．300～500

17. 水利工程保护范围内的土地应（   ）。

A．与工程占地范围一起征用　　B．不征用
C．由工程管理单位进行管理　　D．临时征用

18．开发、利用、节约、保护水资源和防治水害，应当按照（　　）统一制定规划。

A．国家、区域　　B．地方、流域
C．流域、区域　　D．国家、地方

19．流域范围内的区域规划应当服从（　　）。

A．专业规划　　B．流域规划
C．综合规划　　D．战略规划

20．为开发、利用、节约、保护水资源和防治水害，在流域范围内制定的防洪、治涝、水资源保护等规划属于（　　）。

A．区域规划　　B．水资源综合规划
C．流域专业规划　　D．流域综合规划

21．在河道管理范围内建设桥梁时，工程建设方案应报经有关（　　）审查同意。

A．水行政主管部门　　B．流域管理机构
C．河道堤防管理部门　　D．地方人民政府

22．国家对水资源的管理体制是实行（　　）。

A．国务院水行政主管部门统一管理
B．流域管理机构统一管理
C．国家和地方水行政主管部门分级管理
D．流域管理与行政区域管理相结合

23．农村集体经济组织的水塘中的水，归（　　）使用。

A．该农村集体经济组织　　B．县级以上地方政府
C．县级以上集体经济组织　　D．流域管理机构

24．全国取水许可制度的组织实施由（　　）负责。

A．国务院水行政主管部门　　B．流域管理机构
C．省（市）水行政主管部门　　D．市水行政主管部门

25．根据《中华人民共和国水法》规定，在河道管理范围内铺设跨河管道属于（　　）。

A．禁止性规定　　B．非禁止性规定
C．限制性规定　　D．非限制性规定

26．根据《中华人民共和国水法》规定，在河道滩地种植阻碍行洪的林木属于（　　）。

A．禁止性规定　　B．非禁止性规定
C．限制性规定　　D．非限制性规定

27．围湖造地，且《中华人民共和国防洪法》未作规定的，应限期清除障碍或者采取其他补救措施，并处（　　）的罚款。

A．一万元以上五万元以下　　B．两万元以上十万元以下
C．五万元以上十万元以下　　D．十万元以上十五万元以下

28. 在河道管理范围内建设码头时，工程建设方案应报经有关（　　）审查同意。
    A．水行政主管部门　　　　　　B．流域管理机构
    C．河道堤防管理部门　　　　　D．地方人民政府
29. 在河道管理范围内建设拦河设施时，工程建设方案应报经有关（　　）审查同意。
    A．水行政主管部门　　　　　　B．流域管理机构
    C．河道堤防管理部门　　　　　D．地方人民政府

二　多项选择题

1. 在水生生物洄游通道、通航或者竹木流放的河流上修建永久性拦河闸坝，建设单位应当同时修建（　　），或者经国务院授权的部门批准采取其他补救措施。
    A．溢流设施　　　　　　　　　B．过鱼设施
    C．防洪设施　　　　　　　　　D．过木设施
    E．过船设施
2. 下列关于《中华人民共和国水法》和《取水许可制度实施办法》的相关说法，正确的有（　　）。
    A．《中华人民共和国水法》属于基本法
    B．使用本集体经济组织的水塘、水库中的水，可不实行取水许可制度和有偿使用制度
    C．逾期不缴纳水资源费的应加收滞纳金，而不罚款
    D．为紧急公共利益取水，可不必向人民政府水行政主管部门申请取水许可证
    E．因建设桥梁、码头等设施而损坏原河道范围内的违法工程，可不赔偿
3. 水库工程管理范围应包括（　　）。
    A．工程区　　　　　　　　　　B．生产区
    C．生活区　　　　　　　　　　D．保护区
    E．移民区
4. 根据《中华人民共和国水法》规定，水资源战略规划包括（　　）。
    A．流域综合规划　　　　　　　B．流域专业规划
    C．区域综合规划　　　　　　　D．区域专业规划
    E．区域发展规划
5. 在水工程保护范围内，禁止从事影响水工程运行和危害水工程安全的活动有（　　）。
    A．爆破　　　　　　　　　　　B．打井
    C．捕鱼　　　　　　　　　　　D．取土
    E．采石
6. 有堤防的河道、湖泊的管理范围为（　　）。
    A．引水建筑物占地　　　　　　B．排水建筑物占地
    C．护堤地　　　　　　　　　　D．渔业建筑工程占地

E．两岸堤防之间的水域、沙洲、滩地、行洪区和堤防

7．因水污染危害直接受到损失的单位和个人，有权要求致害者（　　）。
A．补偿损失
B．排除危害
C．赔偿损失
D．补偿名誉
E．治理污染源

8．根据《中华人民共和国水法》规定，水资源规划按层次分为（　　）。
A．全国战略规划
B．全省战略规划
C．全县战略规划
D．流域规划
E．区域规划

9．根据《中华人民共和国水法》规定，建设单位实施工程建设时，须采取相应补救措施的行为有（　　）。
A．占用农业灌溉水源的
B．占用灌排工程设施的
C．对原灌溉用水、供水水源有不利影响的
D．对原供水水源有不利影响的
E．对原有气候产生影响的

10．开发、利用、节约、保护水资源和防治水害的统一规划分为（　　）。
A．国家规划
B．地方规划
C．流域规划
D．整体规划
E．区域规划

11．水资源规划的关系是（　　）。
A．地方规划应当服从国家规划
B．区域规划应当服从流域规划
C．专业规划应当服从综合规划
D．局部规划应当服从整体规划
E．流域规划应当服从综合规划

【答案】

一、单项选择题
1．C；　2．D；　3．A；　4．A；　5．C；　6．A；　7．C；　8．A；
9．A；　10．B；　11．A；　12．B；　13．D；　14．C；　15．C；　16．B；
17．B；　18．C；　19．B；　20．C；　21．A；　22．D；　23．A；　24．A；
25．C；　26．A；　27．A；　28．A；　29．A

二、多项选择题
1．B、D、E；　2．A、B、D、E；　3．A、B、C；　4．A、B、C、D；
5．A、B、D、E；　6．C、E；　7．B、C；　8．A、D、E；
9．A、C；　10．C、E；　11．B、C

7.2 防洪的有关法律规定

复习要点

1. 防洪规划方面的规定
2. 在河道湖泊上建设工程设施的防洪要求
3. 防汛抗洪方面的紧急措施
4. 防汛抗洪的组织要求

一 单项选择题

1. 水工程建设涉及防洪的，应依照（   ）。
   A.《中华人民共和国水法》
   B.《中华人民共和国防洪法》
   C.《中华人民共和国河道管理条例》
   D.《中华人民共和国防汛条例》

2. 建设项目可行性研究报告按照国家规定的基本建设程序报请批准时，应当附具有关水行政主管部门审查批准的（   ）。
   A. 规划报告　　　　　　　　B. 环境影响评价报告
   C. 投资估算　　　　　　　　D. 洪水影响评价报告

3.《中华人民共和国防洪法》规定，在蓄滞洪区内建造房屋应当采用（   ）结构。
   A. 尖顶式　　　　　　　　　B. 平顶式
   C. 坡屋面　　　　　　　　　D. 圆弧顶

4.《中华人民共和国防洪法》规定，防汛抗洪工作实行（   ）负责制。
   A. 各级防汛指挥部门　　　　B. 各级防汛指挥首长
   C. 各级人民政府行政首长　　D. 流域管理机构首长

5.《中华人民共和国防洪法》规定，国务院设立的国家防汛指挥机构负责（   ）。
   A. 领导、组织全国的防汛抗洪工作
   B. 防汛、抗洪工作的统一指挥
   C. 各级水行政主管部门的统一管理
   D. 组织、领导流域管理机构工作

6. 国家防汛抗旱总指挥部的总指挥长由（   ）担任。
   A. 应急管理部部长　　　　　B. 国务院副总理
   C. 国务院国务委员　　　　　D. 水利部部长

7. 我国通常所称的桃花汛是指（   ）。
   A. 伏汛　　　　　　　　　　B. 秋汛
   C. 春汛　　　　　　　　　　D. 主汛期

8. 江河、湖泊在汛期安全运用的上限水位称为（   ）。
   A. 设计洪水位　　　　　　　B. 保证水位

C. 校核洪水位 D. 警戒水位

9. 为防治某一流域、河段或者区域的洪涝灾害而制定的总体部署称为（　　）。
   A. 流域专业规划 B. 流域综合规划
   C. 区域综合规划 D. 防洪规划

10. 《中华人民共和国防洪法》自（　　）起实施。
    A. 1997年8月29日 B. 1998年1月1日
    C. 2000年5月1日 D. 2002年10月1日

11. 蓄滞洪区内房屋采用平顶式结构的主要作用是（　　）。
    A. 有利于行洪 B. 不易被水冲垮
    C. 方便谷物晾晒 D. 易于紧急避洪

12. 在蓄滞洪区内建设的非防洪工程投入生产或使用时，其防洪工程设施应经（　　）部门验收。
    A. 建设单位 B. 县级以上人民政府
    C. 水行政主管部门 D. 流域机构

13. 尚无工程设施保护的洪水泛滥所及的地区称为（　　）。
    A. 蓄洪区 B. 滞洪区
    C. 防洪保护区 D. 洪泛区

14. 在蓄滞洪区内建设油田时，其洪水影响评价报告应当包括建设单位自行安排的（　　）。
    A. 防洪遇险补救措施 B. 防洪避洪方案
    C. 抢险加固方案 D. 洪灾预测及灾难防治措施

15. 包括分洪口在内的河堤背水面以外临时贮存洪水的低洼地区及湖泊等称为（　　）。
    A. 蓄滞洪区 B. 行洪区
    C. 防洪保护区 D. 洪泛区

16. 《中华人民共和国防洪法》规定，防洪规划应当服从（　　）的综合规划。
    A. 水利部 B. 流域、区域
    C. 国务院 D. 地方人民政府

17. 江河治理的基本依据是（　　）。
    A. 区域规划 B. 水资源综合规划
    C. 防洪规划 D. 流域规划

18. 为加强河道、湖泊防护，确保畅通，对其管理的原则是（　　）。
    A. 按国家统一管理和分级管理相结合
    B. 按国家统一管理和水系管理相结合
    C. 按水系统一管理和地方管理相结合
    D. 按水系统一管理和分级管理相结合

19. 洪泛区的范围在（　　）中划定。
    A. 区域规划 B. 水资源综合规划
    C. 防洪规划 D. 流域规划

20. 最新《中华人民共和国防汛条例》于（　　）由国务院修改并颁布施行。
   A. 1991 年　　　　　　　　B. 1995 年
   C. 2001 年　　　　　　　　D. 2005 年
21. 保证水位是指保证江河、湖泊、水库在汛期安全运用的（　　）。
   A. 上限水位　　　　　　　B. 下限水位
   C. 工作水位　　　　　　　D. 警戒水位
22. 河道水位在汛期上涨可能出现险情之前而必须开始准备防汛工作时的水位称为（　　）。
   A. 上限水位　　　　　　　B. 下限水位
   C. 设计水位　　　　　　　D. 警戒水位
23. 江河在相应保证水位时的流量称为（　　）。
   A. 设计流量　　　　　　　B. 校核流量
   C. 保证流量　　　　　　　D. 安全流量
24. 《中华人民共和国防汛条例》规定，防汛抗洪工作实行（　　）负责制。
   A. 各级防汛指挥部门　　　B. 各级防汛指挥首长
   C. 各级人民政府行政首长　D. 流域管理机构首长
25. 长江和黄河的重大防汛抗洪事项须经（　　）批准后执行。
   A. 国务院　　　　　　　　B. 国家防总
   C. 水利部　　　　　　　　D. 流域机构
26. 国务院水行政主管部门所属的淮河、海河、珠江、松花江、辽河、太湖等流域机构，设立（　　），负责协调本流域的防汛日常工作。
   A. 防汛指挥机构　　　　　B. 防汛办事机构
   C. 防汛协调机构　　　　　D. 防汛指导机构
27. 《中华人民共和国防汛条例》明确规定，有防汛任务的县级以上地方人民政府设立（　　）。
   A. 防汛指挥部　　　　　　B. 防汛办公室
   C. 防汛协调处　　　　　　D. 防汛指导处
28. 电力、公路、航运等有防汛任务的部门和单位，汛期应当设立防汛机构，在（　　）统一领导下，负责做好本行业和本单位的防汛工作。
   A. 本部门和单位主要负责人　B. 流域防汛指挥机构
   C. 国务院水行政主管部门　　D. 当地政府防汛指挥部
29. 没有设立流域防汛指挥机构的流域洪水调度方案应报（　　）批准。
   A. 国家防汛总指挥部　　　　B. 国务院水行政主管部门
   C. 省级以上人民政府　　　　D. 省级以上人民政府水行政主管部门
30. 长江、黄河流域的洪水调度方案，由（　　）制定。
   A. 国家防汛总指挥部　　　　B. 国务院水行政主管部门
   C. 有关省人民政府　　　　　D. 有关流域机构会同有关省人民政府
31. 洪水调度方案经批准后，修改洪水调度方案，应当报经（　　）批准。
   A. 县级以上人民政府　　　　B. 省级以上人民政府

C．国务院水行政主管部门　　　D．原批准机关

32．国家防汛抗旱总指挥部办公室设在（　　）。
A．国务院办公厅　　　　　　B．国家发展和改革委员会
C．水利部　　　　　　　　　D．应急管理部

33．国家防汛抗旱总指挥部办公室主任由（　　）司长担任。
A．应急管理部防汛抗旱司
B．水利部工程管理司
C．国家防汛抗旱总指挥部防汛抗旱司
D．国家发展和改革委员会水旱灾害司

34．在蓄滞洪区内建设铁路时，其洪水影响评价报告应当包括建设单位自行安排的（　　）。
A．防洪遇险补救措施　　　　B．防洪避洪方案
C．抢险加固方案　　　　　　D．洪灾预测及灾难防治措施

35．在蓄滞洪区内建设公路设施时，其洪水影响评价报告应当包括建设单位自行安排的（　　）。
A．防洪遇险补救措施　　　　B．防洪避洪方案
C．抢险加固方案　　　　　　D．洪灾预测及灾难防治措施

36．湖泊治理的基本依据是（　　）。
A．区域规划　　　　　　　　B．水资源综合规划
C．防洪规划　　　　　　　　D．流域规划

37．蓄滞洪区的范围在（　　）中划定。
A．区域规划　　　　　　　　B．水资源综合规划
C．防洪规划　　　　　　　　D．流域规划

38．防洪保护区的范围在（　　）中划定。
A．区域规划　　　　　　　　B．水资源综合规划
C．防洪规划　　　　　　　　D．流域规划

39．湖泊的水位在汛期上涨可能出现险情之前而必须开始准备防汛工作时的水位称为（　　）。
A．上限水位　　　　　　　　B．下限水位
C．设计水位　　　　　　　　D．警戒水位

40．湖泊在相应保证水位时的流量称为（　　）。
A．设计流量　　　　　　　　B．校核流量
C．保证流量　　　　　　　　D．安全流量

41．工程度汛方案应于每年主汛期前（　　）天编制完成。
A．15　　　　　　　　　　　B．30
C．45　　　　　　　　　　　D．60

42．工程超标准洪水应急预案应于每年主汛期前（　　）天编制完成。
A．10　　　　　　　　　　　B．20
C．30　　　　　　　　　　　D．40

43. 项目法人单独编制超标准洪水应急预案时，还应将该预案报送（　　）备案。
    A．各参建单位　　　　　　　　B．当地应急管理部门
    C．初步设计审查部门　　　　　D．地方防汛指挥部门
44. 在建水利工程安全度汛工作的首要责任由（　　）承担。
    A．项目法人　　　　　　　　　B．施工单位
    C．水行政部门　　　　　　　　D．地方防汛指挥部门
45. 在建水利工程度汛方案由（　　）组织制订。
    A．设计单位　　　　　　　　　B．施工单位
    C．监理单位　　　　　　　　　D．项目法人

二、多项选择题

1. 防洪区是指洪水泛滥可能淹及的地区，一般分为（　　）。
    A．行洪区　　　　　　　　　　B．洪泛区
    C．蓄洪区　　　　　　　　　　D．滞洪区
    E．防洪保护区
2. 建设跨河、穿河、穿堤等工程设施，应当符合（　　）。
    A．防洪标准　　　　　　　　　B．岸线规划
    C．航运要求　　　　　　　　　D．渔业要求
    E．其他技术要求
3. 在防洪工程设施保护范围内，禁止进行（　　）。
    A．爆破　　　　　　　　　　　B．打井
    C．捕鱼　　　　　　　　　　　D．取土
    E．采石
4. 《中华人民共和国防洪法》上的重要江河、湖泊包括（　　）。
    A．珠江　　　　　　　　　　　B．松花江
    C．辽河　　　　　　　　　　　D．洪泽湖
    E．太湖
5. 我国可设立防汛指挥机构的流域有（　　）。
    A．长江　　　　　　　　　　　B．黄河
    C．淮河　　　　　　　　　　　D．海河
    E．珠江
6. 下列关于防洪规划、流域综合规划、区域综合规划的说法，正确的有（　　）。
    A．所在流域、区域的综合规划应当服从防洪规划
    B．防洪规划应当服从所在流域、区域的综合规划
    C．所在流域的流域防洪规划应当服从区域防洪规划
    D．区域防洪规划应当服从所在流域的流域防洪规划
    E．防洪规划是江河、湖泊治理和防洪工程设施建设的基本依据
7. 洪水影响评价的主要内容包括（　　）。

A．洪水对建设项目可能产生的影响
B．建设项目可能对防洪产生的影响
C．减轻或避免影响防洪的措施
D．建筑物的总体布置和结构形式
E．枢纽建筑物的防洪标准和防洪措施

8．在紧急防汛期，防汛指挥机构根据防汛抗洪的需要，有权决定采取的紧急措施有（　　）。

A．取土占地　　　　　　B．爆破堤防
C．砍伐林木　　　　　　D．清除阻水障碍物
E．拆除拦河闸

9．紧急防汛期间按规定调用的物资、设备等，在汛期结束后应当及时归还，造成损坏或者无法归还的，按照国务院有关规定给予（　　）。

A．适当赔偿　　　　　　B．适当补偿
C．修复　　　　　　　　D．原价赔偿
E．其他处理

10．下列措施中，属防洪工程措施的是（　　）。

A．修筑堤防　　　　　　B．整治河道
C．修建分洪道　　　　　D．修建水库
E．制定减少洪灾损失政策、法令

11．《中华人民共和国防洪法》规定，有堤防河道的管理范围为（　　）。

A．两岸堤防之间的行洪区　　B．堤防本身
C．跨河的桥梁、水闸等建筑物　D．护堤地
E．两岸堤防之间的水域、沙洲、滩地

12．《中华人民共和国防汛条例》规定，因防汛抢险需要取土占地的，（　　）。

A．任何单位和个人不得阻拦
B．必须给有关单位或个人补偿费用
C．事后应当依法向有关部门补办手续
D．事前应当依法向有关部门办理手续
E．可以不办理任何手续

13．《中华人民共和国防汛条例》规定，当河道水位达到规定的分洪、滞洪标准时，有管辖权的人民政府防汛指挥部采取的正确措施有（　　）。

A．加强防汛巡逻，加高加固堤防，确保堤防安全
B．根据上级批准的分洪、滞洪方案，采取分洪、滞洪措施
C．根据自行制定的分洪、滞洪方案，采取分洪、滞洪措施
D．非常情况下，为保护国家重点地区和大局安全，可以自行采取非常紧急措施
E．采取的分洪、滞洪措施对毗邻地区有危害的，须经当地上级防汛指挥机构批准

14．防御洪水方案必须由国家防汛总指挥部制定，报国务院批准后施行的江河

有（　　）。

A．长江　　　　　　　　　B．黄河

C．淮河　　　　　　　　　D．海河

E．太湖

15．建设码头、道路、取水、排水等工程设施，应当符合（　　）。

A．防洪标准　　　　　　　B．岸线规划

C．航运要求　　　　　　　D．渔业要求

E．其他技术要求

16．紧急防汛期间按规定调用交通运输工具等，在汛期结束后应当及时归还，造成损坏或者无法归还的，按照国务院有关规定给予（　　）。

A．适当赔偿　　　　　　　B．适当补偿

C．修复　　　　　　　　　D．原价赔偿

E．其他处理

17．《中华人民共和国防洪法》规定，有堤防湖泊的管理范围为（　　）。

A．两岸堤防之间的行洪区　　B．堤防本身

C．跨河的桥梁、水闸等建筑物　D．护堤地

E．两岸堤防之间的水域、沙洲、滩地

18．《中华人民共和国防汛条例》规定，因防汛抢险需要砍伐林木、清除阻水障碍物的，（　　）。

A．任何单位和个人不得阻拦

B．必须给有关单位或个人补偿费用

C．事后应当依法向有关部门补办手续

D．事前应当依法向有关部门办理手续

E．可以不办理任何手续

19．工程度汛组织机构包括（　　）小组。

A．安全度汛　　　　　　　B．综合协调

C．工程进度保障　　　　　D．工程质量控制

E．雨情、水情及险情检测与巡查

20．应急预案编制应当遵循（　　）的原则。

A．以人为本　　　　　　　B．生命至上

C．依法依规　　　　　　　D．迅速有效

E．经济合理

21．水利工程施工度汛方案附录中的工程对外交通图，至少应包含的内容有（　　）。

A．哪些陆路可以使用　　　B．哪些水路可以使用

C．是否收取过路通行费　　D．可以通行的车辆类型

E．哪些机场可以使用

【答案】

一、单项选择题

1. B; 2. D; 3. B; 4. C; 5. A; 6. C; 7. C; 8. B;
9. D; 10. B; 11. D; 12. C; 13. D; 14. B; 15. A; 16. B;
17. C; 18. D; 19. C; 20. D; 21. A; 22. D; 23. D; 24. C;
25. B; 26. B; 27. A; 28. C; 29. A; 30. D; 31. D; 32. D;
33. A; 34. B; 35. B; 36. C; 37. C; 38. C; 39. D; 40. D;
41. B; 42. C; 43. D; 44. A; 45. A

二、多项选择题

1. B、C、D、E; 2. A、B、C、E; 3. A、B、D、E; 4. A、B、C、E;
5. A、B; 6. B、D、E; 7. A、B、C; 8. A、C、D;
9. B、E; 10. A、B、C、D; 11. A、B、D、E; 12. A、C;
13. B、E; 14. A、B、C、D; 15. A、B、C、E; 16. B、E;
17. A、B、D、E; 18. A、B、C; 19. B、E; 20. A、B、C、D;
21. A、B、D

7.3 水土保持的有关法律规定

复习要点

1. 修建工程设施的水土保持预防规定
2. 水土流失的治理要求

一 单项选择题

1．《中华人民共和国水土保持法》与《中华人民共和国水法》、《中华人民共和国土地管理法》的区别主要在于该法侧重于（　　）。
　　A．水资源的开发和利用　　B．土地的合理利用
　　C．水土流失的防治　　D．水害的防治

2．水土流失程度用（　　）表示。
　　A．单位时间内土壤流失数量　　B．单位面积土壤流失数量
　　C．水、土壤侵蚀系数　　D．土壤侵蚀模数

3．《中华人民共和国水土保持法》规定，禁止在（　　）度以上陡坡地开垦种植农作物。
　　A．15　　B．20
　　C．25　　D．30

4．土壤在降雨和地表径流作用下被破坏、剥蚀、转运和沉积的过程称为（　　）。
　　A．水力侵蚀　　B．冻融侵蚀

C. 重力侵蚀 D. 风蚀

5. 《中华人民共和国水土保持法》规定，为防止水土流失，生产建设活动结束后，其取土场、开挖面等裸露土地，必须（　　）。

　　A. 挖排水沟　　　　　　　　B. 采用砌石或混凝土护砌
　　C. 植树种草　　　　　　　　D. 恢复耕种

6. 《中华人民共和国水土保持法》规定，在（　　）度以上坡地植树造林，应当采取水土保持措施。

　　A. 3　　　　　　　　　　　　B. 5
　　C. 10　　　　　　　　　　　 D. 15

7. 在项目建设过程中发生的水土流失防治费用，从（　　）中列支。

　　A. 基本建设投资　　　　　　B. 产品利润
　　C. 水土保持补偿费　　　　　D. 生产费用

8. 《中华人民共和国水土保持法》规定，生产建设活动结束后，其废弃的砂、石、土存放地的裸露土地，必须（　　）。

　　A. 挖排水沟　　　　　　　　B. 采用砌石或混凝土护砌
　　C. 植树种草　　　　　　　　D. 恢复耕种

9. 需要编制水土保持方案报告书的建设项目是指征占地面积（　　）公顷以上。

　　A. 2　　　　　　　　　　　　B. 3
　　C. 4　　　　　　　　　　　　D. 5

10. 需要编制水土保持方案报告书的建设项目是指挖填土石方总量（　　）万 m^3 以上。

　　A. 2　　　　　　　　　　　　B. 3
　　C. 4　　　　　　　　　　　　D. 5

11. 水土保持方案报告表，实行（　　）管理。

　　A. 承诺制　　　　　　　　　B. 审批制
　　C. 备案制　　　　　　　　　D. 抽查制

12. 水土保持方案报告书由（　　）主管部门审批。

　　A. 环境保护　　　　　　　　B. 水行政
　　C. 国土资源　　　　　　　　D. 项目管理

13. 除满足其他条件外，不需要编制水土保持方案报告书的建设项目是指征占地面积不足（　　）公顷。

　　A. 0.5　　　　　　　　　　　B. 1.0
　　C. 1.5　　　　　　　　　　　D. 2.0

14. 除满足其他条件外，不需要编制水土保持方案报告书的建设项目是指挖填土石方总量不足（　　）m^3。

　　A. 500　　　　　　　　　　　B. 1000
　　C. 1500　　　　　　　　　　D. 2000

二 多项选择题

1. 我国《中华人民共和国水土保持法》涉及的主要自然资源是（   ）。
   A．水   B．土
   C．煤炭   D．石油
   E．植被

2. 《中华人民共和国水土保持法》规定，在崩塌滑坡危险区和泥石流易发区禁止（   ）。
   A．打井   B．植被
   C．取土   D．挖砂
   E．采石

3. 水土保持工作实行预防为主，保护优先，全面规划，综合治理以及（   ）的方针。
   A．因地制宜   B．突出重点
   C．科学管理   D．注重效益
   E．以点带面

4. 土壤侵蚀形式主要包括（   ）。
   A．水力侵蚀   B．冻融侵蚀
   C．重力侵蚀   D．植被破坏
   E．风蚀

5. 建设项目水土保持方案一般分为（   ）。
   A．防治水土流失的措施   B．防治水土流失的工作计划
   C．水土保持方案的费用   D．水土保持方案报告书
   E．水土保持方案报告表

6. 水土保持的措施分为防冲措施和（   ）。
   A．保护措施   B．储存措施
   C．复垦措施   D．利用措施
   E．植物措施

【答案】

一、单项选择题
1. C； 2. D； 3. C； 4. A； 5. C； 6. B； 7. C； 8. C；
9. D； 10. D； 11. A； 12. B； 13. A； 14. B

二、多项选择题
1. A、B；   2. C、D、E；   3. A、B、C、D；   4. A、B、C、E；
5. D、E；   6. B、C、D、E

7.4 大中型水利水电工程建设征地补偿和移民安置的有关规定

复习要点

1. 大中型水利水电工程建设征地补偿标准的规定
2. 大中型水利水电工程建设移民安置工程实施与验收的规定

一 单项选择题

1. 国家对水工程建设移民实行开发性移民方针的原则是（　　）。
   A．专业规划与区域规划相结合　　B．前期补偿、补助与后期扶持相结合
   C．一次性补偿与后期补助相结合　　D．成立移民发展资金与扶持相结合
2. 建设单位编制移民安置规划，经依法批准后，由（　　）组织实施。
   A．有关地方人民政府　　　　B．各级水行政主管部门
   C．省级人民政府　　　　　　D．流域管理机构
3. 大中型水利水电工程建设征收耕地的安置补助费，按照（　　）计算。
   A．需要安置的农业人口数　　B．被征收的耕地数量
   C．平均每人占有耕地数量　　D．耕地的平均年产值
4. 根据《中华人民共和国水法》规定，国家对水工程建设移民实行（　　）的方针。
   A．综合性移民　　　　　　B．自然性移民
   C．开发性移民　　　　　　D．单一性移民
5. 《大中型水利水电工程建设征地补偿和移民安置条例》规定，大中型水利水电工程建设临时用地，至少应由（　　）批准。
   A．乡（镇）级以上人民政府土地主管部门
   B．县级以上人民政府土地主管部门
   C．市级以上人民政府水行政主管部门
   D．流域管理机构水行政主管部门
6. 大中型水利工程移民安置达到阶段性目标和移民安置工作完毕后，至少应由（　　）组织有关单位进行验收。
   A．乡（镇）级以上人民政府
   B．县级以上人民政府
   C．市级以上人民政府
   D．省级人民政府或者国务院移民管理机构
7. 大中型水利水电工程建设项目用地，应当依法申请并办理审批手续，实行（　　）。
   A．一次报批、一次征收，一次支付征地补偿费
   B．一次报批、分期征收，按期支付征地补偿费

C. 分期报批、分期征收，分期支付征地补偿费
D. 分期报批、分期征收，按期支付征地补偿费

8. 从事移民安置规划编制和移民安置监督评估的专业技术人员，应当（　　）。
   A. 有 5 年以上的工作经验　　B. 有 10 年以上的工作经验
   C. 通过水行政主管部门批准　　D. 通过国家考试，取得相应的资格

9. 项目法人应当根据大中型水利水电工程建设的要求和移民安置规划，在每年汛期结束后（　　）日内，向与其签订移民安置协议的地方人民政府提出下年度移民安置计划建议。
   A. 60　　B. 50
   C. 40　　D. 30

10. 依法批准的流域规划中确定的大中型水利水电工程建设项目的用地，应当纳入（　　）。
    A. 土地利用总体规划　　B. 土地利用区域规划
    C. 移民安置规划　　D. 土地利用划拨计划

11. 建设单位编制移民安置规划时，应当根据安置地区的（　　）等。
    A. 城乡居住面积　　B. 土地容量
    C. 人口规划　　D. 环境容量

二　多项选择题

1. 移民安置工作实行的管理体制是（　　）。
   A. 政府领导　　B. 分级负责
   C. 县为基础　　D. 项目法人参与
   E. 移民满意

2. 《中华人民共和国土地管理法》规定，征收耕地的补偿费用包括（　　）。
   A. 复建补偿费　　B. 地上附着物和青苗补偿费
   C. 土地补偿费　　D. 专项设施迁建费
   E. 安置补助费

3. 移民安置规划大纲编制的依据是（　　）。
   A. 工程占地和淹没区实物调查结果
   B. 移民区、移民安置区经济社会情况
   C. 移民生产安置任务和方式
   D. 移民安置的总体规划
   E. 移民区、移民安置区资源环境承载能力

4. 国家实行占用耕地补偿制度，下列说法正确的有（　　）。
   A. 非农业建设经批准占用耕地的，按照"占多少，缴纳多少补偿费"的原则
   B. 占用耕地的单位负责开垦与所占用耕地的数量和质量相当的耕地
   C. 没有条件开垦或者开垦的耕地不符合要求的，应当按照规定缴纳耕地开垦费

D．占用耕地的单位所缴纳的开垦费，用于开垦新的耕地和作为工程建设给农民造成经济损失的补偿费用

E．工程占地由地方政府负责占补平衡，并承担相应经费

5．根据《中华人民共和国土地管理法》规定，经县级以上人民政府依法批准，可以以划拨方式取得国有土地的有（　　）。

A．国家机关用地和军事用地

B．城市基础设施用地和公益事业用地

C．国家重点扶持水利等基础设施用地

D．村民建设住宅用地

E．法律、行政法规规定的其他用地

6．大中型水利水电工程建设征地补偿和移民安置应当遵循的原则包括（　　）。

A．以人为本，保障移民的合法权益，满足移民生存与发展的需求

B．节约利用土地，合理规划工程占地，控制移民规模

C．可持续发展，与资源综合开发利用、生态环境保护相协调

D．因地制宜，统筹规划

E．国家保护耕地，严格控制耕地转为非耕地

7．征地补偿和移民安置资金包括（　　）。

A．土地补偿费、安置补助费

B．勘测设计科研费、实施管理费、技术培训费

C．安置区移民的生产生活费

D．库底清理费和淹没区文物保护费

E．移民个人财产补偿费和搬迁费

【答案】

一、单项选择题

1．B；　2．A；　3．A；　4．C；　5．B；　6．D；　7．B；　8．D；
9．A；　10．A；　11．D

二、多项选择题

1．A、B、C、D；　2．B、C、E；　3．A、B、E；　4．B、C；
5．A、B、C、E；　6．A、B、C、D；　7．A、B、D、E

第8章 相关标准

8.1 工程建设标准体系

微信扫一扫
在线做题+答疑

复习要点

1. 标准的使用要求
2. 标准的框架

一、单项选择题

1. 技术标准分为（　　）个层次。
   A. 2　　　　　　　　　　B. 3
   C. 4　　　　　　　　　　D. 5

2. 国家工程建设标准分为（　　）个类别。
   A. 2　　　　　　　　　　B. 3
   C. 4　　　　　　　　　　D. 5

3. 强制性国家标准文本自发布之日起（　　）日内，在全国标准信息公共服务平台免费公开。
   A. 10　　　　　　　　　　B. 15
   C. 20　　　　　　　　　　D. 30

4. 水利标准分为（　　）个层次。
   A. 2　　　　　　　　　　B. 3
   C. 4　　　　　　　　　　D. 5

5. 水利行业标准制定分为（　　）个阶段。
   A. 2　　　　　　　　　　B. 3
   C. 4　　　　　　　　　　D. 5

6. 水利行业标准（等同采用国际标准时）制定分为（　　）阶段。
   A. 2　　　　　　　　　　B. 3
   C. 4　　　　　　　　　　D. 5

7. 水利行业标准的制定周期原则上不超过（　　）个月。
   A. 6　　　　　　　　　　B. 12
   C. 18　　　　　　　　　　D. 24

8. 水利行业标准的修订周期原则上不超过（　　）个月。
   A. 6　　　　　　　　　　B. 12
   C. 18　　　　　　　　　　D. 24

9. 行业标准的发布时间为水利部批准时间，开始实施时间不应超过其后的（　　）个月。

A．1 B．3
C．6 D．9

10．2021年版水利技术标准体系中，水利水电工程标准有（　　）项。

A．210 B．220
C．240 D．250

11．2021年版水利技术标准体系中，水利水电工程标准涉及（　　）个功能。

A．11 B．12
C．13 D．14

12．水利行业技术标准复审周期一般不超过（　　）年。

A．5 B．6
C．7 D．8

13．根据《水利技术标准体系表》，未来将逐步取代现行水利水电工程建设标准强制性条文的规范有（　　）部。

A．4 B．5
C．6 D．7

二、多项选择题

1．下列关于水利技术标准的说法，正确的有（　　）。

A．国家标准分为强制性标准和推荐性标准
B．水利行业标准分为强制性标准和推荐性标准
C．团体标准和企业标准不属于水利行业技术标准
D．推荐性标准的技术要求不得低于强制性国家标准的相关技术要求
E．标准复审周期一般不超过5年

2．2021年版水利技术标准体系结构由（　　）构成。

A．专业门类 B．层次
C．功能序列 D．专业序列
E．综合序列

3．水利技术标准的内容包括（　　）。

A．前言部分 B．正文部分
C．补充部分 D．条文说明部分
E．引用资料部分

4．下列关于水利行业标准制定方面的说法，正确的有（　　）。

A．可以同时制定国家标准和水利行业标准
B．水利行业的工程建设类可以制定强制性标准
C．水利行业地方标准同时接受水利部和地方有关部门管理
D．有行业标准时，可以制定企业标准
E．水利部对团体标准进行规范管理

5．水利行业标准用词有（　　）。

A．严禁 B．应
C．必须 D．可
E．宜

6. 根据《中华人民共和国标准化法》的规定，中国标准分为（　　）等。
    A．国家标准 B．行业标准
    C．地方标准 D．企业标准
    E．国防标准

7. 根据《水利标准化工作管理办法》，下列关于标准的说法，正确的有（　　）。
    A．国家标准分为强制性标准、推荐性标准
    B．行业非工程类标准分为强制性标准、推荐性标准
    C．强制性标准为全文强制性标准
    D．地方标准是推荐性标准
    E．团体标准是推荐性标准

【答案】

一、单项选择题
1．D；　2．A；　3．C；　4．D；　5．C；　6．B；　7．D；　8．B；
9．B；　10．D；　11．C；　12．A；　13．C

二、多项选择题
1．A、B、D、E；　2．A、C；　3．A、B、C；　4．B、D、E；
5．B、D、E；　6．A、B、C、D；　7．A、C、D、E

8.2 与施工相关的标准

复习要点

1. 强制性标准
2. 推荐性标准

一　单项选择题

1. 根据《水工建筑物地下开挖工程施工规范》SL 378—2007，下列关于水利水电工程土石方开挖施工的说法，错误的是（　　）。
    A．特大断面洞室采用先拱后墙法施工时，拱脚下部的岩体开挖，拱顶混凝土衬砌强度不应低于设计强度的75%
    B．特大断面隧洞采用先拱后墙法施工时，拱脚线的最低点至下部开挖面的距离不宜小于1.2m
    C．洞口削坡应自上而下进行，严禁上下垂直作业

D. 竖井或斜井单向自下而上开挖，距离贯通5m时，应自上而下贯通

2. 根据《水工建筑物地下开挖工程施工规范》SL 378—2007，当相向开挖的两个工作面，工作面相距（　　）m时，应停止一方工作，单向开挖贯通。
   A. 15　　　　　　　　　　　　B. 20
   C. 30　　　　　　　　　　　　D. 40

3. 根据《水工混凝土施工规范》SL 677—2014，水利水电工程施工中，跨度不大于2m的混凝土悬臂板的承重模板在混凝土达到设计强度的（　　）后才能拆除。
   A. 60%　　　　　　　　　　　B. 75%
   C. 80%　　　　　　　　　　　D. 90%

4. 根据《水工混凝土施工规范》SL 677—2014，水利水电工程施工中，跨度大于8m的混凝土梁、板、拱的承重模板在混凝土达到设计强度的（　　）后才能拆除。
   A. 60%　　　　　　　　　　　B. 70%
   C. 90%　　　　　　　　　　　D. 100%

5. 根据《水工建筑物地下开挖工程施工规范》SL 378—2007，下列关于水利水电工程土石方开挖施工的说法，错误的是（　　）。
   A. 土石方明挖施工，未经安全技术论证和主管部门批准，严禁采用自下而上的开挖方式
   B. 在设计建基面、设计边坡附近严禁采用洞室爆破法施工，应采用药壶爆破法施工
   C. 地下洞室洞口削坡应自上而下分层进行，严禁上下垂直作业
   D. 特大断面洞室采用先拱后墙法施工时，拱脚线的最低点至下部开挖面的距离不宜小于1.5m

6. 根据《水工建筑物滑动模板施工技术规范》SL 32—2014，滑模安装施工中，当滑模安装高度达到或超过（　　）m时，对安装人员必须采取高空作业保护措施。
   A. 1.0　　　　　　　　　　　B. 1.5
   C. 2.0　　　　　　　　　　　D. 3.0

7. 根据《水利水电工程劳动安全与工业卫生设计规范》GB 50706—2011，采用开敞式高压配电装置的独立开关站，其场地四周应设置高度不低于（　　）m的围墙。
   A. 1.0　　　　　　　　　　　B. 1.5
   C. 2.0　　　　　　　　　　　D. 2.2

8. 根据《核子水分－密度仪现场测试规程》SL 275—2014，仪器工作时，应在仪器放置地点的（　　）m范围设置明显放射性标志和警戒线，无关人员应退至警戒线外。
   A. 1.0　　　　　　　　　　　B. 1.5
   C. 2.0　　　　　　　　　　　D. 3.0

9. 根据《水利水电工程施工组织设计规范》SL 303—2017，采用斜墙式防渗体的土石围堰，其防渗体顶部在设计洪水静水位以上的加高值应为（　　）m。
   A. 1.0～0.8　　　　　　　　　B. 0.8～0.6
   C. 0.6～0.3　　　　　　　　　D. 0.3～0.1

10. 根据《水利水电工程施工组织设计规范》SL 303—2017，采用心墙式防渗体的土石围堰，其防渗体顶部在设计洪水静水位以上的加高值应为（　　）m。

　　A. 1.0~0.8　　　　　　　　B. 0.8~0.6

　　C. 0.6~0.3　　　　　　　　D. 0.3~0.1

11. 根据《水工建筑物地下开挖工程施工规范》SL 378—2007，地下洞室开挖施工过程中，洞内氧气体积不应少于（　　）。

　　A. 15%　　　　　　　　　　B. 20%

　　C. 25%　　　　　　　　　　D. 30%

12. 根据《水工建筑物滑动模板施工技术规范》SL 32—2014，施工升降机应有可靠的安全保护装置，运输人员的提升设备的钢丝绳的安全系数不应小于（　　）。

　　A. 5　　　　　　　　　　　B. 8

　　C. 10　　　　　　　　　　D. 12

13. 根据《水工建筑物地下开挖工程施工规范》SL 378—2007，竖井或斜井单向自下而上开挖，距贯通面（　　）m时，应自上而下贯通。

　　A. 5　　　　　　　　　　　B. 15

　　C. 10　　　　　　　　　　D. 20

14. 根据《水工建筑物地下开挖工程施工规范》SL 378—2007，洞室开挖时，相向开挖的两个工作面相距（　　）m放炮时，双方人员均须撤离工作面。

　　A. 30　　　　　　　　　　　B. 25

　　C. 20　　　　　　　　　　　D. 15

15. 根据《水工建筑物水泥灌浆施工技术规范》SL 62—2014，接缝灌浆应在（　　）的条件下进行。

　　A. 库水位高于灌区底部高程　　B. 库水位低于灌区底部高程

　　C. 施工期设计水位　　　　　　D. 水库最低蓄水位

16. 根据《水工碾压混凝土施工规范》SL 53—1994，连续上升铺筑的碾压混凝土，层间允许间隔时间，应控制在（　　）以内。

　　A. 初凝时间　　　　　　　　B. 终凝时间

　　C. 45min　　　　　　　　　D. 90min

17. 根据《水利水电工程施工质量检验与评定规程》SL 176—2007，对涉及工程结构安全的试块、试件及有关材料，其见证取样资料应由（　　）制备。

　　A. 检测单位　　　　　　　　B. 施工单位

　　C. 监理单位　　　　　　　　D. 项目法人

18. 水利水电工程施工生产区内机动车辆行驶道路最小转弯半径不得小于（　　）m。

　　A. 12　　　　　　　　　　　B. 13

　　C. 14　　　　　　　　　　　D. 15

19. 水利水电工程生产车间和作业场所工作地点日接触噪声时间高于8h的噪声声级卫生限值为（　　）dB（A）。

　　A. 85　　　　　　　　　　　B. 88

　　C. 91　　　　　　　　　　　D. 94

20．施工作业噪声传至以居住、文教机关为主的区域的夜间噪声声级卫生限值为（　　）dB（A）。
  A．45　　　　　　　　　　B．50
  C．55　　　　　　　　　　D．60

21．粉尘作业区至少每（　　）测定一次粉尘浓度，作业区浓度严重超标应及时监测，并采取可靠的防范措施。
  A．天　　　　　　　　　　B．月
  C．季　　　　　　　　　　D．半年

22．毒物作业点至少每（　　）测定一次，浓度超过最高允许浓度的测点应及时测定，直至浓度降至最高允许浓度以下。
  A．天　　　　　　　　　　B．月
  C．季　　　　　　　　　　D．半年

23．根据施工生产防火安全的需要，合理布置消防通道和各种防火标志，消防通道应保持通畅，宽度不得小于（　　）m。
  A．5　　　　　　　　　　B．4.5
  C．4　　　　　　　　　　D．3.5

24．用火作业区距所建的建筑物和其他区域不得小于（　　）m。
  A．15　　　　　　　　　　B．25
  C．35　　　　　　　　　　D．45

25．加油站应安装覆盖站区的避雷装置，其接地电阻不大于（　　）Ω。
  A．5　　　　　　　　　　B．10
  C．15　　　　　　　　　　D．20

26．独立的木材加工厂与周围其他设施、建筑之间的安全防火距离不小于（　　）m。
  A．10　　　　　　　　　　B．20
  C．30　　　　　　　　　　D．40

27．在建工程（含脚手架）的外侧边缘与外电架空线路（电压35～110kV）的边线之间应保持的安全操作距离是（　　）m。
  A．4　　　　　　　　　　B．6
  C．8　　　　　　　　　　D．10

28．施工现场的机动车道与外电架空线路（电压1～10kV）交叉时，架空线路的最低点与路面的垂直距离应不小于（　　）m。
  A．6　　　　　　　　　　B．7
  C．8　　　　　　　　　　D．9

29．机械如在220kV高压线下进行工作或通过时，其最高点与高压线之间的最小垂直距离不得小于（　　）m。
  A．4　　　　　　　　　　B．5
  C．6　　　　　　　　　　D．7

30．旋转臂架式起重机的任何部位或被吊物边缘与10kV以下的架空线路边线最小水平距离不得小于（　　）m。

A. 2 B. 3
C. 4 D. 5

31. 下列关于特殊场所照明器具安全电压的规定，正确的是（　　）。

    A. 地下工程，有高温、导电灰尘，且灯具离地面高度低于 2.5m 等场所的照明，电源电压应不大于 48V

    B. 在潮湿和易触及带电体场所的照明电源电压不得大于 12V

    C. 地下工程，有高温、导电灰尘，且灯具离地面高度低于 2.5m 等场所的照明，电源电压应不大于 36V

    D. 在潮湿和易触及带电体场所的照明电源电压不得大于 36V

32. 凡在坠落高度基准面（　　）m 以上有可能坠落的高处进行作业，均称为高处作业。

    A. 2 B. 3
    C. 4 D. 5

33. 高处作业的安全网距离工作面的最大高度不超过（　　）m。

    A. 2 B. 3
    C. 4 D. 5

34. 遇有（　　）级及以上的大风，禁止从事高处作业。

    A. 6 B. 7
    C. 8 D. 9

35. 钢脚手架的立杆的间距不小于（　　）m。

    A. 2 B. 1.8
    C. 1.5 D. 1.2

36. 低于（　　）℃运输易冻的硝化甘油炸药时，应采取防冻措施。

    A. 7 B. 8
    C. 9 D. 10

37. 在工区内用汽车运输爆破器材，在视线良好的情况下行驶时，时速不得超过（　　）km/h。

    A. 5 B. 10
    C. 12 D. 15

38. 地下相向开挖的两端在相距（　　）m 以内时，装炮前应通知另一端暂停工作。

    A. 60 B. 50
    C. 40 D. 30

39. 电力起爆中，供给每个电雷管的实际电流应大于准爆电流，下列要求错误的是（　　）。

    A. 直流电源：一般爆破不小于 2.5A

    B. 直流电源：洞室爆破或大规模爆破不小于 3.5A

    C. 交流电源：一般爆破不小于 3A

    D. 交流电源：洞室爆破或大规模爆破不小于 4A

40. 一个 8 号雷管起爆导爆管的数量不宜超过（　　）根。
    A．30 B．40
    C．50 D．60
41. 高度在 20m 处的作业属于（　　）高处作业。
    A．特级 B．一级
    C．二级 D．三级
42. 下列不能用于电器灭火的灭火剂是（　　）。
    A．二氧化碳 B．泡沫灭火剂
    C．四氯化碳 D．二氟一氯一溴甲烷

二 多项选择题

1. 根据《水工建筑物岩石地基开挖工程施工技术规范》SL 47—2020，下列关于明挖工程中钻孔爆破的说法，正确的有（　　）。
    A．严禁在设计建基面采用洞室爆破法施工
    B．严禁在设计边坡附近采用洞室爆破法施工
    C．在设计建基面可以采用药壶爆破法施工
    D．在设计边坡附近可以采用药壶爆破法施工
    E．未经安全技术论证和主管部门批准，严禁采用自下而上的开挖方式
2. 根据《水工建筑物地下开挖工程施工技术规范》SL 378—2007，下列说法正确的有（　　）。
    A．地下洞室洞口削坡应自上而下分层进行，严禁上下垂直作业
    B．拱脚线的最低点至下部开挖面的距离，不宜小于 2.5m
    C．顶拱混凝土衬砌强度不应低于设计强度的 75%
    D．地下洞室开挖施工过程中，洞内氧气体积不应小于 20%
    E．斜井、竖井自上而下扩大开挖时，应有防止异井堵塞和人员坠落的措施
3. 根据《水工建筑物地下开挖工程施工技术规范》SL 378—2007，下列关于洞室开挖爆破安全要求的说法，正确的有（　　）。
    A．相向开挖的两个工作面相距 5 倍洞径距离爆破时，双方人员均须撤离工作面
    B．相向开挖的两个工作面相距 3 倍洞径距离爆破时，双方人员均须撤离工作面
    C．相向开挖的两个工作面相距 30m 放炮时，双方人员均须撤离工作面
    D．相向开挖的两个工作面相距 50m 放炮时，双方人员均须撤离工作面
    E．相向开挖的两个工作面相距 15m 时，应停止一方工作，单项开挖贯通
4. 根据《水工建筑物地下开挖工程施工技术规范》SL 378—2007，下列关于洞室开挖爆破安全要求的说法，正确的有（　　）。
    A．竖井单向自下而上开挖，距贯通面 5m 时，应自上而下贯通
    B．竖井单向自下而上开挖，距贯通面 10m 时，应自上而下贯通

C．采用电力引爆方法，装炮时距工作面 30m 以内，应断开电流

D．采用电力引爆方法，装炮时距工作面 50m 以内，应断开电流

E．斜井单向自下而上开挖，距贯通面 5m 时，应自上而下贯通

5．根据《水利水电工程锚喷支护技术规范》SL 377—2007，竖井中的锚喷支护施工应遵守的规定有（　　）。

A．采用溜筒运送喷混凝土的干混合料时，井口溜筒喇叭口周围必须封闭严密

B．喷射机置于地面时，竖井内输料钢管宜用法兰连接，悬吊应垂直牢固

C．采取措施防止机具、配件和锚杆等物件掉落伤人

D．竖井深度超过 10m 时，必须在井口设鼓风机往井内通风

E．操作平台应设置栏杆，作业人员必须佩戴安全带

6．根据《水工建筑物岩石地基开挖工程施工技术规范》SL 47—2020，在设计建基面、设计边坡附近严禁采用（　　）施工。

A．洞室爆破法　　　　　　　B．药壶爆破法

C．自卸汽车　　　　　　　　D．铲运机

E．挖掘机

7．水利水电工程施工现场架设临时性跨越沟槽的便桥和边坡栈桥，应符合的要求是（　　）。

A．基础稳固、平坦畅通

B．人行便桥、栈桥宽度不得小于 1.5m

C．手推车便桥、栈桥宽度不得小于 2m

D．机动翻斗车便桥其最小宽度不得小于 2.5m

E．设有防护栏杆

8．下列关于加油站、油库的规定，正确的有（　　）。

A．独立建筑，与其他设施、建筑之间的防火安全距离应不小于 50m

B．周围应设有高度不低于 1.5m 的围墙、栅栏

C．应配备相应数量的泡沫、干粉灭火器和砂土等灭火器材

D．库区内严禁一切火源、吸烟及使用手机

E．运输使用的油罐车应密封，并有防静电设施

9．下列气温条件下应按低温季节施工的有（　　）。

A．日平均气温连续 5d 稳定在 5℃以下

B．昼夜平均气温低于 8℃

C．最低气温连续 5d 稳定在 -3℃以下

D．最低温度低于 0℃

E．昼夜平均气温低于 6℃，且最低温度低于 0℃

10．下列关于施工场地照明器具选择的说法，正确的有（　　）。

A．含有大量尘埃但无爆炸和火灾危险的场所，应采用防尘型照明器

B．对有爆炸和火灾危险的场所，应按危险场所等级选择相应的防爆型照明器

C．在振动较大的场所，应选用防爆型照明器

D．对有酸、碱等强腐蚀的场所，应采用耐酸碱型照明器

E．正常湿度时，选用开启式照明器

11．下列关于行灯的说法，正确的有（　　）。
A．电源电压不超过24V
B．灯体与手柄连接坚固、绝缘良好并耐热、耐潮湿
C．灯头与灯体结合牢固，灯头无开关
D．灯泡外部有金属保护网
E．金属网、反光罩、悬吊挂钩固定在灯具的绝缘部位上

12．下列属于特殊高处作业的是（　　）。
A．高度超过30m的特级高处作业　　B．强风高处作业
C．异温高处作业　　D．雨天高处作业
E．悬空高处作业

13．在带电体附近进行高处作业时，距带电体的最小安全距离应满足（　　）。
A．工作人员的活动范围与带电体（10kV及以下）的距离应不小于2m
B．工作人员的活动范围与带电体（10kV及以下）的距离应不小于4m
C．工器具、安装构件、接地线等与带电体（220kV）的距离应不小于3m
D．工器具、安装构件、接地线等与带电体（220kV）的距离应不小于5m
E．整体组立杆塔与带电体的距离应大于倒杆距离

14．下列关于脚手架的说法，正确的有（　　）。
A．脚手架应根据施工荷载经设计确定，施工常规负荷量不得超过3.0kPa
B．脚手架钢管外径应为48.3mm，壁厚3.6mm
C．脚手架钢管立杆、大横杆的接头应错开，搭接长度不小于30cm
D．架子高度在7m以上或无法支杆时，竖向每隔4m，水平每隔7m，应使脚手架牢固地连接在建筑物上
E．脚手架底脚扫地杆、水平横杆离地面距离为20～30cm

15．下列关于带电体灭火的操作方法，正确的有（　　）。
A．当用水灭火时，电压220kV及其以上者，人体与带电体距离不得小于3m
B．当使用二氧化碳灭火时，机体至10kV带电体的距离不得小于0.4m
C．对架空线路灭火时，人体位置与带电体之间的仰角不得超过45°
D．蓄电池发生火灾时，应用专用灭火器
E．发动机等旋转电机灭火时，可用干粉灭火剂

16．下列关于火花起爆的规定，正确的有（　　）。
A．深孔、竖井、倾角大于30°的斜井、有瓦斯和粉尘爆炸危险等工作面的爆破，禁止采用火花起爆
B．炮孔的排距较密时，导火索的外露部分不得超过0.5m，以防止导火索互相交错而起火
C．一人连续单个点火的火炮，暗挖不得超过8个，明挖不得超过12个，并应在爆破负责人指挥下，做好分工及撤离工作
D．当信号炮响后，全部人员应立即撤出炮区，迅速到安全地点掩蔽
E．点燃导火索应使用香或专用点火工具，禁止使用火柴、香烟和打火机

17. 下列关于电力起爆的规定，正确的有（　　）。
    A．用于同一爆破网路内的电雷管，电阻值应相同。康铜桥丝雷管的电阻极差不得超过 0.25Ω，镍铬桥丝雷管的电阻极差不得超过 0.5Ω
    B．装炮前工作面一切电源应切除，照明至少设于距工作面 30m 以外，只有确认炮区无漏电、感应电后，才可装炮
    C．雷雨天若采用电力起爆应设置必要的避雨措施
    D．网路中全部导线应绝缘；有水时导线应架空；各接头应用绝缘胶布包好，两条线的搭接口禁止重叠，至少应错开 0.1m
    E．测量电阻只许使用经过检查的专用爆破测试仪表或线路电桥；严禁使用其他电气仪表进行量测

18. 下列关于导爆索起爆的规定，正确的有（　　）。
    A．导爆索只准用快刀切割，不得用剪刀剪断导爆索
    B．起爆导爆索的雷管，其聚能穴应朝向导爆索，与传爆方向相反
    C．支线要顺主线传爆方向连接，搭接长度不应少于 15cm，支线与主线传爆方向的夹角应不大于 90°
    D．导爆索交叉敷设时，应在两根交叉导爆索之间设置厚度不小于 10cm 的木质垫板
    E．连接导爆索中间不应出现断裂破皮、打结或打圈现象

19. 下列关于导爆管起爆的规定，正确的有（　　）。
    A．用导爆管起爆时，应有设计起爆网路，并进行传爆试验
    B．禁止导爆管打结，禁止在药包上缠绕
    C．一个 8 号雷管起爆导爆管的数量不宜超过 40 根，层数不宜超过 4 层
    D．只有确认网路连接正确，与爆破无关人员已经撤离，才准许接入引爆装置
    E．网路的连接处应牢固，两元件应相距 2m

20. 下列关于安全工具检验标准与周期的说法，正确的有（　　）。
    A．塑料安全帽应可抗 3kg 的钢球从 5m 高处垂直坠落的冲击力
    B．塑料安全帽应半年检验一次
    C．安全带应满足悬吊 255kg 重物 5min 无损伤的要求
    D．安全带在每次使用前均应检查
    E．安全网应每年检查一次，且在每次使用前进行外表检查

【答案】

一、单项选择题

1．B；　2．A；　3．B；　4．D；　5．B；　6．C；　7．D；　8．D；
9．B；　10．C；　11．B；　12．D；　13．A；　14．A；　15．B；　16．A；
17．B；　18．D；　19．A；　20．A；　21．C；　22．D；　23．C；　24．D；
25．B；　26．B；　27．C；　28．B；　29．C；　30．A；　31．C；　32．A；
33．B；　34．A；　35．A；　36．D；　37．D；　38．D；　39．B；　40．B；

41. D； 42. B

二、多项选择题

1. A、B、E；	2. A、C、D、E；	3. A、C、E；	4. A、C、E；
5. A、B、C、E；	6. A、B；	7. A、D、E；	8. A、C、D、E；
9. A、C；	10. A、B、D、E；	11. B、C、D、E；	12. B、C、D、E；
13. D、E；	14. A、B、D、E；	15. B、C、D；	16. A、D、E；
17. A、B、D、E；	18. A、C、D、E；	19. A、B、D、E；	20. A、C、D、E

第3篇 水利水电工程项目管理实务

第9章 水利水电工程企业资质与施工组织

9.1 水利水电工程企业资质

复习要点

微信扫一扫
在线做题+答疑

1. 设计资质
2. 施工资质

一 单项选择题

1. 工程勘察资质分为（　　）个类别。
   A. 1　　　　　　　　　　B. 2
   C. 3　　　　　　　　　　D. 4

2. 工程勘察综合资质设有（　　）个级别。
   A. 1　　　　　　　　　　B. 2
   C. 3　　　　　　　　　　D. 4

3. 工程勘查专业资质包括（　　）个专业资质。
   A. 1　　　　　　　　　　B. 2
   C. 3　　　　　　　　　　D. 4

4. 岩土工程设计资质设有（　　）个级别。
   A. 1　　　　　　　　　　B. 2
   C. 3　　　　　　　　　　D. 4

5. 工程设计综合资质设有（　　）个级别。
   A. 1　　　　　　　　　　B. 2
   C. 3　　　　　　　　　　D. 4

6. 水利工程设计行业资质有（　　）个级别。
   A. 1　　　　　　　　　　B. 2
   C. 3　　　　　　　　　　D. 4

7. 水利专业设计资质分为（　　）个专业。
   A. 5　　　　　　　　　　B. 6
   C. 7　　　　　　　　　　D. 8

8. 电力行业设计资质设为（　　）个级别。

A. 2 B. 3
C. 4 D. 5

9. 电力行业专业设计资质设为（　　）个级别。
A. 2 B. 3
C. 4 D. 5

10. 水利水电工程涉及21个行业中的（　　）个工程设计行业资质。
A. 2 B. 3
C. 4 D. 5

11. 按照水力发电建设项目设计规模划分标准，设计规模分为（　　）类。
A. 2 B. 3
C. 4 D. 5

12. 按照水力发电建设项目设计规模划分标准，大型项目的单机容量为（　　）MW。
A. ≥100 B. ≥150
C. ≥200 D. ≥250

13. 按照水力发电建设项目设计规模划分标准，小型项目的单机容量为（　　）MW。
A. <20 B. <30
C. <40 D. <50

14. 水利水电工程施工企业资质分为（　　）个序列。
A. 2 B. 3
C. 4 D. 5

15. 水利水电工程施工总承包企业资质等级分为（　　）级。
A. 2 B. 3
C. 4 D. 5

16. 电力工程施工总承包企业资质等级分为（　　）级。
A. 2 B. 3
C. 4 D. 5

17. 水利水电工程施工总承包二级资质可承担建筑物级别（　　）级以下（含本数）水工建筑物的施工。
A. 1 B. 2
C. 3 D. 4

18. 水利水电工程施工总承包三级资质可承担建筑物级别（　　）级以下（含本数）水工建筑物的施工。
A. 1 B. 2
C. 3 D. 4

19. 电力工程施工总承包二级资质可承担单机容量（　　）万kW以下发电工程施工。
A. 5 B. 10

C. 15　　　　　　　　　　　　D. 20

20. 电力工程施工总承包三级资质可承担单机容量（　　）万 kW 以下发电工程施工。

A. 10　　　　　　　　　　　　B. 15
C. 20　　　　　　　　　　　　D. 25

21. 水工金属结构制作与安装工程专业承包资质分为（　　）级。

A. 2　　　　　　　　　　　　B. 3
C. 4　　　　　　　　　　　　D. 5

22. 水利水电机电安装工程专业承包资质分为（　　）级。

A. 2　　　　　　　　　　　　B. 3
C. 4　　　　　　　　　　　　D. 5

23. 河湖整治工程专业承包资质分为（　　）级。

A. 2　　　　　　　　　　　　B. 3
C. 4　　　　　　　　　　　　D. 5

24. 隧道工程专业承包资质分为（　　）级。

A. 2　　　　　　　　　　　　B. 3
C. 4　　　　　　　　　　　　D. 5

25. 隧道工程专业承包二级资质可承担断面（　　）m^2 以下隧洞工程施工。

A. 30　　　　　　　　　　　　B. 40
C. 50　　　　　　　　　　　　D. 60

26. 隧道工程专业承包三级资质可承担断面（　　）m^2 以下隧洞工程施工。

A. 30　　　　　　　　　　　　B. 40
C. 50　　　　　　　　　　　　D. 60

27. 水利水电机电安装工程专业承包二级资质可承担单机容量（　　）kW 以下的泵站安装工程。

A. 400　　　　　　　　　　　B. 600
C. 800　　　　　　　　　　　D. 1000

28. 水利水电机电安装工程专业承包二级资质可承担单机容量（　　）MW 以下的水电站安装工程。

A. 40　　　　　　　　　　　　B. 60
C. 80　　　　　　　　　　　　D. 100

（二）多项选择题

1. 水利水电工程施工企业资质分为（　　）。

A. 综合总承包　　　　　　　　B. 总承包
C. 专业承包　　　　　　　　　D. 施工劳务
E. 项目管理承包

2. 水工金属结构制作与安装工程专业承包资质分为（　　）。

A．总承包级 B．一级
C．二级 D．三级
E．四级

3. 水利水电机电安装工程专业承包资质分为（　　）。
    A．总承包级 B．一级
    C．二级 D．三级
    E．四级

4. 河湖整治工程专业承包资质分为（　　）。
    A．总承包级 B．一级
    C．二级 D．三级
    E．四级

5. 水利水电工程施工总承包企业资质等级分为（　　）。
    A．特级 B．一级
    C．二级 D．三级
    E．四级

6. 电力工程施工总承包企业资质等级分为（　　）。
    A．特级 B．一级
    C．二级 D．三级
    E．四级

7. 设计单位资质标准分为工程设计（　　）序列。
    A．行业资质 B．综合资质
    C．专业资质 D．专项资质
    E．特别资质

8. 专业资质设甲、乙、丙三个级别的有（　　）。
    A．岩土工程 B．岩土工程设计
    C．水文地质勘察 D．岩土工程勘察
    E．工程测量

9. 下列关于水利水电工程企业承包工程范围的说法，正确的有（　　）。
    A．总承包特级资质的企业可承担水利水电工程各等级工程施工总承包
    B．总承包一级资质可承担各类型水利水电工程的施工
    C．总承包二级资质可承担工程规模大（2）型以下水利水电工程施工
    D．总承包三级资质可承担工程规模中型以下水利水电工程施工
    E．总承包四级资质可承担工程规模小（1）型以下水利水电工程施工

10. 下列关于河湖整治工程专业承包企业承包工程范围的说法，正确的有（　　）。
    A．一级资质可承担水库、湖泊的河势控导工程施工
    B．二级资质可承担堤防工程级别2级以下河势控导工程施工
    C．三级资质可承担堤防工程级别3级以下险工处理工程施工
    D．三级资质可承担堤防工程级别3级以下吹填工程施工
    E．四级资质可承担堤防工程级别4级以下河势控导工程施工

11. 下列关于设计资质管理方面的说法,正确的有( )。
    A. 设计资质分为 21 个行业
    B. 行业资质甲级承担行业的设计业务,其规模不受限制
    C. 行业丙级承担行业中型、小型建设项目的工程设计业务
    D. 行业劳务资质可以承担设计劳务业务
    E. 工程设计综合甲级资质可以承担施工总承包一级资质证书许可范围内的工程施工总承包业务
12. 下列关于电力工程施工承包企业承包工程范围的说法,正确的有( )。
    A. 总承包特级资质的企业可承担电力工程各等级工程项目管理业务
    B. 施工总承包一级资质可承担各类发电工程施工
    C. 施工总承包二级资质可承担单机容量 30 万 kW 以下发电工程施工
    D. 施工总承包三级资质可承担单机容量 20 万 kW 以下发电工程施工
    E. 施工总承包四级资质可承担单机容量 10 万 kW 以下发电工程施工

【答案】

一、单项选择题
1. C; 2. A; 3. D; 4. B; 5. A; 6. C; 7. D; 8. A;
9. A; 10. A; 11. B; 12. D; 13. D; 14. B; 15. C; 16. C;
17. C; 18. D; 19. D; 20. A; 21. B; 22. B; 23. B; 24. B;
25. D; 26. B; 27. D; 28. D

二、多项选择题
1. B、C、D; 2. B、C、D; 3. B、C、D; 4. B、C、D;
5. A、B、C、D; 6. A、B、C、D; 7. A、B、C、D; 8. C、D、E;
9. A、B; 10. A、B、D; 11. A、B、E; 12. A、B

9.2 施工组织设计

复习要点

1. 水利水电工程施工工厂设施
2. 水利水电工程施工现场规划
3. 水利水电工程施工进度计划
4. 水利水电工程专项施工方案

一 单项选择题

1. 处理能力为(≥500,<1500)t/h 的砂石料加工系统,其生产规模为( )。
    A. 特大型   B. 大型

  C．中型   D．小型

2．处理能力为（≥120，<500）t/h 的砂石料加工系统，其生产规模为（　　）。

  A．特大型   B．大型

  C．中型   D．小型

3．根据施工用电的重要性和停电造成的损失程度，将施工用电负荷分为（　　）类。

  A．2   B．3

  C．4   D．5

4．低温季节混凝土施工的气温标准为最低气温连续 5d 稳定在（　　）℃以下。

  A．-9   B．-7

  C．-5   D．-3

5．水利水电工程施工中，汛期的防洪、泄洪设施的用电负荷属于（　　）。

  A．一类负荷   B．二类负荷

  C．三类负荷   D．四类负荷

6．下列施工用电中属于三类负荷的是（　　）。

  A．供水系统   B．供风系统

  C．混凝土预制构件厂   D．木材加工厂

7．下列关于施工总布置的说法，错误的是（　　）。

  A．对于大规模水利水电工程，应在主体工程施工前征用所有永久和临时占地，以方便统筹考虑临时设施的布置

  B．临时设施最好不占用拟建永久性建筑物和设施的位置，以避免不必要的损失和浪费

  C．为了降低临时工程的费用，应尽最大可能利用现有的建筑物以及可供施工使用的设施

  D．储存燃料及易燃物品的仓库距拟建工程及其他临时性建筑物不得小于50m

8．编制施工总进度时，工程施工总工期不包括（　　）。

  A．工程筹建期   B．工程准备期

  C．主体工程施工期   D．工程完建期

9．下列关于施工进度计划横道图的说法，错误的是（　　）。

  A．能表示出各项工作的划分、工作的开始时间和完成时间及工作之间的相互搭接关系

  B．能反映工程费用与工期之间的关系，因而便于缩短工期和降低成本

  C．不能明确反映出各项工作之间错综复杂的相互关系，不利于建设工程进度的动态控制

  D．不能明确地反映出影响工期的关键工作和关键线路，不便于进度控制人员抓住主要矛盾

10．通过编制工程进度曲线，不可获取的信息包括（　　）。

  A．工程量完成情况   B．实际工程进展速度

  C．关键工作   D．进度超前或拖延的时间

11．低温季节混凝土施工时，可提高混凝土拌合料温度，不可直接加热的是（　　）。

A．拌和用水 B．砂
C．水泥 D．碎石

12．水利水电工程施工临时设施主要包括施工交通运输和（　　）两部分。
A．施工工厂设施 B．综合加工系统
C．混凝土生产系统 D．砂石料加工系统

13．混凝土浇筑系统单位小时生产能力计算时，不均匀系数 K_h 按（　　）考虑。
A．1.2 B．1.5
C．1.8 D．2.0

14．在水利水电工程施工进度计划中，（　　）是确定工程计划工期、关键路线、关键工作的基础，也是判定非关键工作机动时间和进行计划优化、计划管理的依据。
A．施工进度管理控制曲线 B．工程进度曲线
C．网络进度计划 D．横道图

15．混凝土拌合料进行预冷时，一般不把（　　）选作预冷材料。
A．砂 B．碎石
C．卵石 D．水泥

16．下列属于水利水电工程施工现场一类负荷的是（　　）。
A．基坑内的排水施工 B．混凝土浇筑施工
C．金属结构及机电安装 D．钢筋加工厂

17．根据《水利水电工程施工安全管理导则》SL 721—2015，除施工单位技术负责人外，还应定期对专项施工方案实施情况进行巡查的是（　　）。
A．总监理工程师 B．项目法人技术负责人
C．设计单位技术负责人 D．监测单位技术负责人

18．下列关于水利水电工程进度曲线绘制的说法，正确的是（　　）。
A．以时间为横轴，以完成累计工作量为纵轴
B．以时间为横轴，以单位时间内完成工作量为纵轴
C．以完成累计工作量为横轴，以时间为纵轴
D．以单位时间内完成工作量为横轴，以时间为纵轴

19．资料缺乏时，用电高峰负荷可按全部工程用电设备总容量的（　　）估算。
A．40%～60% B．15%～40%
C．25%～60% D．25%～40%

20．在工程网络计划中，若某工作的（　　）最小，则该工作必为关键工作。
A．自由时差 B．持续时间
C．总时差 D．时间间隔

21．根据《水利水电工程施工安全管理导则》SL 721—2015，下列落地式钢管脚手架，属于达到一定规模的危险性较大的工程是（　　）。
A．搭设高度 10m B．搭设高度 15m
C．搭设高度 20m D．搭设高度 24m

22．根据《水利水电工程施工安全管理导则》SL 721—2015，下列关于单项工程施工的说法，正确的是（　　）。

A．开挖深度为 5m 的基坑的石方开挖工程，不必编制专项施工方案

B．挡水高度不足 3m 的围堰工程，不必编制专项施工方案

C．开挖深度为 5m 的基坑的土方开挖工程，不必编制专项施工方案

D．采用爆破拆除的工程，应编制专项施工方案，并应组织专家进行审查

23．根据《水利水电工程施工安全管理导则》SL 721—2015，下列单项工程中，属于超过一定规模的危险性较大的单项工程的是（　　）。

A．搭设高度为 40m 的落地式钢管脚手架工程

B．挡水高度为 5m 的围堰工程

C．开挖深度为 4m 的基坑石方开挖工程

D．采用爆破拆除的工程

24．根据《水利水电工程施工安全管理导则》SL 721—2015，下列单项工程中，属于达到一定规模的危险性较大的单项工程的是（　　）。

A．搭设高度为 50m 的落地式钢管脚手架工程

B．挡水高度为 5m 的围堰工程

C．开挖深度为 5m 的基坑石方开挖工程

D．采用爆破拆除的工程

25．小型砂石料加工系统，其生产规模为处理能力（　　）t/h。

A．＜420　　　　　　　B．＜320

C．＜220　　　　　　　D．＜120

26．水利水电工程施工场地一般分为（　　）区。

A．4　　　　　　　　B．5

C．6　　　　　　　　D．8

27．施工设备仓库建筑面积计算公式 $W = na/K_2$ 中，K_2 表示（　　）。

A．施工设备仓库面积　　B．面积利用系数

C．每台设备占地面积　　D．储存施工设备台数

28．材料、器材仓库建筑面积按 $W = q/PK_1$ 计算，q 表示（　　）。

A．材料、器材仓库面积

B．面积利用系数

C．每平方米有效面积的材料存放量

D．需要材料储量

29．材料储存量按 $q = QdK/n$ 估算，Q 表示（　　）。

A．高峰年材料总需要量　　B．年工作日数

C．材料总需要量的不均匀系数　　D．需要材料的储存天数

30．需按低温季节进行混凝土施工的气温标准为日平均气温连续（　　）d 稳定在 5℃以下。

A．9　　　　　　　　B．7

C．5　　　　　　　　D．3

二、多项选择题

1. 水利水电工程施工临时工程包括（　　）等。
   A. 导流工程　　　　　　　　　B. 施工交通工程
   C. 施工场内供电工程　　　　　D. 施工房屋建筑工程
   E. 其他施工临时工程

2. 施工工厂设施的任务包括（　　）。
   A. 制备施工所需的建筑材料　　B. 供应水、电和压缩空气
   C. 建立工地内外通信联系　　　D. 维修和保养施工设备
   E. 加工制作标准金属构件

3. 砂石料加工系统生产规模可按毛料处理能力划分为（　　）。
   A. 特大型　　　　　　　　　　B. 大型
   C. 中型　　　　　　　　　　　D. 小型
   E. 微型

4. 以混凝土建筑物为主的枢纽工程施工分区规划布置应遵守的原则有（　　）。
   A. 以砂、石料的开采、加工为主　B. 以混凝土的拌和、浇筑系统为主
   C. 以施工用地范围为主　　　　D. 以堆料场为主
   E. 以砂、石料的运输线路为主

5. 以当地材料坝为主的枢纽工程施工分区规划布置应遵守的原则有（　　）。
   A. 以砂、石料的开采、加工为主　B. 以混凝土的拌和、浇筑系统为主
   C. 以土石料采挖和加工为主　　D. 以堆料场为主
   E. 以土石料的运输线路为主

6. 根据《水利水电工程施工安全管理导则》SL 721—2015，施工单位应根据审查论证报告修改完善专项施工方案，经（　　）审核签字后，方可组织实施。
   A. 施工单位技术负责人　　　　B. 总监理工程师
   C. 项目法人单位负责人　　　　D. 设计单位技术负责人
   E. 安全监督机构负责人

7. 水利水电工程施工总平面图的主要内容应包括（　　）。
   A. 施工用地范围
   B. 一切地上和地下的已有和拟建的建筑物、构筑物及其他设施的平面位置与尺寸
   C. 永久性和半永久性坐标位置，必要时标出建筑场地的等高线
   D. 场外取土和弃土的区域位置
   E. 为施工服务的各种临时设施的位置

8. 下列属于水利枢纽工程施工组织设计文件中临时工程施工部分内容的有（　　）。
   A. 混凝土生产及制冷系统　　　B. 围堰的料场开采方案
   C. 泄水、输水建筑物施工　　　D. 机电设备安装技术方案
   E. 发电站施工支洞的堵塞、回填灌浆技术方案

9. 下列属于水利枢纽工程施工组织设计文件中主体工程施工部分内容的有（   ）。
   A. 金属结构安装技术方案　　　B. 碾压混凝土坝混凝土配合比
   C. 基坑抽水量及所需设备　　　D. 大坝拦洪蓄水的程序方法
   E. 混凝土生产及制热系统

10. 下列关于水利工程施工进度计划表达方法的说法，正确的有（   ）。
    A. 横道图不能反映各项工作之间的相互关系
    B. 横道图能反映出工程费用与工期之间的关系
    C. 工程进度曲线能反映出实际工程进度
    D. 工程进度曲线不能反映进度超前的时间
    E. 工程进度曲线能反映后续工程进度预测

11. 水利水电工程施工进度计划可以用（   ）方法表达。
    A. 相关图　　　　　　　　　　B. 形象进度图
    C. 横道图　　　　　　　　　　D. 施工进度管理控制曲线
    E. 网络进度计划

12. 水利水电工程施工进度计划调整应考虑的因素包括（   ）。
    A. 材料物资供应能力与需求　　B. 工程贷款偿还计划
    C. 后续施工项目合同工期　　　D. 水情气象条件
    E. 劳动力供应能力与需求

13. 水利水电工程上常用的集料预冷方法有（   ）。
    A. 水冷法　　　　　　　　　　B. 风冷法
    C. 真空气化法　　　　　　　　D. 加冰法
    E. 液氮预冷法

14. 水利水电工程临时设施中的主要工厂设施包括（   ）等。
    A. 混凝土生产系统　　　　　　B. 砂石料加工系统
    C. 施工供电系统　　　　　　　D. 施工仓库
    E. 临时生活区

15. 按施工分块仓面强度计算法对混凝土生产系统规模进行核算时，与（   ）因素有关。
    A. 砂石料供应能力　　　　　　B. 同时浇筑的各浇筑块面积总和
    C. 各块浇筑层厚度　　　　　　D. 混凝土初凝时间
    E. 混凝土运输工具的平均行驶速度

16. 下列施工用电中属于一类负荷的是（   ）。
    A. 井、洞内的照明　　　　　　B. 基坑内的排水
    C. 混凝土浇筑施工　　　　　　D. 混凝土搅拌系统
    E. 汛期的防洪

17. 下列关于施工进度安排的说法，正确的有（   ）。
    A. 河道截流不宜安排在封冻期和流水期进行
    B. 导流泄水建筑物封堵宜选在汛后进行

C．帷幕灌浆应在本坝段和相邻坝段固基灌浆完成后进行

D．混凝土的接缝灌浆进度应满足施工期汛情与水库蓄水安全要求

E．不良地质基础处理宜安排在建筑物覆盖后完成

18．水利水电施工组织设计文件中施工工厂设施包括（　　）。

A．混凝土及制冷（热）系统　　B．砂石料加工系统

C．机械修配及综合加工系统　　D．风、水、电、通信及照明

E．场内交通运输

19．编制施工总进度应遵循的原则包括（　　）。

A．遵守基本建设程序

B．做好土石方挖填平衡，统筹规划堆渣、弃渣场地

C．采用国内平均先进施工水平合理安排工期

D．资源（人力、物资和资金等）均衡分配

E．应确保工程项目的施工在安全、连续、稳定、均衡的状态下进行

20．在工程进度曲线中，将实际进度与计划进度进行比较，可以获得的信息是（　　）。

A．实际工程进展速度　　B．进度超前或拖延的时间

C．工程量的完成情况　　D．后续工程进度预测

E．各项工作之间的相互搭接关系

21．混凝土生产系统的规模应满足（　　）的要求。

A．质量　　B．品种

C．出机口温度　　D．浇筑时间

E．浇筑强度

22．水利水电工程施工临时设施主要包括（　　）。

A．施工交通运输　　B．混凝土生产系统

C．施工工厂设施　　D．砂石料加工系统

E．施工供电系统

23．危险性较大的单项工程验收的组织单位包括（　　）。

A．项目法人单位　　B．施工单位

C．监理单位　　D．勘察单位

E．设计单位

24．下列人员中，应定期对专项施工方案实施情况进行巡查的有（　　）。

A．项目法人技术负责人　　B．设计代表

C．总监理工程师　　D．施工单位技术负责人

E．施工项目负责人

25．水利水电施工组织设计文件中综合加工厂是由（　　）组成。

A．混凝土预制构件厂　　B．钢筋加工厂

C．木材加工厂　　D．机械修配厂

E．砂石料加工厂

26．下列单项工程中，需编制专项施工方案并组织专家审查论证的是（　　）。

A．开挖深度为 4m 的支护工程

B．开挖深度为 4m 的石方开挖工程

C．搭设高度 40m 的落地式钢管脚手架工程

D．采用爆破拆除的工程

E．文物保护建筑控制范围内的拆除工程

27．施工单位应根据审查论证报告修改完善专项施工方案，经（　　）审核签字后，方可组织实施。

A．专家组组长　　　　　　B．项目法人单位负责人

C．总监理工程师　　　　　D．施工单位技术负责人

E．施工项目负责人

28．根据低温季节混凝土施工气温标准，下列条件中应按低温季节进行混凝土施工的有（　　）。

A．日平均气温连续 5d 稳定在 5℃以下

B．日平均气温连续 5d 稳定在 10℃以下

C．日最低气温连续 5d 稳定在 −3℃以下

D．日最低气温连续 5d 稳定在 0℃以下

E．日平均气温连续 2d 稳定在 5℃以下

【答案】

一、单项选择题

1．B；　2．C；　3．B；　4．D；　5．A；　6．D；　7．A；　8．A；
9．B；　10．C；　11．C；　12．A；　13．B；　14．C；　15．D；　16．A；
17．A；　18．A；　19．D；　20．A；　21．D；　22．D；　23．D；　24．B；
25．D；　26．D；　27．B；　28．D；　29．A；　30．C

二、多项选择题

1．A、B、D、E；　　2．A、B、C、D；　　3．A、B、C、D；　　4．A、B；
5．C、D、E；　　　6．A、B、C；　　　　7．A、B、C、E；　　8．A、B；
9．A、B、D；　　　10．A、C、E；　　　11．B、C、D、E；　　12．A、C、D、E；
13．A、B、C、E；　14．A、B、C；　　　15．B、C、D、E；　　16．A、B、E；
17．A、B、C、D；　18．A、B、C；　　　19．A、C、D、E；　　20．A、B、C、D；
21．A、B、C、E；　22．A、C；　　　　23．B、C；　　　　　24．C、D；
25．A、B、C；　　26．C、D、E；　　　27．B、C、D；　　　28．A、C

9.3　建设项目管理有关要求

复习要点

1．建设项目管理专项制度

2. 病险水工建筑物除险加固工程的建设要求
3. 水利工程建设稽察、决算及审计的内容
4. 工地创建活动

一、单项选择题

1. 根据《水利部关于印发水利工程建设项目代建制管理指导意见的通知》(水建管〔2015〕91号)，实行代建制管理的方案应在（　　）中提出。
   A. 项目建议书　　　　　　B. 可行性研究报告
   C. 初步设计报告　　　　　D. 工程开工申请报告

2. 水利工程建设项目项目法人组建方案应在（　　）中明确。
   A. 项目建议书　　　　　　B. 可行性研究报告
   C. 初步设计报告　　　　　D. 工程开工申请报告

3. 实际抗御洪水标准低于水利部颁布的水利枢纽工程除险加固近期非常运用洪水标准的大坝可鉴定为（　　）。
   A. 险坝　　　　　　　　　B. 一类坝
   C. 二类坝　　　　　　　　D. 三类坝

4. 水库蓄水安全鉴定工作的范围重点为（　　）。
   A. 大坝　　　　　　　　　B. 溢洪道
   C. 输水洞　　　　　　　　D. 与防洪相关的金属结构及电气设备

5. 按照《水库大坝安全鉴定办法》，病险水库是指大坝通过规定程序确定为（　　）类坝的水库。
   A. 一　　　　　　　　　　B. 二
   C. 三　　　　　　　　　　D. 四

6. 工程存在较严重安全隐患，不能按设计正常运行的大坝可鉴定为（　　）类坝。
   A. 一　　　　　　　　　　B. 二
   C. 三　　　　　　　　　　D. 四

7. 大坝首次安全鉴定应在竣工验收后（　　）年内进行。
   A. 3　　　　　　　　　　 B. 4
   C. 5　　　　　　　　　　 D. 6

8. 按照建设运行管理一体化原则组建项目法人应当（　　）。
   A. 考虑　　　　　　　　　B. 积极推行
   C. 审慎　　　　　　　　　D. 遵循

9. 蓄水安全鉴定应由（　　）组织。
   A. 水行政主管部门　　　　B. 质量监督部门
   C. 项目法人　　　　　　　D. 流域机构

10. 依法实行建设监理的水利工程建设项目总投资额一般为（　　）万元以上。
    A. 200　　　　　　　　　B. 300
    C. 400　　　　　　　　　D. 500

11. 由社会资本方组建项目法人的，其组建方案须获得（　　）同意。
    A. 水利部　　　　　　　　　B. 省级水行政主管部门
    C. 地市级水行政主管部门　　D. 地县级以上人民政府

12. 根据《水利工程建设项目法人管理指导意见》，中型水利工程项目法人总人数一般按照不少于（　　）人配备。
    A. 6　　　　　　　　　　　B. 12
    C. 18　　　　　　　　　　 D. 30

13. 政府出资的水利工程建设项目项目法人由（　　）负责组建。
    A. 水利部　　　　　　　　　B. 省级水行政主管部门
    C. 地市级水行政主管部门　　D. 地县级以上人民政府

14. 水利工程建设项目项目法人可以通过（　　）组建。
    A. 招标　　　　　　　　　　B. 委托
    C. 政府采购　　　　　　　　D. 法定部门

15. 水利工程项目建设"三项制度"不包括（　　）。
    A. 竣工验收制　　　　　　　B. 项目法人责任制
    C. 招标投标制　　　　　　　D. 建设监理制

16. 实施代建的水利工程建设项目，代建单位通过（　　）选择。
    A. 招标　　　　　　　　　　B. 招标或其他方式
    C. 政府采购　　　　　　　　D. 指定

17. 发生的较大以上质量责任事故的单位不得承担项目代建业务，发生期限是指（　　）。
    A. 近3年　　　　　　　　　B. 近4年
    C. 近5年　　　　　　　　　D. 近6年

18. 水利工程建设项目实行代建制管理的主要目的是（　　）。
    A. 节约工程建设单位管理费
    B. 实现专业化的项目管理
    C. 有利于建设"三大目标"的实现
    D. 减轻行政管理压力

19. 代建单位的代建管理费要与（　　）挂钩。
    A. 代建单位施工现场人员数量　　B. 代建绩效
    C. 代建单位的投入　　　　　　　D. 建设单位管理费

20. 政府和社会资本合作，简称（　　）。
    A. EPC　　　　　　　　　　B. DBB
    C. PMC　　　　　　　　　　D. PPP

21. 水闸首次安全鉴定应在竣工验收后（　　）内进行。
    A. 3年　　　　　　　　　　B. 4年
    C. 5年　　　　　　　　　　D. 需要时

22. 水闸安全类别划分为（　　）类。
    A. 三　　　　　　　　　　　B. 四

C．五　　　　　　　　　　　D．六

23. 三类水闸是指（　　）。
    A．工程无影响正常运行的缺陷　　B．工程存在一定损坏
    C．工程存在严重损坏　　　　　　D．工程存在严重安全问题

24. 应按有关规定和规范适时进行单项安全鉴定，是指工程（　　）。
    A．达到折旧年限　　　　　　　　B．达到使用年限
    C．达到维护年限　　　　　　　　D．达到保修年限

25. 二类坝的工况是指（　　）。
    A．能按设计正常运行　　　　　　B．不能按设计正常运行的大坝
    C．工程存在较严重安全隐患　　　D．在一定控制运用条件下能安全运行

26. 水利基本建设项目资产形成、资产移交和投资核销的依据是（　　）。
    A．设计概算　　　　　　　　　　B．工程预算
    C．竣工决算　　　　　　　　　　D．竣工财务决算

27. 项目法人的法定代表人对竣工决算的真实性及（　　）负责。
    A．规范性　　　　　　　　　　　B．程序性
    C．时效性　　　　　　　　　　　D．完整性

28. 纳入竣工财务决算的尾工工程投资及预留费用，大中型项目应控制在总概算的（　　）以内。
    A．3%　　　　　　　　　　　　　B．4%
    C．5%　　　　　　　　　　　　　D．6%

29. 纳入竣工财务决算的尾工工程投资及预留费用，小型项目应控制在总概算的（　　）以内。
    A．3%　　　　　　　　　　　　　B．4%
    C．5%　　　　　　　　　　　　　D．6%

30. 工程竣工财务决算由（　　）组织编制。
    A．项目法人　　　　　　　　　　B．监理单位
    C．施工单位　　　　　　　　　　D．代理记账单位

31. BOT是指（　　）。
    A．建设—移交　　　　　　　　　B．移交—运营—移交
    C．建设—拥有—运营　　　　　　D．建设—运营—移交

32. BOOT是指（　　）。
    A．建设—运营—拥有—移交　　　B．移交—建设—拥有—运营
    C．建设—拥有—运营—移交　　　D．移交—拥有—建设—运营

33. BOO是指（　　）。
    A．建设—拥有—运营　　　　　　B．建设—移交
    C．移交—运营—移交　　　　　　D．移交—建设—运营

34. PPP项目移交过渡期为（　　）个月。
    A．3　　　　　　　　　　　　　　B．6
    C．9　　　　　　　　　　　　　　D．12

35. 稽察专家分为（　　）个专业。
    A. 3   B. 4
    C. 5   D. 6

36. 稽察回头看问题整改判定标准分为（　　）类。
    A. 3   B. 4
    C. 5   D. 6

37. 应由省级人民政府或其授权部门组建项目法人的新建水库库容为（　　）亿 m^3 以上。
    A. 1   B. 5
    C. 8   D. 10

38. 项目法人技术负责人应具备专业高级职称的水库工程是指大坝坝高大于（　　）m。
    A. 30   B. 50
    C. 70   D. 90

39. 稽察发现的问题性质可分为（　　）类。
    A. 三   B. 四
    C. 五   D. 六

40. 稽察发现违反强制性条文的问题，应认定问题性质为（　　）。
    A. 特别严重   B. 严重
    C. 较严重   D. 一般

41. 稽察发现的问题未整改完成前，应当每（　　）向水利部监督司报送整改台账。
    A. 季度末   B. 半年
    C. 月末   D. 半个月

42. 稽察发现问题的责任追究对象分为（　　）种。
    A. 二   B. 三
    C. 四   D. 五

43. 大中型工程类竣工财务决算报表包括（　　）张表格。
    A. 6   B. 7
    C. 8   D. 9

44. 小型工程类竣工财务决算报表至少包括（　　）张表格。
    A. 6   B. 7
    C. 8   D. 9

45. 竣工财务决算编制工作可分为（　　）个阶段。
    A. 二   B. 三
    C. 四   D. 五

46. 项目法人和相关单位收到审计结论后，应在（　　）个工作日内报送审计整改报告。
    A. 10   B. 30

C. 40　　　　　　　　　　　　D. 60

47. 下列关于水利工程基本建设项目审计的说法，正确的是（　　）。
   A. 开工审计必须在项目主体工程开工前进行
   B. 建设期间审计可根据项目性质、规模和建设管理的需要进行
   C. 竣工决算审计必须在项目正式竣工验收之后进行
   D. 竣工决算审计结论应直接下达项目所属人民政府，由其转至项目法人

48. 下列不是竣工决算审计内容的是（　　）。
   A. 建设管理体制审计　　　　B. 预留费用审计
   C. 建设监理审计　　　　　　D. 投标单位合法性审计

49. 竣工决算审计是对项目竣工决算的真实性、合法性和（　　）进行的评价。
   A. 规范性　　　　　　　　　B. 程序性
   C. 时效性　　　　　　　　　D. 效益性

50. 收到审计决定后，整改工作应当在（　　）个工作日内完成。
   A. 30　　　　　　　　　　　B. 40
   C. 50　　　　　　　　　　　D. 60

51. 水利建设市场主体信用信息中的基本信息不包括（　　）。
   A. 资质　　　　　　　　　　B. 注册登记
   C. 业绩　　　　　　　　　　D. 财务状况

52. 水利建设市场主体信用信息中的不良行为记录信息不包括来源于（　　）的处理决定。
   A. 县级以上人民政府　　　　B. 水行政主管部门
   C. 流域管理机构　　　　　　D. 行业协会

53. 水利建设市场主体不良行为记录信息实行（　　）制度。
   A. 内部通知　　　　　　　　B. 公开
   C. 会议通报　　　　　　　　D. 公示

54. 水利建设市场主体基本信息公开时间为（　　）。
   A. 长期　　　　　　　　　　B. 3 年
   C. 短期　　　　　　　　　　D. 6 个月

55. 水利建设市场主体良好行为信息公开期限为（　　）个月。
   A. 3　　　　　　　　　　　 B. 6
   C. 9　　　　　　　　　　　 D. 12

56. 水利建设市场主体一般不良行为信息公开期限为（　　）个月。
   A. 3　　　　　　　　　　　 B. 6
   C. 9　　　　　　　　　　　 D. 12

57. 水利建设市场主体较重不良行为信息公开期限为（　　）个月。
   A. 3~9　　　　　　　　　　B. 6~12
   C. 12~24　　　　　　　　　D. 24~30

58. 水利建设市场主体严重不良行为信息公开期限为（　　）个月。
   A. 6~12　　　　　　　　　 B. 12~18

C. 18～24 D. 12～36

59. 水利建设市场主体信用等级分为（　　）。
   A. 三等四级 B. 三等五级
   C. 五等三级 D. 五等四级

60. 水利建设市场主体信用等级评分为 85 分的属于（　　）。
   A. AAA B. AA
   C. A D. BBB

61. 水利建设市场主体信用等级为 C 的意味着（　　）。
   A. 诚信 B. 守信
   C. 信用较差 D. 信用一般

62. 水利建设市场主体信用等级为 B 意味着（　　）。
   A. 诚信 B. 守信
   C. 信用较差 D. 信用一般

63. 信用评价工作原则上每年开展（　　）次。
   A. 4 B. 3
   C. 2 D. 1

64. 信用评价结果进行公示，接受社会监督，公示期为（　　）个工作日。
   A. 5 B. 7
   C. 10 D. 14

65. 水利建设市场主体信用等级有效期为（　　）年。
   A. 2 B. 3
   C. 4 D. 5

66. 水利建设市场主体取得信用等级满（　　）年后，可申请信用等级升级。
   A. 1 B. 2
   C. 3 D. 4

67. 不良行为记录信息分为（　　）种。
   A. 1 B. 2
   C. 3 D. 4

68. 一般不良行为记录信息自公开之日起（　　）个月后，可申请信用修复。
   A. 3 B. 6
   C. 9 D. 12

69. 较重不良行为记录信息自公开之日起（　　）个月后，可申请信用修复。
   A. 3 B. 6
   C. 9 D. 12

70. "重点关注名单"公开期限为自被认定之日起（　　）个月。
   A. 6～12 B. 12～18
   C. 18～24 D. 12～24

71. "黑名单"公开期限为自被认定之日起（　　）个月。
   A. 6～12 B. 12～18

C. 12~24　　　　　　　　　D. 12~36

72. 水利建设市场主体不良行为记录信息实行量化计分管理，最高扣分为（　　）。
    A. 2分/次　　　　　　　　B. 4分/次
    C. 6分/次　　　　　　　　D. 8分/次

73. 水利建设市场主体不良行为记录信息实行量化计分管理，最低扣分为（　　）。
    A. 0.2分/次　　　　　　　B. 1分/次
    C. 1.5分/次　　　　　　　D. 2分/次

74. 市场主体不良行为记录信息实行量化计分管理，扣分最高行为是（　　）。
    A. 停工整改　　　　　　　B. 通报批评
    C. 行政警告　　　　　　　D. 行政罚款

75. 市场主体不良行为记录信息实行量化计分管理，扣分最低行为是（　　）。
    A. 通报批评　　　　　　　B. 约谈
    C. 行政警告　　　　　　　D. 责令整改

76. 水利建设工程文明工地每（　　）年通报一次。
    A. 1　　　　　　　　　　B. 2
    C. 3　　　　　　　　　　D. 适时

77. 水利建设工地文明工地申报条件之一是全部建筑安装工程量完成（　　）及以上。
    A. 50%　　　　　　　　　B. 40%
    C. 30%　　　　　　　　　D. 20%

78. 水利建设工地文明工地申报条件之一是开展文明工地创建活动（　　）个月以上。
    A. 3　　　　　　　　　　B. 6
    C. 9　　　　　　　　　　D. 12

79. 根据《水利水电工程施工项目经理评价规程》T/CWEC 23—2021，评价后的项目经理分（　　）个等级。
    A. 2　　　　　　　　　　B. 3
    C. 4　　　　　　　　　　D. 5

80. 根据《水利水电工程施工项目经理评价规程》T/CWEC 23—2021，工作业绩是指近（　　）年完成的项目。
    A. 2　　　　　　　　　　B. 3
    C. 4　　　　　　　　　　D. 5

二　多项选择题

1. 水利工程基本建设项目审计按建设管理过程分为（　　）。
    A. 开工审计　　　　　　　B. 工程预算审计
    C. 财务决算审计　　　　　D. 建设期间审计
    E. 竣工决算审计

2. 竣工审计的内容包括（　　）。
   A．基本建设支出审计　　　B．工程预算审计
   C．未完工程投资审计　　　D．交付使用资产审计
   E．合同管理审计
3. 建设各方对蓄水安全鉴定报告有重大分歧意见的，应形成书面意见送鉴定单位，并抄报（　　）。
   A．质量监督部门　　　　　B．工程验收主持单位
   C．县级以上人民政府　　　D．水利部水利工程建设司
   E．各参建单位
4. 竣工决算审计程序包括的阶段有（　　）。
   A．准备阶段　　　　　　　B．实施阶段
   C．报告阶段　　　　　　　D．检查阶段
   E．终结阶段
5. 下列关于项目法人管理说法正确的有（　　）。
   A．水行政部门不可以直接履行项目法人职责
   B．可以设立专职项目法人机构
   C．除险加固工程可以建设运行管理一体化
   D．项目法人对工程建设负首要责任
   E．监理单位组织施工图审查，项目法人监督
6. 审计时，对实物进行核对的方法有（　　）。
   A．盘点法　　　　　　　　B．调节法
   C．调配法　　　　　　　　D．核对法
   E．鉴定法
7. 下列可作为蓄水安全鉴定依据的有（　　）。
   A．初步设计报告　　　　　B．设计变更文件
   C．监理签发的技术文件　　D．合同规定的质量标准
   E．监理日志
8. 大坝安全鉴定基本程序包括（　　）。
   A．建设单位自检
   B．提出大坝安全评价报告
   C．审查大坝安全评价报告，通过大坝安全鉴定报告书
   D．审定并印发大坝安全鉴定报告书
   E．水行政主管部门核查
9. 水库运行中，应组织专门安全鉴定的情况是指（　　）。
   A．遭遇特大洪水　　　　　B．遭遇强烈地震
   C．工程发生一般事故　　　D．工程发生重大事故
   E．出现影响安全的异常现象
10. 建设项目管理"三项制度"是指（　　）。
    A．项目法人责任制　　　　B．招标投标制

C．建设监理制 D．合同管理制
E．施工承包制

11．水利建设项目稽察发现的问题性质分为（ ）。
   A．特别严重 B．严重
   C．较重 D．一般
   E．较轻

12．建设监理对工程建设实行的管理的依据为（ ）。
   A．国家有关工程建设的法律、法规
   B．批准的项目建设文件
   C．工程建设合同
   D．工程建设监理合同
   E．建设项目法人的经济技术要求

13．大坝安全评价应包括的内容有（ ）。
   A．工程质量评价 B．运行管理评价
   C．防洪标准复核 D．历次险情分析
   E．渗流安全评价

14．不得纳入PPP项目库的项目有（ ）。
   A．项目合作期低于10年 B．项目没有现金流
   C．项目合作方为私营资本 D．项目存在保底承诺
   E．项目存在回购安排

15．下列关于项目法人主要职责的说法，正确的有（ ）。
   A．协助水行政主管部门办理工程质量、安全监督手续
   B．负责办理开工备案手续
   C．参与做好征地拆迁、移民安置工作
   D．参与施工图设计审查工作
   E．负责工程档案资料的管理

16．实施代建的水利工程建设项目，代建单位对（ ）负责。
   A．工程资金 B．工程质量
   C．工程进度 D．工程安全
   E．工程廉洁

17．PPP项目，可以采用的建设经营模式有（ ）。
   A．BOT B．BOOT
   C．BOO D．BBT
   E．TOT

18．组织专门的安全鉴定，是指水工建筑物运行中遭遇（ ）。
   A．特大洪水 B．强烈地震
   C．校核工况 D．特大旱情
   E．工程发生重大事故

19．竣工决算报表包括（ ）。

A．竣工项目概况表 B．投资分析表
C．竣工项目预算表 D．竣工项目成本表
E．竣工项目待核销基建支出表

20．审计时，审查书面资料的技术有（   ）。
A．核对法 B．详查法
C．审阅法 D．复算法
E．比较法

21．关于PPP项目合作方式，综合利用水利枢纽可以分割成（   ）模块。
A．防洪 B．除涝
C．供水 D．公益性
E．经营性

22．竣工决算审计是建设项目（   ）的重要依据。
A．竣工结算调整 B．竣工验收
C．竣工财务决算审批 D．法定代表人任期经济责任评价
E．竣工奖励

23．关于PPP项目合作方式，供水、灌溉类项目可采取（   ）模式。
A．使用者付费
B．使用者付费＋可行性缺口补贴
C．先使用者付费＋可行性缺口补贴，过渡到使用者付费
D．政府保底承诺
E．亏本时，政府回购

24．PPP项目实施方案报地方政府或经授权的主管部门审核审批，应开展（   ）。
A．物有所值评价 B．履约担保分析
C．财政承受能力论证 D．融资方案分析
E．合作期限分析

25．签订PPP项目合同前，应对项目可能产生的（   ）进行论证。
A．政策风险 B．商业风险
C．环境风险 D．安全风险
E．法律风险

26．水利稽察方式包括（   ）。
A．项目稽察 B．回头看
C．接受举报 D．立案调查
E．隔离审查

27．属于稽察组成员的有（   ）。
A．稽察组长 B．专家组长
C．技术组长 D．管理组长
E．安全组长

28．需要在稽察报告签字的有（   ）。
A．稽察组长 B．专家组长

C. 稽察助理 D. 稽察专家
E. 被稽察单位负责人

29. 稽察现场检查可以采取的方式有（　　）。
    A. 明查 B. 暗访暗查
    C. 举报 D. 投诉
    E. "明查"与"暗访暗查"相结合

30. 回头看问题整改判定标准原则上分为（　　）。
    A. 已整改 B. 基本整改
    C. 部分整改 D. 正在整改
    E. 未整改

31. 稽查责任单位追究包括（　　）。
    A. 直接责任单位 B. 间接责任单位
    C. 监督责任单位 D. 连带责任单位
    E. 主管责任单位

32. 竣工财务决算按项目性质划分为（　　）竣工财务决算。
    A. 工程类项目 B. 科学研究类项目
    C. "三新"类项目 D. 非工程类项目
    E. 项目管理类费用

33. 水利建设市场主体信用信息分为（　　）。
    A. 基本信息 B. 合格行为记录信息
    C. 良好行为记录信息 D. 不良行为记录信息
    E. 严重不良行为记录信息

34. 不良行为记录信息来源于（　　）。
    A. 行政主管部门的责任追究 B. 行政主管部门的行政处罚
    C. 司法判决 D. 有关社会团体的处罚决定
    E. 社会媒介

35. 不良行为记录信息分为（　　）。
    A. 一般 B. 较重
    C. 严重 D. 特别严重
    E. 重大

36. 较重不良行为记录信息是指行政机关的做出的（　　）处罚。
    A. 警告 B. 责令整改
    C. 通报批评 D. 罚款
    E. 没收非法财物

37. 不良行为记录信息公开期满后，转入后台长期保存，确保信息（　　）。
    A. 可查 B. 责令整改可核
    C. 可溯 D. 可异议
    E. 可撤销

38. 水利建设市场主体可申请信用修复的信息是指（　　）。

A. 基本信息 B. 良好信息
C. 一般不良行为记录信息 D. 较重不良行为记录信息
E. 严重不良行为记录信息

39. 列入"重点关注名单"，是指市场主体存在较重不良行为并符合（   ）情形之一的。

A. 信用评价等级为 C 级 B. 隐瞒质量问题
C. 隐瞒安全生产问题 D. 隐瞒合同问题
E. 1 年内不良行为记录累计扣分达到 8 分

40. 列入"黑名单"，是指市场主体存在严重不良行为并符合（   ）情形之一的。

A. 恶意拖欠承包人项目款 B. 弄虚作假，提供虚假材料
C. 存在挂证行为 D. 严重质量缺陷问题举报调查属实
E. 1 年内不良行为记录累计扣分达到 20 分

41. 对列入"重点关注名单"的建设市场主体，在公开期限内，采取（   ）等严格监管措施。

A. 在资质管理中，限制享受"绿色通道"便利服务
B. 在资质管理中，限制享受"告知承诺"便利服务
C. 提出依法限制取得相关资质建议
D. 依法限制参与招标投标活动
E. 适度增加行政监督检查频次

42. 对列入"黑名单"的建设市场主体，在公开期限内，采取（   ）等严格监管措施。

A. 在资质管理中，限制享受"绿色通道"
B. 在资质管理中，限制享受"告知承诺"
C. 提出依法限制取得相关资质建议
D. 依法限制参与招标投标活动
E. 适度增加行政监督检查频次

43. 对列入"黑名单"的建设市场主体，在公开期限内，采取（   ）等惩戒措施。

A. 不得申请信用修复
B. 不再进行不良行为记录量化计分
C. 2 年内不得参加水利行业信用评价
D. 实际控制人 3 年内不得参加水利行业各类评优表彰活动
E. 适度增加行政监督检查频次

44. 对信用状况良好且连续 3 年无不良行为记录的市场主体，可享受（   ）激励或褒扬措施。

A. 在行政许可中，"容缺受理"
B. 不再进行不良行为记录量化计分
C. 在资质管理中，"绿色通道"便利服务
D. 可以不提交投标保证金
E. 适度减少行政监督检查频次

45. 获得文明工地的，可作为单位参加（　　）评审的重要参考。
   A. 水利建设市场主体信用　　B. 鲁班奖
   C. 中国水利工程优质（大禹）奖　　D. 投标
   E. 水利安全生产标准化

46. 申报"文明工地"不得存在（　　）的情形。
   A. 发生合同纠纷　　B. 被水行政主管部门通报批评
   C. 发生质量事故　　D. 干部职工受到党纪、政纪处分
   E. 未达到水利安全生产标准化

47. 文明工地创建标准有（　　）。
   A. 体制机制健全　　B. 质量管理到位
   C. 合同管理严格　　D. 环境和谐有序
   E. 文明风尚良好

48. 根据《水利水电工程施工项目经理评价规程》T/CWEC 23—2021，参加项目经理评价的基本条件有（　　）。
   A. 近3年承担的项目未发生等级以上质量事故
   B. 近2年承担的项目未发生等级以上生产安全责任事故
   C. 近3年承担的项目具有良好的经济效益和社会效益
   D. 近2年承担的项目未发生等级以上环境污染事故
   E. 近3年承担的项目全部验收合格

49. 根据《水利水电工程施工项目经理评价规程》T/CWEC 23—2021，评价指标包括（　　）。
   A. 资格资历　　B. 工作业绩
   C. 信用记录　　D. 荣誉奖励
   E. 安全生产

50. 根据《水利水电工程施工项目经理评价规程》T/CWEC 23—2021，项目经理工作经历可以计分的有（　　）。
   A. 取得建造师注册证书并担任项目经理满10年
   B. 取得建造师注册证书并担任项目经理满5年
   C. 取得建造师注册证书并担任项目经理满3年
   D. 取得建造师注册证书并担任项目经理满2年
   E. 取得建造师注册证书并担任项目经理满1年

51. 根据《水利水电工程施工项目经理评价规程》T/CWEC 23—2021，项目经理依据评价综合得分确定（　　）。
   A. 分值95分及以上为AA级
   B. 分值90分及以上为A级
   C. 分值80~90分（不含90分）为B级
   D. 分值70~80分（不含80分）为C级
   E. 分值60~70分（不含70分）为D级

【答案】

一、单项选择题

1. B; 2. B; 3. D; 4. A; 5. C; 6. C; 7. C; 8. B;
9. C; 10. A; 11. D; 12. B; 13. D; 14. D; 15. A; 16. B;
17. A; 18. B; 19. B; 20. D; 21. C; 22. B; 23. C; 24. A;
25. D; 26. D; 27. D; 28. A; 29. C; 30. A; 31. D; 32. C;
33. A; 34. D; 35. D; 36. A; 37. D; 38. C; 39. A; 40. B;
41. A; 42. A; 43. D; 44. B; 45. B; 46. D; 47. B; 48. D;
49. D; 50. D; 51. D; 52. D; 53. D; 54. A; 55. D; 56. D;
57. C; 58. D; 59. B; 60. B; 61. C; 62. B; 63. D; 64. B;
65. B; 66. A; 67. C; 68. A; 69. B; 70. D; 71. D; 72. D;
73. A; 74. A; 75. D; 76. A; 77. D; 78. B; 79. B; 80. D

二、多项选择题

1. A、D、E; 2. A、C、D、E; 3. A、B; 4. A、B、C、E;
5. A、B、C、D; 6. A、B、E; 7. A、B、D; 8. B、C、D;
9. A、B、D; 10. A、B、C; 11. B、C、D; 12. A、B、C、D;
13. A、B、C、E; 14. A、B、D、E; 15. B、C、D; 16. A、B、C、D;
17. A、B、C、E; 18. A、B、E; 19. A、B、D、E; 20. C、D、E;
21. D、E; 22. A、B、C、D; 23. A、B、C; 24. A、C;
25. A、B、C、E; 26. A、B; 27. A、B; 28. A、B、C、D;
29. A、B; 30. A、D、E; 31. A、D、E; 32. A、D;
33. A、C、D; 34. A、B、C; 35. A、B、C; 36. A、D、E;
37. A、B、C; 38. C、D; 39. A、B、C、D; 40. A、B、E;
41. A、B、E; 42. C、D; 43. A、B、D; 44. A、C、E;
45. A、C、E; 46. B、D; 47. A、B、D、E; 48. A、C;
49. A、B、C; 50. A、B、C; 51. B、C、D

9.4 建设监理

复习要点

1. 水利工程施工监理的工作方法和制度
2. 水利工程施工监理工作的主要内容
3. 水力发电工程监理质量控制的内容
4. 水力发电工程监理合同费用控制的内容
5. 注意水利工程施工监理与水力发电工程施工监理的要求有所不同
6. 水土保持工程施工监理不分水利工程与水力发电工程等专业，要求是一致的
7. 水土保持工程监理部分要求源自《水土保持工程施工监理规范》SL 523—2011

一、单项选择题

1. 根据《水利工程施工监理规范》SL 288—2014，水利工程建设项目施工监理的主要工作方法，不包括（　　）。
   A．现场记录　　　　　　B．指令文件
   C．平行检验　　　　　　D．培训施工人员

2. 在承包人自行检测的同时，监理机构独立进行检测，以核验承包人检测结果的工作方法是（　　）。
   A．跟踪检测　　　　　　B．平行检测
   C．巡视检验　　　　　　D．旁站监理

3. 根据《水利工程建设监理单位资质管理办法》，水利工程建设监理单位资质分为（　　）个专业。
   A．2　　　　　　　　　B．3
   C．4　　　　　　　　　D．5

4. 在施工准备阶段，水利工程建设项目施工监理工作的基本内容是（　　）。
   A．检查开工前由发包人提供的施工条件和承包人的施工准备情况
   B．复核发包人提供的测量基准点，签发进场通知、审批开工申请
   C．协助发包人编制年、月的合同付款计划，审批承包人提交的资金流计划
   D．协助发包人编制控制性总进度计划，审批承包人提交的施工进度计划

5. 检查由发包人提供的道路、供电、供水、通信等条件的完成情况是施工监理（　　）阶段的工作内容。
   A．施工准备　　　　　　B．施工计划
   C．施工实施　　　　　　D．质量控制

6. 监理机构对承包人检验结果的平行检测的检测数量，混凝土试样不应少于承包人检测数量的（　　）。
   A．1%　　　　　　　　B．1.5%
   C．2%　　　　　　　　D．3%

7. 监理机构对承包人检验结果的平行检测的检测数量，土方试样不应少于承包人检测数量的（　　）。
   A．2%　　　　　　　　B．3%
   C．4%　　　　　　　　D．5%

8. 监理机构对承包人检验结果的跟踪检测的检测数量，混凝土试样不应少于承包人检测数量的（　　）。
   A．6%　　　　　　　　B．7%
   C．8%　　　　　　　　D．10%

9. 监理机构对承包人检验结果的跟踪检测的检测数量，土方试样不应少于承包人检测数量的（　　）。
   A．6%　　　　　　　　B．8%

C．10% D．12%

10．下列关于水利工程建设项目工程质量报验制度的说法，正确的是（ ）。
   A．自检后，方可报监理单位复核检验
   B．自检合格后，方可报监理单位复核检验
   C．上一单元工程自检合格后，可以进行下一个单元工程施工
   D．自检不合格的单元工程不可以进行下一单元工程的施工

11．签发进场通知、审批开工申请是施工监理（ ）阶段的工作内容。
   A．施工准备 B．施工计划
   C．施工实施 D．项目审批

12．监理人员分类不包括（ ）。
   A．总监理工程师 B．副总监理工程师
   C．监理工程师 D．监理员

13．淤地坝中的骨干坝建设监理，应当由具备（ ）专业资质的监理单位承担。
   A．水利工程施工监理
   B．水利工程施工监理和乙级以上水土保持工程施工监理
   C．水利工程施工监理和丙级以上水土保持工程施工监理
   D．水土保持工程施工监理和建设环境保护监理

14．两个以上具备承担招标项目相应能力的监理单位组成一个联合体，联合体的资质等级应以（ ）确定。
   A．资质等级较低的监理单位
   B．资质等级较高的监理单位
   C．与监理业务关系较大的监理单位
   D．资质等级较低的监理单位提高一级

15．根据《监理工程师职业资格制度规定》，工程建设监理分为（ ）个专业。
   A．2 B．3
   C．4 D．5

16．根据《监理工程师职业资格制度规定》，监理工程师可受聘于（ ）个单位进行执业。
   A．1 B．2
   C．3 D．4

17．根据《监理工程师职业资格制度规定》，监理工程师专业类别中不包括（ ）。
   A．机电工程 B．土木建筑工程
   C．交通运输工程 D．水利工程

18．水利工程施工中，后续单元工程凭（ ）方可开工。
   A．分部工程开工申请获批
   B．监理机构签发的上一单元工程施工质量合格证明
   C．上一单元工程自检合格证明
   D．质量监督部门签发的上一单元工程施工质量合格证明

19．水土保持监理应对淤地坝工程的隐蔽工程、关键工序进行（ ）。

A．平行检测 B．现场记录
C．见证取样 D．旁站监理

20．水土保持监理应对小型水利水保工程进行（　　）。
A．平行检测 B．现场记录
C．见证取样 D．巡视检验

21．水利工程施工监理分（　　）个专业。
A．2 B．3
C．4 D．5

22．机电及金属结构设备制造监理分（　　）个专业。
A．2 B．3
C．4 D．5

23．水利工程建设环境保护监理分（　　）个专业。
A．1 B．2
C．3 D．4

24．水土保持工程施工监理分（　　）个专业。
A．1 B．2
C．3 D．4

25．监理人员分为（　　）级。
A．1 B．2
C．3 D．4

26．国家将监理工程师分为（　　）个专业类别。
A．1 B．2
C．3 D．4

27．工程项目划分及开工申报是施工监理（　　）的基本内容。
A．工程费用控制 B．工程进度控制
C．合同商务管理 D．工程质量控制

28．水力发电工程的工程项目划分一般分为（　　）级。
A．2 B．3
C．4 D．5

29．水力发电工程施工中，承建单位开工前应向监理机构报送施工组织设计的是（　　）。
A．单位工程 B．分部工程
C．分项工程 D．单元工程

30．水力发电工程工程质量检验程序一般分为（　　）级。
A．2 B．3
C．4 D．5

31．施工进度计划的编制单位是（　　）。
A．建设单位 B．设计单位
C．监理单位 D．承建单位

32. 工程价款支付一般按（　　）进行。
    A. 月　　　　　　　　　　B. 季度
    C. 半年　　　　　　　　　D. 年
33. 工程变更支付的方式为（　　）。
    A. 随计日工支付　　　　　B. 预付款支付
    C. 随工程价款支付　　　　D. 最终决算支付
34. 最后一笔保留金的支付时间是（　　）。
    A. 合同项目完工并终止后
    B. 合同项目完工并签发工程移交证书之后
    C. 工程缺陷责任期满之后
    D. 最终决算
35. 保留金一般分（　　）次支付。
    A. 1　　　　　　　　　　 B. 2
    C. 3　　　　　　　　　　 D. 4
36. 不合格单元工程必须经返工或补工合格并取得（　　）认证后，方准予进入下道工序或后序单元工程开工。
    A. 项目法人　　　　　　　B. 质监机构
    C. 水行政主管部门　　　　D. 监理工程师
37. 在水力发电工程中，下列关于工程变更、合同索赔的说法，错误的是（　　）。
    A. 工程变更指令由业主或业主授权监理发出
    B. 监理机构可以拒绝或同意合同索赔的全部或部分要求
    C. 设计单位可以提出要求或建议
    D. 索赔争议仲裁、调解过程中，合同双方应停止工程承建合同文件规定的义务和责任
38. 工程变更指令一般由（　　）审查、批准后发出。
    A. 业主或业主授权监理机构　B. 设计单位
    C. 质量监督机构　　　　　　D. 承建单位
39. 在业主和工程承建合同文件授权的范围内，对工程分包进行审查的单位是（　　）。
    A. 承建单位的主管部门　　　B. 建设单位
    C. 质量监督机构　　　　　　D. 监理机构
40. 分包项目的施工措施计划必须报（　　）。
    A. 总承包单位　　　　　　　B. 建设单位
    C. 质量监督机构　　　　　　D. 监理机构
41. 工程价款支付属合同履行过程的（　　）。
    A. 最终支付　　　　　　　　B. 中期支付
    C. 计日工支付　　　　　　　D. 预付款支付
42. 监理单位与承建单位的关系是（　　）。
    A. 合同委托与被委托的关系　B. 协作、配合的关系

C．监理与被监理的关系　　D．委托与被委托的关系

43．监理单位与设计单位的关系是（　　）。

A．合同委托与被委托的关系　　B．协作、配合的关系

C．监理与被监理的关系　　D．委托与被委托的关系

44．监理单位与业主（项目法人）的关系是（　　）。

A．合同委托与被委托的关系　　B．协作、配合的关系

C．监理与被监理的关系　　D．委托与被委托的关系

45．监理机构对承包人检验结果的平行检测的检测数量，重要部位每种强度等级的混凝土最少取样（　　）组。

A．1　　B．2

C．3　　D．4

46．监理机构对承包人检验结果的平行检测的检测数量，重要部位土方试样至少取样（　　）组。

A．1　　B．2

C．3　　D．4

二 多项选择题

1．根据《水利工程建设监理单位资质管理办法》，水利工程建设监理单位资质分为（　　）专业。

A．水利工程施工　　B．水土保持工程施工

C．机电及金属结构设备制造　　D．水利工程建设环境保护

E．机电及金属结构设备安装

2．根据《水利工程施工监理规范》SL 288—2014，水利工程建设项目施工监理的主要工作制度有（　　）。

A．周例会制度　　B．工程计量付款签证制度

C．旁站监理制度　　D．工作报告制度

E．技术文件审核、审批制度

3．根据《水利工程建设监理单位资质管理办法》，水利工程建设监理单位资质等级分甲、乙、丙3级的专业是（　　）。

A．水利工程施工　　B．水土保持工程施工

C．机电及金属结构设备制造　　D．环境保护

E．机电及金属结构设备安装

4．根据《水利工程施工监理规范》SL 288—2014，水利工程建设项目施工监理的主要工作制度有（　　）。

A．技术文件审批制度　　B．平行检测制度

C．工程验收制度　　D．巡视检测制度

E．会议制度

5．水利工程建设项目施工准备工作阶段监理工作的基本内容有（　　）。

A. 检查由发包人提供的首次工程预付款支付情况
B. 检查进场原材料的质量、储存数量
C. 审批工程月进度计划
D. 主持技术交底会,由设计单位进行技术交底
E. 协助发包人编制合同项目的付款计划

6. 水利工程建设项目施工准备工作阶段监理工作的基本内容有(   )。
   A. 审查工程开工的各项条件,审批开工申请
   B. 检查承包人进场施工机械设备的数量与质量
   C. 检查、督促承包人对发包人提供的测量基准点进行复核
   D. 签发施工图纸
   E. 组织进行工程项目划分

7. 水利工程建设项目施工准备工作阶段监理工作的基本内容有(   )。
   A. 检查砂石料系统、混凝土拌合系统
   B. 审查工程开工的各项条件,审批开工申请
   C. 协助发包人编制合同项目的付款计划
   D. 检查按照施工规范要求需进行的各种施工参数的试验情况
   E. 审批承包人编制的施工组织设计

8. 属于水利工程建设项目施工实施阶段监理工作基本内容的是(   )。
   A. 审核承包人开工申请报告
   B. 审核工程价款月结算付款申请
   C. 根据施工合同约定进行价格调整
   D. 组织工程重要隐蔽工程联合验收
   E. 检查由发包人提供的测量基准点的移交情况

9. 水利工程建设项目施工实施阶段监理工作的基本内容包括(   )。
   A. 主持技术交底会,由设计单位进行技术交底
   B. 审查工程开工的各项条件,审批开工申请
   C. 审批工程季度施工进度计划
   D. 主持工程分部工程联合验收
   E. 协助发包人编制合同项目的付款计划

10. 工程施工实施阶段监理工作的基本内容有(   )。
    A. 开工条件的控制   B. 工程质量控制
    C. 工程成本控制   D. 工程进度控制
    E. 施工安全与环境保护

11. 工程施工实施阶段监理进行质量控制的基本内容有(   )。
    A. 工程项目划分   B. 检查施工进场设备
    C. 工程质量检验   D. 工程验收与移交
    E. 质量事故处理

12. 工程施工实施阶段监理进行开工条件控制的基本内容有(   )。
    A. 签发进场通知   B. 检查承包人的质量保证体系

C．审批开工申请　　　　　　D．签发工程开工令
E．签发分部工程开工通知

13．工程施工实施阶段监理进行进度控制的基本内容有（　　）。
A．协助发包人编制控制性总进度计划
B．审批承包人提交的施工进度计划
C．工期的调整
D．实际施工进度的检查与协调
E．施工进度计划的调整

14．工程施工实施阶段监理进行投资控制的基本内容有（　　）。
A．协助发包人编制年、月的合同付款计划
B．审批承包人提交的资金流计划
C．根据市场情况进行价格调整
D．签发最终付款证书
E．审核工程付款申请

15．水利工程建设监理依据工程建设合同，对（　　）进行管理。
A．工程质量　　　　　　　　B．投资控制
C．建设工期　　　　　　　　D．建设程序
E．安全生产

16．下列水利工程建设项目必须实行建设监理制的有（　　）。
A．投资 100 万元的水土保持项目
B．投资 200 万元的排涝站扩建项目
C．投资 300 万元的水资源保护项目
D．使用 150 万元国有资金投资的水利工程建设项目
E．使用 3000 万元外国政府援助资金的水利工程建设项目

17．水利工程施工监理专业乙级资质的监理单位，可以承担监理业务的有（　　）。
A．大（2）型水闸　　　　　　B．装机 150 万 kW 的水电站
C．2 级堤防工程　　　　　　　D．装机流量 300 m^3/s 的泵站
E．库容 6 亿 m^3 的水库

18．水利工程建设监理专业资质等级目前分为三个等级的专业有（　　）。
A．水利工程施工监理　　　　B．水土保持工程施工监理
C．机电及金属结构设备制造监理　D．水利工程建设环境保护监理
E．工程咨询

19．下列关于水利工程监理管理的说法，正确的有（　　）。
A．获得土木建筑工程专业监理工程师资格的，可以从事水利工程监理
B．获得水利工程专业监理工程师资格的，可以从事土木建筑工程监理
C．监理工程师职业资格证书由省级人力资源社会保障行政主管部门颁发
D．执业印章由监理工程师按照统一规定自行制作
E．二级监理工程师仅可以在省级区域内执业

20．总监理工程师不得将（　　）的工作授权给副总监理工程师或监理工程师。

A．主持审核承包人提出的分包项目和分包人

B．主持处理合同违约、变更和索赔等事宜

C．签发监理月报、监理专题报告和监理工作报告

D．审核质量保证体系文件并监督其实施、审批工程质量缺陷的处理方案

E．要求承包人撤换不称职或不宜在本工程工作的现场施工人员或技术、管理人员

21．监理工程师职责有（　　）。

A．编制监理规划　　　　　　B．预审各类付款证书

C．签发监理月报　　　　　　D．审批分部工程开工申请报告

E．编制监理实施细则

22．下列水土保持工程中，应由具有甲级资质的监理单位承担监理业务的有（　　）。

A．含有 50 万 m^3 以上淤地坝的小流域坝系工程

B．含有 100 万 m^3 以上淤地坝的小流域坝系工程

C．水土保持方案概算总投资在 2000 万元以上的开发建设项目

D．水土保持方案概算总投资在 3000 万元以上的开发建设项目

E．含有 50 万 m^3 以上淤地坝且水土保持方案概算总投资在 2000 万元以上的开发建设项目

23．在审核施工单位报送的拟进场的籽种、苗木报审表及质量证明资料时，施工监理应按照有关规范采用（　　）等方式抽检进场的实物。

A．平行检测　　　　　　　　B．现场记录

C．见证取样　　　　　　　　D．巡视检验

E．跟踪检测

24．水土保持工程中可支付的工程量应同时符合（　　）。

A．经监理机构签认，并符合施工合同约定的工程变更项目的工程量

B．经质量检验合格的工程量

C．施工单位实际完成的并按施工合同有关计量规定计量的工程量

D．经设计单位确认的工程量

E．经第三方确认的工程量

25．水土保持监理的主要工作方法包括（　　）。

A．现场记录　　　　　　　　B．巡视检验

C．旁站　　　　　　　　　　D．发布文件

E．协调

26．国家将监理人员分为（　　）专业类别。

A．土木建筑工程　　　　　　B．交通运输工程

C．水力发电工程　　　　　　D．水利工程

E．环境保护工程

27．下列关于工程监理方面的说法，正确的有（　　）。

A．总监理工程师应当具有高级专业技术职称

B．监理工程师职业资格电子证书在全国范围内有效

C．执业印章监理工程师保管

D．注册证书由监理单位保管

E．执业印章由监理工程师按照统一规定自行制作

28．施工监理工程质量控制的基本依据包含（　　）。

A．工程承建合同文件及其技术条件与技术规范

B．国家或国家部门颁发的法律与行政法规

C．经监理机构签发实施的设计图纸与设计技术要求

D．国家或国家部门颁发的技术规程、规范

E．业主制定的质量检验标准及质量检验办法

29．申办下序单元工程的开工签证，承建单位必须凭上序单元工程的（　　）进行申办。

A．开工签证　　　　　　　　B．完工报告

C．施工质量终检合格证　　　　D．质量评定表

E．施工作业措施计划

30．一般情况下，水力发电工程质量检验的分级包括（　　）。

A．设计单元工程　　　　　　B．单位工程

C．分部工程　　　　　　　　D．分项工程

E．单元工程

31．下列关于水力发电工程合同商务管理的说法，正确的有（　　）。

A．分包项目的开工申报应通过承包单位向监理申报

B．承建单位与分包单位之间的合同纠纷应由监理机构裁定

C．监理与设计单位的关系是监理与被监理的关系

D．施工不符合设计要求时，设计单位可直接向承建单位发出指示

E．项目法人不得擅自变更总监理工程师的指令

32．监理机构施工阶段进度控制的主要任务包含（　　）。

A．控制性总进度计划的审批

B．协助业主编制工程控制性总进度计划

C．审查承建单位报送的施工进度计划

D．依据工程监理合同，向业主编报进度报表

E．向业主提供关于施工进度的建议及分析报告

33．工程施工阶段监理机构工程合同费用控制的主要任务包含（　　）。

A．协助业主编制分年或单项工程项目的合同支付资金计划

B．对工程变更、工期调整申报的经济合理性进行审议并提出审议意见

C．根据市场情况，有效控制承建单位的材料定购价格

D．进行已完成实物量的支付计量

E．根据工程承建合同文件规定受理合同索赔

34．保留金的支付时间一般在（　　）。

A．合同项目完工并终止后

B．合同项目完工并签发工程移交证书之后

C．工程缺陷责任期满之后

D．最终决算时

E．工程竣工验收后

35．工程变更一般分为（　　）。

A．重大工程变更　　　　　　B．较大工程变更

C．一般工程变更　　　　　　D．主要工程变更

E．常规工程变更

36．下列关于水力发电工程分包管理的说法，正确的有（　　）。

A．监理机构应对承建单位提出允许分包的工程项目的分包申请予以审查

B．分包项目的工程质量检验、工程变更以及合同支付不需通过承建单位向监理机构申报

C．分包项目的施工措施计划、开工申报需通过承建单位向监理机构申报

D．除非业主授权或工程承建合同文件另有规定，否则监理机构不受理承建单位与分包单位之间的分包合同纠纷

E．监理机构应及时受理承建单位与分包单位之间的分包合同纠纷，并协助解决

37．下列关于总监理工程师的说法，正确的有（　　）。

A．水电监理实行总监理工程师负责制

B．总监理工程师对监理工作负全面责任

C．项目法人有权变更总监理工程师发布的有关指令

D．总监理工程师有权建议中止工程承建单位合同

E．总监理工程师有权撤换承建单位项目负责人

【答案】

一、单项选择题

1．D；　2．B；　3．C；　4．A；　5．A；　6．D；　7．D；　8．B；
9．C；　10．B；　11．C；　12．B；　13．B；　14．A；　15．B；　16．A；
17．A；　18．B；　19．D；　20．D；　21．D；　22．A；　23．A；　24．A；
25．C；　26．C；　27．D；　28．C；　29．A；　30．B；　31．D；　32．A；
33．C；　34．C；　35．B；　36．D；　37．D；　38．A；　39．D；　40．D；
41．B；　42．C；　43．B；　44．A；　45．A；　46．C

二、多项选择题

1．A、B、C、D；　2．B、D、E；　3．A、B；　4．A、C、E；
5．A、B；　6．B、C、D；　7．A、D、E；　8．A、B、C、D；
9．B、C、D、E；　10．A、B、D、E；　11．A、C、E；　12．A、C、D、E；
13．A、B、D、E；　14．A、B、D、E；　15．A、C、D、E；　16．B、C、E；
17．A、C、E；　18．A、B；　19．C、D；　20．A、C、E；

21. B、D、E;	22. B、D;	23. A、C;	24. A、B、C;
25. A、B、C、D;	26. A、B、D;	27. B、C、E;	28. A、B、C、D;
29. C、D;	30. B、C、E;	31. A、E;	32. B、C、D、E;
33. A、B、D、E;	34. B、C;	35. A、B、C、E;	36. A、C、D;
37. A、B、D、E			

第 10 章 工程招标投标与合同管理

10.1 工程招标投标

复习要点

微信扫一扫
在线做题+答疑

1. 水利行业施工招标投标的主要要求
2. 水利水电工程施工合同文件的构成
3. 发包人的义务和责任
4. 承包人的义务和责任
5. 部分习题需要用到建设工程项目管理有关要求的知识
6. 部分习题需要用到工程合同管理的知识

一 单项选择题

1. 水利工程项目中,属于国家融资的项目是（　　）。
   A. 使用各级财政预算资金的项目
   B. 使用国家政策性贷款的项目
   C. 使用外国政府及其机构贷款资金的项目
   D. 使用国际组织或者外国政府援助资金的项目

2. 必须通过招标选择施工企业的项目,其施工单项合同估算价在（　　）万元以上的。
   A. 100　　　　　　　　　　　B. 200
   C. 400　　　　　　　　　　　D. 500

3. 水利工程施工项目招标分为（　　）。
   A. 公开招标、邀请招标和议标　　B. 公开招标和议标
   C. 邀请招标和议标　　　　　　　D. 公开招标和邀请招标

4. 下列水利施工项目可不招标的是（　　）。
   A. 应急度汛项目　　　　　　　B. 省级水利项目
   C. 县级水利项目　　　　　　　D. 项目合同估算价高于 400 万元的项目

5. 根据《水利水电工程标准施工招标文件》(2009 年版),履约担保的退还时间为（　　）。
   A. 缺陷责任期满后 30d　　　　B. 缺陷责任期满后 28d
   C. 合同工程完工证书颁发后 30d　D. 合同工程完工证书颁发后 28d

6. 根据《水利工程建设项目招标投标管理规定》(中华人民共和国水利部令第 14 号),招标人与中标人签订合同后（　　）个工作日内,应当退还投标保证金。
   A. 3　　　　　　　　　　　　B. 5
   C. 7　　　　　　　　　　　　D. 10

7. 根据《水利工程建设项目招标投标管理规定》(中华人民共和国水利部令第14号),评标委员会工作报告须在评标委员会至少(　　)委员同意并签字的情况下方可通过。

   A. 1/2以上　　　　　　　　B. 2/3以上
   C. 3/4以上　　　　　　　　D. 全部

8. 依据水利工程施工招标投标有关规定,潜在投标人依据踏勘项目现场及招标人介绍情况做出的判断和决策,由(　　)负责。

   A. 招标人　　　　　　　　B. 项目法人
   C. 投标人　　　　　　　　D. 监理人

9. 采用邀请招标方式的,招标人至少应当向(　　)个以上有投标资格的法人或其他组织发出投标邀请书。

   A. 2　　　　　　　　　　B. 3
   C. 4　　　　　　　　　　D. 5

10. 水利工程施工项目招标中,可以不组织的程序有(　　)。

    A. 成立评标委员会　　　　B. 招标前备案
    C. 资格预审　　　　　　　D. 向未中标人发中标结果通知书

11. 提出需投标人澄清的问题,需经至少(　　)以上评标委员会委员同意。

    A. 1/3　　　　　　　　　B. 1/2
    C. 2/3　　　　　　　　　D. 3/4

12. 甲、乙、丙三个单位拟组成联合体参加投标,并授权甲单位作为牵头人代表所有联合体成员负责投标和合同实施阶段的工作,那么该联合体向招标人提交的授权书应由(　　)的法定代表人签署。

    A. 甲　　　　　　　　　　B. 甲、乙
    C. 乙、丙　　　　　　　　D. 甲、乙、丙

13. 评标委员会推荐的中标候选人应当限定在(　　)人。

    A. 1～3　　　　　　　　　B. 2～4
    C. 3　　　　　　　　　　D. 3～5

14. 根据《水利工程建设项目招标投标管理规定》(中华人民共和国水利部令第14号),两个或两个以上的法人或其他组织组成联合体投标的,同一专业的资质(资格)等级应当按(　　)确定。

    A. 资质较低的单位　　　　B. 资质较高的单位
    C. 联合体各成员资质的中值　D. 招标人按项目需要确定

15. 根据工程特殊专业技术需要,经水行政主管部门批准,招标人可以指定部分评标专家,但不得超过专家人数的(　　)。

    A. 1/2　　　　　　　　　B. 1/3
    C. 1/4　　　　　　　　　D. 1/5

16. 某水闸加固改造工程土建标共有甲、乙、丙、丁四家潜在投标人购买了资格预审文件,经审查乙、丙、丁三个投标人通过了资格预审;在规定时间内乙向招标人书面提出了在阅读招标文件和现场踏勘中的疑问,招标人确认后应在规定时间内将招标文

件的答疑以书面形式发给（　　）。

　　A．甲　　　　　　　　　　　B．乙

　　C．乙、丙、丁　　　　　　　D．甲、乙、丙、丁

17．在政府投资项目招标投标活动中，招标工程量清单应由（　　）提供。

　　A．政府部门　　　　　　　　B．监理单位

　　C．招标人　　　　　　　　　D．投标人

18．施工招标项目中，招标人和中标人应当在中标通知书发出之日起至多（　　）日内，按照招标文件和中标人的投标文件订立书面合同。

　　A．7　　　　　　　　　　　　B．15

　　C．30　　　　　　　　　　　 D．40

19．政府投资的水利工程施工项目的招标工作由（　　）负责。

　　A．招标人　　　　　　　　　B．政府行政监督人

　　C．监察人　　　　　　　　　D．评标专家

20．水利工程施工项目的招标中，开标时间与投标截止时间的关系是（　　）。

　　A．开标时间早于投标截止时间

　　B．开标时间晚于投标截止时间

　　C．开标时间与投标截止时间相同

　　D．开标时间与投标截止时间的早晚根据项目需要确定

21．下列关于标底和最高投标限价的说法，错误的是（　　）。

　　A．一个招标项目只能有一个标底　　B．标底应当在开标时公布

　　C．招标人可以规定最低投标限价　　D．招标人可以规定最高投标限价

22．水利工程施工项目的招标中，依法必须进行招标的施工项目，自招标文件开始发出之日起至投标人提交投标文件截止之日止，最短不应当少于（　　）日。

　　A．14　　　　　　　　　　　 B．20

　　C．28　　　　　　　　　　　 D．30

23．水利工程施工项目的招标中，自招标人确定中标人之日起至招标人按项目管理权限向水行政主管部门提交招标投标情况的书面报告之日止，最长不得超过（　　）日。

　　A．7　　　　　　　　　　　　B．15

　　C．28　　　　　　　　　　　 D．30

24．施工单位存在严重违约问题的不得参与投标，问题的发生是指近（　　）年内。

　　A．3　　　　　　　　　　　　B．4

　　C．5　　　　　　　　　　　　D．6

25．水利工程施工项目的评标中，评标委员会主任可以由（　　）确定。

　　A．招标人　　　　　　　　　B．招标代理机构

　　C．监察人　　　　　　　　　D．行政监督部门

26．水利工程施工项目的招标中，评标工作由（　　）负责。

　　A．招标人　　　　　　　　　B．招标代理机构

　　C．行政监督部门　　　　　　D．评标委员会

27. 水利工程施工项目的招标中,评标委员会由( )负责组建。
    A. 招标人   B. 上级主管部门
    C. 行政监督部门   D. 监察部门

28. 水利工程施工项目的招标中,评标委员会成员人数为( )人以上。
    A. 3   B. 5
    C. 6   D. 7

29. 投标人 A 参加某泵站的土建标投标,其已标价工程量清单中的一部分见表 10-1。经评审投标人 A 实质上响应了招标文件的要求,但评委发现其投标报价中有计算性错误,而招标文件中对此未作规定,根据水利工程施工项目招标投标有关规定,投标人 A 的已标价工程量清单中的"土方开挖""钢筋"修正后的合价应分别为( )万元,调整后的报价经投标人确认后产生约束力。

表 10-1 投标人 A 的已标价工程量清单

序号	项目名称	单位	数量	单价(元)	合价(万元)
1	土方开挖	m³	10000	8.65	
2	钢筋	t	1000	345.5	

    A. 8.95、345.5   B. 8.65、345.5
    C. 8.65、34.55   D. 8.95、34.55

30. 根据水利工程施工项目招标投标有关规定,下列关于投标文件的澄清和补正的说法,错误的是( )。
    A. 澄清和补正不得改变投标文件的实质性内容
    B. 澄清和补正属于投标文件的组成部分
    C. 投标人在开标前可主动提出澄清说明和补正
    D. 澄清、说明和补正可以修正算术性错误

31. 根据水利工程施工项目招标投标有关规定,评标报告签字的要求不包括( )。
    A. 由全体评标委员会成员签字
    B. 不签字的视为反对
    C. 有异议的可以以书面方式阐述意见
    D. 既不签字又不阐述意见的视为同意

32. 根据水利工程施工项目招标投标有关规定,联合体参加资格预审并获通过的,其组成的任何变化都必须在提交投标文件截止之日前征得( )的同意。
    A. 招标人   B. 行政监督
    C. 监察人   D. 公证机构

33. 已知甲、乙、丙三家单位资质等级分别为水利水电施工总承包一级、总承包二级、总承包三级,若三家单位组成联合体参加投标,则该联合体的资质等级为( )。
    A. 水利水电施工总承包一级   B. 水利水电施工总承包二级

C．水利水电施工总承包三级　　　D．水利水电施工总承包四级

34．根据水利工程施工项目招标投标有关规定，招标人可以对潜在投标人或者投标人进行资格审查，资格审查分为（　　）。

　　A．资格预审和资格后审　　　B．资格预审和初步评审
　　C．资格预审和详细评审　　　D．初步评审和详细评审

35．根据水利工程施工项目招标投标有关规定，资格预审是指在（　　）对潜在投标人进行的资格审查。

　　A．投标前　　　　　　　　　B．开标期间
　　C．评标期间　　　　　　　　D．合同谈判时

36．根据水利工程施工项目招标投标有关规定，资格后审是指在（　　）对投标人进行的资格审查。

　　A．投标前　　　　　　　　　B．开标后
　　C．评标期间　　　　　　　　D．合同谈判时

37．某泵站土建标共有甲、乙、丙、丁四家单位购买了招标文件，其中甲、乙、丙参加了由招标人组织的现场踏勘和标前会，现场踏勘中甲单位提出了招标文件中的疑问，招标人现场进行了答复，根据有关规定，招标人应将解答以书面方式通知（　　）。

　　A．甲　　　　　　　　　　　B．乙、丙
　　C．甲、乙、丙　　　　　　　D．甲、乙、丙、丁

38．根据水利工程施工项目招标投标有关规定，当投标人投标文件中出现用数字表示的数额与用汉文字表示的数额不一致时，除招标文件另有约定外，以（　　）为准，调整后的报价经投标人确认后产生约束力。

　　A．数字表示的数额　　　　　B．汉文字数额
　　C．两者中较小的　　　　　　D．两者中较大的

39．根据水利工程施工项目招标投标有关规定，可以担任评标委员会成员的有（　　）。

　　A．项目主管部门人员
　　B．行政监督部门人员
　　C．5年内与投标人无工作关系人员
　　D．投标人代理人的近亲属

40．根据水利工程施工项目招标投标有关规定，投标文件大写金额与小写金额不一致的（　　）。

　　A．以大写为准　　　　　　　B．以小写为准
　　C．要求投标人说明以谁为准　D．按有利于其他投标人认定

41．根据水利工程施工项目招标投标有关规定，排名第一的中标候选人在规定的期限内未能提交履约保证金的，招标人（　　）。

　　A．可以确定其他中标候选人为中标人
　　B．可以重招
　　C．可以延长履约保证金提交期限
　　D．可以重新评标

42. 根据水利工程施工项目招标投标有关规定,评标时所依据的评标标准和方法是(　　)。
   A. 招标文件中已载明的   B. 评委现场制定的
   C. 招标人会同评委讨论通过的   D. 招标人会同投标人商定的

43. 根据水利工程施工项目招标投标有关规定,若评标委员会成员拒绝在评标报告上签字且不陈述其不同意见和理由的,则(　　)。
   A. 视为不同意评标结论
   B. 视为同意评标结论
   C. 主管部门确认其是否同意评标结论
   D. 视为放弃本次评标

44. 根据《水利工程建设项目招标投标管理规定》(中华人民共和国水利部令第14号),投标人少于(　　)个的,招标人应当依照规定重新招标。
   A. 3   B. 4
   C. 5   D. 6

45. 水利工程施工项目的招标中,评标委员会成员中技术、经济等方面的专家不得少于成员总数的(　　)。
   A. 1/3   B. 2/3
   C. 1/2   D. 3/4

46. 根据《水利水电工程标准施工招标文件》(2009年版),由于不可抗力的自然或社会因素引起的暂停施工应属于(　　)的责任。
   A. 发包人   B. 承包人
   C. 设计单位   D. 发包人和承包人

47. 根据《水利水电工程标准施工招标文件》(2009年版),第一次预付款应在协议书签订后(　　)d内,由承包人向发包人提交了经发包人认可的工程预付款保函,并经监理人出具付款证书报送发包人批准后予以支付。
   A. 7   B. 10
   C. 14   D. 21

48. 根据《水利水电工程标准施工招标文件》(2009年版),发包人收到监理人签证的月进度付款证书并审批后支付给承包人,支付时间不应超过监理人收到月进度付款申请单后(　　)d。
   A. 7   B. 14
   C. 21   D. 28

49. 根据《水利水电工程标准施工招标文件》(2009年版),施工临时占地由(　　)提供。
   A. 发包人   B. 承包人
   C. 地方政府   D. 另由合同约定

50. 根据《水利水电工程标准施工招标文件》(2009年版),下列关于暂估价的说法,正确的是(　　)。
   A. 必须招标   B. 由招标人组织招标

C．由承包人组织招标　　　　　　D．实质上是招分包商

51．根据《水利水电工程标准施工招标文件》（2009年版），提交履约担保证件是（　　）的主要义务和责任。
　　A．质量监督机构　　　　　　　B．承包人
　　C．发包人　　　　　　　　　　D．相关水行政主管部门

52．根据《水利水电工程标准施工招标文件》（2009年版），除专用合同条款另有规定外，施工设备险由（　　）投保。
　　A．发包人　　　　　　　　　　B．承包人
　　C．监理人　　　　　　　　　　D．质量监督机构

53．根据《水利水电工程标准施工招标文件》（2009年版），承包人应按国家有关规定文明施工，并应在（　　）的统一管理和监督下进行。
　　A．发包人　　　　　　　　　　B．承包人
　　C．监察机构　　　　　　　　　D．质量监督机构

54．根据《水利水电工程标准施工招标文件》（2009年版），工程未移交发包人前，应由（　　）负责照管和维护。
　　A．发包人　　　　　　　　　　B．承包人
　　C．监理人　　　　　　　　　　D．质量监督机构

55．根据《水利水电工程标准施工招标文件》（2009年版），工程移交发包人后，保修期内的缺陷修复工作应由（　　）承担。
　　A．发包人　　　　　　　　　　B．承包人
　　C．监理人　　　　　　　　　　D．使用人

56．根据《水利水电工程标准施工招标文件》（2009年版），除专用合同条款另有规定外，工程险由（　　）投保。
　　A．发包人　　　　　　　　　　B．承包人
　　C．监理人　　　　　　　　　　D．质量监督机构

57．根据《水利水电工程标准施工招标文件》（2009年版），除专用合同条款另有规定外，第三者责任险由（　　）投保。
　　A．发包人　　　　　　　　　　B．承包人
　　C．监理人　　　　　　　　　　D．质量监督机构

58．根据《水利水电工程标准施工招标资格预审文件》（2009年版），资格预审方法应当在（　　）中载明。
　　A．资格预审公告　　　　　　　B．申请人须知
　　C．资格审查办法　　　　　　　D．资格预审申请文件格式

59．根据《水利水电工程标准施工招标资格预审文件》（2009年版），资格预审公告应当明确载明的申请人资格要求有（　　）。
　　A．三检人员数量　　　　　　　B．拟投入的施工设备
　　C．流动资金投入　　　　　　　D．资质

60．根据《水利水电工程标准施工招标资格预审文件》（2009年版），资格预审文件的修改，最迟应当在资格预审申请截止时间（　　）d前发出。

A. 1 B. 15
C. 3 D. 5

61. 根据《水利水电工程标准施工招标资格预审文件》(2009年版)，资格预审申请文件的法定代表人或委托代理人签字要求是（　　）。

    A. 正本全签
    B. 正本除封面、封底、目录、分隔页外全签
    C. 正副本全签
    D. 正副本除封面、封底、目录、分隔页外全签

62. 根据《水利水电工程标准施工招标资格预审文件》(2009年版)，资格预审申请文件副本份数是（　　）份。

    A. 2 B. 3
    C. 4 D. 5

63. 根据《水利水电工程标准施工招标资格预审文件》(2009年版)，属于初步审查标准的是（　　）。

    A. 申请人名称与营业执照一致　　B. 具备有效的营业执照
    C. 类似项目　　　　　　　　　　D. 信誉

64. 根据《水利水电工程标准施工招标资格预审文件》(2009年版)，诉讼及仲裁情况表的年限要求为（　　）年。

    A. 3 B. 4
    C. 5 D. 7

65. 根据《水利水电工程标准施工招标文件》(2009年版)，下列关于踏勘现场的说法，正确的是（　　）。

    A. 招标人必须组织　　　　　　B. 投标人自愿参加
    C. 应当在投标预备会后进行　　D. 投标人未全部到场时不得组织

66. 根据《电子招标投标办法》，电子招标投标系统不包括（　　）。

    A. 公示平台　　　　B. 交易平台
    C. 公共服务平台　　D. 行政监督平台

67. 根据《水利水电工程标准施工招标文件》(2009年版)，招标文件对分包的要求不包括（　　）。

    A. 分包内容　　　　　　　　　　B. 分包金额
    C. 接受分包的第三人资质要求　　D. 接受分包的第三人项目组织机构

68. 投标保证金一般不超过合同估算价的2%，但最高不得超过（　　）万元。

    A. 70 B. 80
    C. 90 D. 100

69. 根据《水利水电工程标准施工招标文件》(2009年版)，下列关于评标委员会的说法，不正确的是（　　）。

    A. 最低7人　　　　　　　　　　B. 最低5人
    C. 招标人代表必须占1/3　　　　D. 招标人代表近亲属不得参加评标

70. 对于依法必须进行招标的项目，下列关于确定中标人的说法，错误的是（　　）。

A. 招标人应当确定排名第一的中标候选人为中标人
B. 排名第一的中标候选人放弃中标，招标人可以重新招标
C. 当招标人确定的中标人与评标委员会推荐的中标候选人顺序不一致时，应按项目管理权限报水行政主管部门备案
D. 在确定中标人之前，招标人应与投标人就投标价格、投标方案等实质性内容进行谈判

71. 根据《水利水电工程标准施工招标文件》（2009年版），下列关于已标价工程量清单电子版的说法，正确的是（　　）。
A. 构成投标文件的组成部分
B. 投标人必须在开标前提交
C. 招标文件不可以统一规定格式
D. 评标委员会要求提交而不提交的为废标

72. 根据《水利水电工程标准施工招标文件》（2009年版），下列关于备选投标方案的说法，正确的是（　　）。
A. 不得提交
B. 只有中标人的备选投标方案才可以考虑
C. 必须开启
D. 由招标人负责评审后决定

73. 根据《水利水电工程标准施工招标文件》（2009年版），合同中有如下内容：① 中标通知书；② 专用合同条款；③ 通用合同条款；④ 技术条款；⑤ 图纸；⑥ 已标价的工程量清单；⑦ 协议书。如前后不一致时，其解释顺序正确的是（　　）。
A. ⑦①②③⑥④⑤
B. ⑦①③②⑥④⑤
C. ⑦①②③④⑤⑥
D. ⑦①③②④⑤⑥

74. 《水利水电工程标准施工招标文件》（2009年版）中，应全文引用，不得删改的是（　　）；应按其条款编号和内容，根据工程实际情况进行修改和补充的是（　　）。
A. 专用合同条款，通用合同条款
B. 专用合同条款，专用合同条款
C. 通用合同条款，专用合同条款
D. 通用合同条款，通用合同条款

75. 根据《水利水电工程标准施工招标文件》（2009年版），在规定的工程质量缺陷责任期内，出现工程质量问题，一般由原施工单位承担保修，所需费用由（　　）承担。
A. 项目法人
B. 施工单位
C. 保修单位
D. 责任方

76. 根据《水利水电工程标准施工招标文件》（2009年版），承包人负责采购的材料和工程设备，应由承包人会同监理人进行检验和交货验收，并应进行材料的抽样检验和工程设备的检验测试，其所需费用由（　　）承担。
A. 发包人
B. 监理人

C. 承包人 D. 材料和设备供应商

77. 根据《水利水电工程标准施工招标文件》（2009年版），发包人负责采购的工程设备，应由发包人和承包人按合同规定共同验收，在验收时，承包人应按监理人指示进行工程设备的检验测试，并将检验结果提交监理人，其所需费用由（　　）承担。

A. 发包人　　　　　　　　　B. 监理人
C. 承包人　　　　　　　　　D. 设备供应商

78. 根据《水利水电工程标准施工招标文件》（2009年版），除专用合同条款另有约定外，现场测量基本控制点、基线和水准点应由（　　）提供。

A. 承包人　　　　　　　　　B. 发包人
C. 监理人　　　　　　　　　D. 勘测单位

79. 某大型水利水电工程施工合同签订后，根据承包人的申请，发包人向其提供了有关本工程的其他水文和地质勘探资料，但未列入合同文件，承包人使用上述资料引发的后果应由（　　）负责。

A. 发包人　　　　　　　　　B. 承包人
C. 监理人　　　　　　　　　D. 上述资料的编写者

80. 根据《水利水电工程标准施工招标文件》（2009年版），监理人在质量检查和检验过程中若需抽样试验，所需试件应由（　　）。

A. 承包人提供　　　　　　　B. 发包人提供
C. 监理人自行制作　　　　　D. 检测机构提供

81. 某大型水利水电工程施工过程中，分包商未通知监理机构及有关方面人员到现场验收，即将隐蔽部位覆盖，事后监理机构指示承包人采用钻孔探测进行检验，发现检查结果合格，由此增加的费用应由（　　）承担。

A. 发包人　　　　　　　　　B. 监理人
C. 承包人　　　　　　　　　D. 分包商

82. 某大型水闸施工过程中，施工单位经监理单位批准后对闸底板基础进行了混凝土覆盖。在下一仓浇筑准备时，监理单位对已覆盖的基础质量有疑问，指示施工单位剥离已浇筑混凝土并重新检验。检测结果表明，基础质量不合格，则该返工处理的施工费用应由（　　）承担，检测费用应由（　　）承担。

A. 承包人，发包人　　　　　B. 承包人，监理人
C. 承包人，承包人　　　　　D. 发包人，发包人

83. 某大型泵站施工过程中，施工单位经监理单位批准后对泵房底板基础进行了混凝土覆盖。在下一仓浇筑准备时，监理单位对已覆盖的基础质量有疑问，指示施工单位剥离已浇筑混凝土并重新检验。检测结果表明，基础质量合格，则该返工处理的施工费用应由（　　）承担，检测费用应由（　　）承担。

A. 承包人，承包人　　　　　B. 监理人，监理人
C. 发包人，监理人　　　　　D. 发包人，发包人

84. 根据《水利水电工程标准施工招标文件》（2009年版），承包人应根据发包人提供的测量基准测设自己的施工控制网，若监理人使用该施工控制网，则（　　）。

A. 应由监理人支付相应的费用　B. 应由发包人承担相应的费用

C. 应由承包人支付相应的费用　　D. 无须支付相应的费用

85. 某大型泵站施工过程中，由于主泵房施工的需要，在征得监理单位批准后，施工单位进行了补充地质勘探，由此产生的费用应由（　　）承担。

A. 发包人　　　　　　　　　　B. 监理人
C. 承包人　　　　　　　　　　D. 该泵站工程的原勘测单位

86. 某大型水闸施工过程中，由于临时围堰施工的需要，在征得监理单位批准后，施工单位进行了补充地质勘探，由此产生的费用应由（　　）承担。

A. 发包人　　　　　　　　　　B. 监理人
C. 承包人　　　　　　　　　　D. 该泵站工程的原勘测单位

87. 某大型泵站施工需进行一段河流改道作为其引渠，其相关资料见表10-2，则最终发包人应向承包人支付的该段河流改道土方开挖的价款应为（　　）万元。

表10-2　某大型泵站施工相关资料

项目名称	单价（元/m³）	招标工程量（万 m³）	按施工图纸计算并经监理确认的工程量（万 m³）	为完成该部位土方开挖所挖的临时排水沟土方量（万 m³）
土方开挖	10	6.2	5.8	0.2

A. 64　　　　　　　　　　　　B. 62
C. 60　　　　　　　　　　　　D. 58

88. 某大型泵站工程进行主泵房底板土方开挖，其相关资料见表10-3，则最终发包人向承包人支付的主泵房底板土方开挖的价款应为（　　）万元。

表10-3　某大型泵站工程相关资料

项目名称	单价（元/m³）	招标工程量（万 m³）	按施工图纸计算并经监理确认的工程量（万 m³）	施工单位实际完成的土方开挖量（万 m³）
土方开挖	10	11.2	10.8	11.4

A. 112　　　　　　　　　　　B. 108
C. 114　　　　　　　　　　　D. 220

89. 某土石坝开挖工程量为10万 m³，经现场测量土石方体积比约为3∶7；已知发包人并未要求对土石坝的表土和岩石分开开挖，且合同中该部位土方、石方开挖单价分别为10元/m³、20元/m³，则该部分土石坝开挖的结算价款应为（　　）万元。

A. 100　　　　　　　　　　　B. 170
C. 200　　　　　　　　　　　D. 300

90. 某钻孔灌浆工程需进行压水试验，其相关资料见表10-4，则发包人应向承包人支付压水试验合同价款应为（　　）元。

表10-4　某钻孔灌浆工程压水试验相关资料

项目名称	单价（元/台时）	招标工程量（台时）	经监理确认的实际压水操作（台时）	压水试验机的搬运费用（元）	压水试验机的维修费用（元）
压水试验	100	120	112	500	800

A. 12000　　　　　　　　　　B. 13300
C. 11200　　　　　　　　　　D. 12500

91. 某大型水闸下游海漫护坡工程中，土工膜的单价及各阶段的工程量见表10-5，则计算时发包人应支付给承包人的价款应为（　　）元。

表10-5　土工膜的单价及各阶段的工程量

项目名称	单价 （元/m²）	招标工程量 （m²）	完工时候实际测量的铺设面积 （m²）	接缝搭接和折皱面积 （m²）
土工膜	6	150	130	10

A. 900　　　　　　　　　　B. 780
C. 960　　　　　　　　　　D. 840

92. 根据《水利水电工程标准施工招标文件》（2009年版），若发包人和承包人未能就监理人的决定取得一致意见，则监理人可将其暂定的变更处理意见通知发包人和承包人，此时承包人应遵照执行，但发包人和承包人均有权在收到监理人变更决定后的28d内要求提请（　　）解决。

A. 项目所属省级水行政主管部门　　B. 项目所属流域机构
C. 项目所属地市级以上司法机关　　D. 争议调解组

93. 根据《水利水电工程标准施工招标文件》（2009年版），承包人有权根据本合同任何条款及其他有关规定，向发包人索取追加付款，但应在索赔事件发生后的（　　）内，将索赔意向书提交发包人和监理人。

A. 28d　　　　　　　　　　B. 42d
C. 56d　　　　　　　　　　D. 半年

94. 根据《水利水电工程标准施工招标文件》（2009年版），监理人应在（　　）授权范围内，负责与承包人联络，并监督管理合同的实施。

A. 发包人　　　　　　　　　B. 相关水行政主管部门
C. 质量监督机构　　　　　　D. 监察机构

95. 根据《水利水电工程标准施工招标文件》（2009年版），按合同规定支付价款是（　　）的主要义务和责任。

A. 质量监督机构　　　　　　B. 监理人
C. 发包人　　　　　　　　　D. 相关水行政主管部门

96. 根据《水利水电工程标准施工招标文件》（2009年版），提供必要的施工用地是（　　）的主要义务和责任。

A. 项目所在地政府　　　　　B. 监理人
C. 发包人　　　　　　　　　D. 相关水行政主管部门

97. 根据《水利水电工程标准施工招标文件》（2009年版），工程完工后应及时主持和组织工程验收是（　　）的主要义务和责任。

A. 质量监督机构　　　　　　B. 监理人
C. 发包人　　　　　　　　　D. 相关水行政主管部门

98. 根据《水利水电工程标准施工招标文件》（2009年版），安排监理人及时进点实施监理是（　　）的主要义务和责任。

A．质量监督机构　　　　　　B．项目主管部门
C．发包人　　　　　　　　　D．相关水行政主管部门

二、多项选择题

1．根据水利工程施工项目招标投标管理规定，评标方法可采用（　　）。

A．经评审的最低投标价法　　B．综合评估法
C．合理最低投标价法　　　　D．两阶段评标法
E．投票表决法

2．属于水利工程施工项目招标程序的有（　　）。

A．组织踏勘现场和投标预备会（若组织）
B．对问题进行澄清
C．组织成立评标委员会
D．组织开标、评标
E．购买招标文件前报名

3．根据《水利工程建设项目招标投标管理规定》（中华人民共和国水利部令第14号），水利工程建设项目施工招标应当具备的条件必须包括（　　）等。

A．初步设计已经批准　　　　B．建设资金来源已落实
C．监理单位已确定　　　　　D．施工图设计已完成
E．有关建设项目征地和移民搬迁工作已有明确安排

4．下列关于中标通知书的说法，正确的有（　　）。

A．中标人确定后，招标人应当向中标人发出中标通知书
B．同时通知未中标人
C．必须在15个工作日之内签订合同
D．中标通知书对招标人具有法律约束力
E．中标通知书发出后，中标人可以放弃中标

5．《水利水电工程标准施工招标文件》（2009年版）中，应全文引用，不得删改的和根据工程实际情况进行修改和补充的是（　　）。

A．专用合同条款　　　　　　B．资格预审标准条款
C．通用合同条款　　　　　　D．评标标准条款
E．保修书条款

6．根据《水利水电工程标准施工招标文件》（2009年版），监理人在质量检查和检验过程中若需抽样试验，所需试件的提供和试验所需的费用承担由（　　）。

A．承包人提供　　　　　　　B．发包人承担
C．监理人承担　　　　　　　D．监理人自己提供
E．承包人承担

7．经项目主管部门批准，可不进行招标的水利工程施工项目包括（　　）等。

A．涉及国家安全、国家秘密的项目

B．应急防汛、抗旱、抢险、救灾等项目
C．经批准使用农民工、投劳施工的项目
D．国有资金投资占控股或者主导地位的项目
E．采用特定专利技术或特有技术的

8．某大型水闸施工过程中，施工单位经监理单位批准后对闸底板基础进行了混凝土覆盖。在下一仓浇筑准备时，监理单位对已覆盖的基础质量有疑问，指示施工单位剥离已浇筑混凝土并重新检验。检测结果表明，基础质量不合格，则该返工处理的施工费用承担以及检测费用的支付应由（　　）。
A．承包人承担　　　　　　B．监理人支付
C．承包人支付　　　　　　D．发包人承担
E．发包人支付

9．下列关于必须招标的暂估价项目的说法，正确的有（　　）。
A．可由发包人组织招标
B．只能由发包人组织招标
C．可由监理与发包人组织招标
D．可由发包人与承包人联合组织招标
E．可由监理与承包人组织招标

10．水利工程施工招标资格审查应主要审查潜在投标人或者投标人是否（　　）等。
A．具有独立订立合同的权利
B．具有履行合同的能力
C．没有处于被责令停业，投标资格被取消
D．在最近三年内没有骗取中标和严重违约及重大工程质量问题
E．在职职工超过100人

11．根据《水利水电工程标准施工招标资格预审文件》（2009年版），必须引用的章节有（　　）。
A．第2章申请人须知　　　B．第3章资格审查办法
C．第4章资格预审申请文件格式　D．第1章资格预审公告
E．第5章项目概况

12．根据《水利水电工程标准施工招标资格预审文件》（2009年版），资格审查办法包括（　　）。
A．合格制　　　　　　　　B．有限数量制
C．打分制　　　　　　　　D．综合评估制
E．抽签制

13．根据《水利水电工程标准施工招标资格预审文件》（2009年版），属于详细审查标准的有（　　）。
A．财务状况　　　　　　　B．类似项目业绩
C．技术负责人　　　　　　D．投标保证金
E．资格预审申请文件的签字盖章

14．资格预审公告中载明的，反映招标条件的内容（　　）。

A．项目审批机关 B．批文名称和编号
C．建设资金来源 D．项目出资比例
E．项目参建单位

15．根据《水利水电工程标准施工招标资格预审文件》(2009年版)，近5年完成的类似项目情况表应附的证明材料有（   ）。

A．中标通知书 B．合同协议书
C．委托方评价意见 D．上级主管部门证明
E．合同工程完工证书

16．资格预审结束后，潜在投标人数量不足3个的，招标人可以（   ）。

A．重新资格预审 B．直接发招标公告
C．直接出售招标文件 D．采用竞争性谈判
E．不再招标

17．根据《水利水电工程标准施工招标资格预审文件》(2009年版)，资格预审中对人员业绩进行要求的有（   ）。

A．项目经理 B．企业主要负责人
C．项目技术负责人 D．委托代理人
E．质量管理人员

18．联合体协议书应当载明的内容包括（   ）。

A．牵头人名称 B．牵头人权利
C．联合体成员职责分工 D．联合体成员资质
E．联合体成员业绩

19．根据《水利水电工程标准施工招标文件》(2009年版)，招标文件对投标保证金的要求包括（   ）。

A．形式 B．金额
C．收取账户 D．有效期
E．到账日期

20．根据《水利水电工程标准施工招标文件》(2009年版)，综合评估法中，初步评审标准包括（   ）。

A．形式评审标准 B．项目管理机构评审标准
C．施工组织设计评审标准化 D．响应性评审标准
E．资格评审标准

21．投标人串通投标报价的行为包括（   ）等。

A．投标人报价明显不合理的
B．投标人之间相互约定抬高或压低投标报价
C．投标人之间相互约定，在招标项目中分别以高、中、低价位报价
D．投标人之间先进行内部竞价，内定中标人，然后再参加投标
E．投标人修改投标报价而没有修改分项报价的

22．招标人与投标人串通投标的行为包括（   ）等。

A．在开标前开启投标文件，并将投标情况告知其他投标人

B．协助投标人撤换投标文件，更改报价
C．向投标人泄露标底
D．向投标人发送招标文件的补充通知
E．预先内定中标人

23．甲、乙、丙三个单位拟组成联合体参加某泵站土建标投标，并授权甲单位作为该联合体的牵头人，并以牵头人的名义向招标代理机构提交投标保证金，那么该投标保证金对（　　）有约束力。

A．甲
B．乙
C．丙
D．招标代理机构
E．招标人

24．应当公开招标的水利工程施工项目，经批准后可以进行邀请招标的情形包括（　　）等。

A．项目技术复杂或有特殊要求，只有少量几家潜在投标人可供选择的
B．受自然地域环境限制的
C．涉及国家安全、国家秘密，适宜招标但不宜公开招标的
D．拟公开招标的费用与项目的价值相比，不值得的
E．潜在投标人数量太多的

25．现场踏勘及标前会的主要目的是向潜在投标人介绍工程场地和相关环境的有关情况、回答潜在投标人提出的有关招标文件的疑问，可由（　　）组织。

A．招标人
B．招标代理机构
C．行政监督人
D．监察人
E．工程质量监督机构

26．某水闸加固改造工程土建标共有甲、乙、丙、丁、戊五家潜在投标人购买了资格预审文件，经审查乙、丙、丁三个投标人通过了资格预审，那么，可以参加该土建标投标的单位包括（　　）。

A．甲
B．乙
C．丙
D．丁
E．戊

27．水利工程施工招标资格预审中，申请人须提供的财务状况表格有（　　）。

A．资产负债表
B．现金流量表
C．利润表
D．拟投入的流动资金
E．纳税一览表

28．根据《评标委员会和评标方法暂行规定》，评标委员会成员应当主动提出回避的情形包括（　　）等。

A．评委是投标人或其代理人的近亲属的
B．评委是行政监督部门的
C．评委与投标人有经济利益关系的
D．评委曾在其他招标投标活动中从事违法行为而受过行政处罚的
E．评委在近10年内与投标人曾有工作关系的

29. 根据《水利工程建设项目招标投标管理规定》（中华人民共和国水利部令第14号），招标人以及评标委员会可将投标人的投标文件按无效标处理的情形包括（　　）等。
    A．投标文件密封不符合招标文件要求的
    B．投标文件逾期送达或未送达指定地点的
    C．投标人法定代表人或授权代表人未参加开标会议的
    D．投标人未按规定交纳投标保证金的
    E．投标文件中存在细微偏差的

30. 根据《水利工程建设项目招标投标管理规定》（中华人民共和国水利部令第14号），招标前，招标人按项目管理权限向水行政主管部门提交招标报告备案，报告具体内容应当包括（　　）等。
    A．招标已具备的条件　　　　B．招标方式
    C．分标方案　　　　　　　　D．招标计划安排
    E．评标委员会专家名单

31. 水利工程施工招标中响应性评审标准包括（　　）。
    A．投标范围　　　　　　　　B．计划工期
    C．工程质量　　　　　　　　D．签字盖章
    E．信誉

32. 经评审的最低投标价法中，初步评审标准包括（　　）。
    A．形式评审标准　　　　　　B．资格评审标准
    C．施工组织设计评审标准　　D．项目管理机构评审标准
    E．投标报价评审标准

33. 分项报价合理性评审依据有（　　）。
    A．基础单价　　　　　　　　B．费用构成
    C．主要工程单价　　　　　　D．总价项目
    E．所选定额

34. 根据《水利水电工程标准施工招标文件》（2009年版），发包人的一般义务和责任包括（　　）等。
    A．按合同规定支付价款　　　B．提供施工用地及生产生活用房
    C．提供现场测量基准资料　　D．及时提供施工图纸
    E．主持和组织工程完工验收

35. 根据《水利水电工程标准施工招标文件》（2009年版），承包人的一般义务和责任包括（　　）等。
    A．提交履约担保证件　　　　B．保证工程质量
    C．提交现场测量基准资料　　D．文明施工
    E．负责施工用地范围内的移民征迁工作

36. 《水利水电工程标准施工招标文件》（2009年版）中必须不加修改引用的部分有（　　）。
    A．投标人须知　　　　　　　B．专用合同条款
    C．通用合同条款　　　　　　D．工程量清单

E．评标办法

37．《水利水电工程标准施工招标文件》（2009年版）中的合同附件格式包括（　　）。

A．合同协议书　　　　　　B．履约担保
C．预付款担保　　　　　　D．已标价工程量清单
E．施工组织设计

38．下列关于《水利水电工程标准施工招标文件》（2009年版）合同条款的说法，正确的有（　　）。

A．分为通用合同条款和专用合同条款两部分
B．分为通用合同条款、专用合同条款和合同附件格式三部分
C．通用合同条款可全文引用，也可删改或补充
D．专用合同条款应按其条款编号和内容，根据工程实际情况进行修改和补充
E．专用合同条款的解释权大于通用合同条款

39．根据《水利水电工程标准施工招标文件》（2009年版），变更的范围包括（　　）等。

A．增加或减少合同中永久工程项目的工程量，但未超过专用合同条款约定的百分比
B．改变合同中任何一项工作的标准和性质
C．改变工程建筑物的形式、基线、位置等
D．改变合同中任何一项工程的完工日期
E．改变已批准的施工顺序

40．根据《水利水电工程标准施工招标文件》（2009年版），承包人的违约行为包括（　　）等。

A．未经批准私自将已按合同规定进入工地的设备或材料撤离工地
B．自行提出设计变更的要求
C．由于法律、财务等原因导致承包人无法继续履行本合同的义务
D．自行将工程或工程的一部分分包出去
E．在保修期内拒绝对工程移交证书中所列的缺陷清单内容进行修复

41．根据《水利水电工程标准施工招标文件》（2009年版），承包人发生违约行为，通常视事态发展的过程，监理人可采取（　　）等措施。

A．书面警告　　　　　　　B．暂停签发支付工程价款凭证
C．暂停其工程或部分工程施工　　D．解除合同
E．提起诉讼

42．根据《水利水电工程标准施工招标文件》（2009年版），先进入工地的主要承包人应为其他承包人提供方便，其内容主要包括（　　）等。

A．场内交通道路的使用　　　B．施工控制网的使用
C．施工材料的临时性调剂借用　D．住宿和办公用房的租用
E．将部分工程分包给其他承包人

43．根据《水利水电工程标准施工招标文件》（2009年版），承包人不能提出增加

费用和延长工期要求的暂停施工的情形包括（   ）等。

A．由于现场非异常恶劣气候条件引起的正常停工
B．为工程的合理施工和保证安全所必需的暂停施工
C．未得到监理人许可的承包人擅自停工
D．由于承包人违约引起的暂停施工
E．由于不可抗力的自然或社会因素引起的暂停施工

44．根据《水利水电工程标准施工招标文件》（2009年版），"工程量清单"中所列的混凝土防渗墙每平方米单价中已包括该项目的（   ）等费用。

A．地质复勘　　　　　　　B．导墙与槽孔施工
C．试验与检验　　　　　　D．施工准备
E．监理

45．根据《水利水电工程标准施工招标文件》（2009年版），通用合同条款中涉及不可预知的风险的有（   ）。

A．不利物质条件　　　　　B．不可抗力
C．补充地质勘探　　　　　D．异常恶劣地质条件
E．保险

46．根据《国务院办公厅关于清理规范工程建设领域保证金的通知》（国办发〔2016〕49号），建筑业企业在工程建设中需缴纳的保证金包括（   ）。

A．投标保证金　　　　　　B．履约保证金
C．工程质量保证金　　　　D．农民工工资保证金
E．诚信保证金

【答案】

一、单项选择题

1．B；　2．C；　3．D；　4．A；　5．D；　6．B；　7．B；　8．C；
9．B；　10．C；　11．B；　12．D；　13．A；　14．A；　15．B；　16．C；
17．C；　18．C；　19．A；　20．C；　21．C；　22．B；　23．B；　24．A；
25．A；　26．D；　27．A；　28．D；　29．C；　30．C；　31．B；　32．A；
33．C；　34．A；　35．A；　36．B；　37．D；　38．B；　39．B；　40．A；
41．A；　42．A；　43．B；　44．A；　45．B；　46．A；　47．D；　48．D；
49．A；　50．D；　51．B；　52．B；　53．A；　54．B；　55．B；　56．B；
57．B；　58．A；　59．D；　60．C；　61．B；　62．B；　63．A；　64．A；
65．B；　66．A；　67．B；　68．B；　69．B；　70．B；　71．D；　72．B；
73．C；　74．C；　75．D；　76．C；　77．A；　78．B；　79．B；　80．A；
81．C；　82．C；　83．D；　84．B；　85．A；　86．B；　87．B；　88．B；
89．B；　90．C；　91．B；　92．D；　93．A；　94．A；　95．C；　96．C；
97．C；　98．C

二、多项选择题

1. A、B;
2. A、B、C、D;
3. A、B、E;
4. A、B、D;
5. A、C;
6. B、C、D;
7. A、B、C、E;
8. A、C;
9. A、D;
10. A、B、C、D;
11. A、B;
12. A、B;
13. A、B、C;
14. A、B、C、D;
15. A、B、E;
16. A、B;
17. A、C;
18. A、B、C;
19. A、B、C;
20. A、D、E;
21. B、C、D;
22. A、B、C、E;
23. A、B、C;
24. A、B、C、D;
25. A、B;
26. B、C、D;
27. A、B、C;
28. A、B、C、D;
29. A、B、C、D;
30. A、B、C、D;
31. A、B、C;
32. A、B、C、D;
33. A、B、C、D;
34. A、C、D、E;
35. A、B、D;
36. A、C、E;
37. A、B、C;
38. B、D、E;
39. B、C、D、E;
40. A、C、D、E;
41. A、B、C;
42. A、B、C、D;
43. A、B、C、D;
44. A、B、C、D;
45. A、B、D;
46. A、B、C、D

10.2 工程合同管理

复习要点

1. 水利水电工程项目法人分包管理职责
2. 水利水电工程承包单位分包管理职责
3. 水利水电工程分包单位管理职责
4. 施工管理条款
5. 部分习题需要用到工程招标投标的知识

一 单项选择题

1. 根据《水利水电工程标准施工招标文件》(2009年版),下列不属于合同文件组成部分的是(   )。
   A. 协议书   B. 图纸
   C. 已标价工程量清单   D. 投标人要求澄清招标文件的函

2. 根据《水利水电工程标准施工招标文件》(2009年版),合同条款分为"通用合同条款"和"专用合同条款"两部分,两者一旦出现矛盾或不一致,则以(   )为准。
   A. 通用合同条款   B. 监理人的调解
   C. 专用合同条款   D. 行政监督人的调解

3. 监理人应在开工日期(   )d前向承包人发出开工通知。
   A. 7   B. 14
   C. 21   D. 30

4. 发包人应在合同工程完工证书颁发后(   )d内将履约担保退还给承包人。
   A. 7   B. 14

C. 21 D. 28

5. 承包人更换项目经理应事先征得发包人同意,并应在更换（   ）d前通知发包人和监理人。

A. 7 B. 14
C. 21 D. 28

6. 承包人覆盖工程隐蔽部位后,监理人对质量有疑问的,可要求承包人对已覆盖的部位进行钻孔探测或揭开重新检验,承包人应遵照执行,并在检验后重新覆盖恢复原状。经检验证明工程质量符合合同要求的,由（   ）承担由此增加的费用和（或）工期延误。

A. 承包人 B. 发包人
C. 监理人 D. 三方共同

7. 承包人未通知监理人到场检查,私自将工程隐蔽部位覆盖的,监理人有权指示承包人钻孔探测或揭开检查,由此增加的费用和（或）工期延误由（   ）承担。

A. 承包人 B. 发包人
C. 监理人 D. 三方共同

8. 水利水电工程质量保修期通常为1年,（   ）无工程质量保修期。

A. 泵站工程 B. 堤防工程
C. 除险加固工程 D. 河湖疏浚工程

9. 若承包人不具备承担暂估价项目的能力或具备承担暂估价项目的能力但明确不参与投标的,由（   ）组织招标。

A. 发包人 B. 承包人
C. 监理人 D. 发包人和承包人

10. 承包人应在知道或应当知道索赔事件发生后（   ）d内,向监理人递交索赔意向通知书,并说明发生索赔事件的事由。

A. 7 B. 14
C. 21 D. 28

11. 承包人应在发出索赔意向通知书后（   ）d内,向监理人正式递交索赔通知书。

A. 7 B. 14
C. 21 D. 28

12. 根据《水利工程施工转包违法分包等违法行为认定查处管理暂行办法》,承包人未设立现场管理机构的情形属于（   ）。

A. 转包 B. 违法分包
C. 出借借用资质 D. 其他挂靠行为

13. 投标文件已经载明部分工程分包,但分包单位进场需（   ）。

A. 项目法人批准 B. 监理单位批准
C. 总包单位批准 D. 项目法人和监理单位批准

14. 水利工程主要建筑物的主体结构由（   ）明确。

A. 设计批准部门 B. 项目法人

C．设计单位　　　　　　　　　D．监理单位

15．下列合同问题中，属于较重合同问题的是（　　）。

A．项目法人未对施工合同进行备案管理

B．签订的劳务合同不规范

C．工程分包未履行报批手续

D．未按要求严格审核工程分包单位的资质

二、多项选择题

1．《水利水电工程标准施工招标文件》（2009年版）的内容包括（　　）。

A．已标价的工程量清单　　　B．评标办法

C．合同条款　　　　　　　　D．技术标准和要求

E．招标图纸

2．工程量清单根据《水利工程工程量清单计价规范》GB 50501—2007编制时其主要内容包括（　　）。

A．工程量清单说明　　　　　B．工程量计算说明

C．单价分析与计算　　　　　D．投标报价说明

E．工程量清单相关表格

3．下列属于发包人义务的有（　　）。

A．发出开工通知　　　　　　B．提供施工场地

C．协助承包人办理证件和批件　D．组织设计交底

E．编制施工总进度

4．下列属于承包人义务的有（　　）。

A．对施工作业和施工方法的完备性负责

B．保证工程施工和人员的安全

C．负责施工场地及其周边环境与生态的保护工作

D．组织设计交底

E．参与移民征地工作

5．下列情况中，承包人有权要求发包人延长工期和（或）增加费用的有（　　）。

A．增加合同工作内容

B．改变合同中任何一项工作的质量要求或其他特性

C．提供图纸延误

D．承包人项目经理因故离岗

E．未按合同约定及时支付预付款、进度款

6．下列暂停施工增加的费用和（或）工期延误由承包人承担的有（　　）。

A．承包人违约引起的暂停施工

B．由于承包人原因，为工程合理施工和安全保障所必需的暂停施工

C．承包人擅自暂停施工

D．由于不可抗力的自然或社会因素引起的暂停施工

E．承包人其他原因引起的暂停施工

7．下列情况引起的暂停施工，为发包人责任的有（　　）。
　　A．由于发包人违约引起的暂停施工
　　B．由于不可抗力的自然或社会因素引起的暂停施工
　　C．专用合同条款中约定的其他由于发包人原因引起的暂停施工
　　D．由于承包人原因为工程合理施工和安全保障所必需的暂停施工
　　E．承包人擅自暂停施工

8．在履行合同过程中，下列应进行设计变更的情形有（　　）。
　　A．取消合同中任何一项工作
　　B．改变合同中任何一项工作的质量或其他特性
　　C．改变合同工程的基线、标高、位置或尺寸
　　D．改变合同中任何一项工作的施工时间或改变已批准的施工工艺或顺序
　　E．改变合同工期

9．下列属于承包人违约的情形的有（　　）。
　　A．承包人私自将合同的全部或部分权利转让给其他人
　　B．承包人未能按合同进度计划及时完成合同约定的工作，已造成或预期造成工期延误
　　C．承包人未经监理人批准，私自将已按合同约定进入施工场地的施工设备、临时设施或材料撤离施工场地
　　D．发包人原因造成停工导致无法履约的
　　E．监理人无正当理由没有在约定期限内发出复工指示，导致承包人无法复工的

10．分包人应当设立项目管理机构，组织管理所分包工程的施工活动。项目管理机构人员中必须是本单位人员的有（　　）。
　　A．项目负责人　　　　　　B．技术负责人
　　C．财务负责人　　　　　　D．质量管理人员
　　E．工长

11．根据《水利建设工程施工分包管理规定》，水利工程施工分包按分包性质分为（　　）。
　　A．工程分包　　　　　　　B．劳务分包
　　C．企业分包　　　　　　　D．组织分包
　　E．业务分包

12．根据《水利工程施工转包违法分包等违法行为认定查处管理暂行办法》，下列情形中，属于违法分包的是（　　）。
　　A．将工程分包给不具备相应资质的单位
　　B．将主要建筑物的主体结构工程分包的
　　C．工程分包单位将其承包的工程中非劳务作业部分再分包的
　　D．未经项目法人书面同意的分包行为
　　E．将其承包的全部工程肢解以后分包给其他单位

13. 水利工程的分包形式有（　　）。
    A．项目法人推荐分包　　　　B．施工单位自行选择分包
    C．项目主管部门指定分包　　D．监理单位推荐分包
    E．设计单位推荐分包

14. 下列情形中，认定为转包的有（　　）。
    A．母公司承接工程后将所承接工程交由子公司实施
    B．工地现场未按投标承诺派驻本单位主要管理人员
    C．全部工程由劳务作业分包单位实施
    D．总包单位向分包单位收取管理费
    E．全部工程以内部承包合同形式交由分公司施工

15. 下列情形之中，认定为违法分包的有（　　）。
    A．次要建筑物的主体结构工程分包
    B．劳务作业分包单位将其承包的劳务作业再分包
    C．工程分包单位将劳务作业部分再次分包
    D．分包合同不满足总包合同中相关要求
    E．工程分包给不具备相应资质的单位

16. 根据水利部合同监督检查有关办法，合同问题分为（　　）。
    A．一般合同问题　　　　B．较重合同问题
    C．严重合同问题　　　　D．重大合同问题
    E．合同缺陷

【答案】

一、单项选择题
1. D；   2. C；   3. A；   4. D；   5. B；   6. B；   7. A；   8. D；
9. D；   10. D；   11. D；   12. A；   13. B；   14. C；   15. B

二、多项选择题
1. B、C、D、E；   2. A、D、E；   3. A、B、C、D；   4. A、B、C；
5. A、B、C、E；   6. A、B、C、E；   7. A、B、C；   8. A、B、C、D；
9. A、B、C；   10. A、B、C、D；   11. A、B；   12. A、B、C、D；
13. A、B；   14. A、B、C、E；   15. B、D、E；   16. A、B、C

第11章 施工进度管理

11.1 工程建设程序

复习要点

微信扫一扫
在线做题+答疑

1. 建设项目的类型及建设阶段划分
2. 施工准备阶段的工作内容
3. 建设实施阶段的工作内容

一、单项选择题

1. 按功能和作用来分,大型灌区节水改造工程属于( )。
   A. 公益性项目   B. 经营性项目
   C. 准公益性项目   D. 准经营性项目
2. 水利工程设计变更审批采用( )级管理制度。
   A. 四   B. 三
   C. 二   D. 一
3. 水利工程建设项目按其功能和作用分为( )。
   A. 公益性、准公益性和经营性   B. 公益性、投资性和经营性
   C. 公益性、经营性和准经营性   D. 公益性、准公益性和投资性
4. 重大设计变更文件编制的设计深度应满足( )阶段技术标准的要求。
   A. 项目建议书   B. 可行性研究
   C. 初步设计   D. 招标设计
5. 初步设计静态总投资超过可行性研究报告估算的静态总投资达15%,则需( )。
   A. 调整可行性研究估算   B. 重新编制可行性研究报告
   C. 提出专题分析报告   D. 重新编制初步设计
6. 工程完成建设目标的标志是( )。
   A. 生产运行   B. 生产准备
   C. 项目后评价   D. 竣工验收
7. 主体工程开工之前,必须完成各项施工准备工作,其主要工作内容不包括( )。
   A. 选定建设监理单位及主体工程施工承包商
   B. 施工现场的征地、拆迁
   C. 完成施工图设计
   D. 完成施工用水、电等工程
8. 根据《水利部关于调整水利工程建设项目施工准备开工条件的通知》(水建管

〔2017〕177号），水利工程项目在进行施工准备前必须满足的条件中不包括（　　）。

A．项目可行性研究报告已经批准　　B．建设资金已落实

C．环境影响评价文件等已经批准　　D．项目初步设计报告已经批复

9．下列关于水利工程建设程序中各阶段要求的说法，错误的是（　　）。

A．施工准备阶段（包括招标设计）是指建设项目的主体工程开工前，必须完成的各项准备工作

B．建设实施阶段是指单项工程的建设实施，项目法人按照批准的建设文件，组织工程建设，保证项目建设目标的实现

C．生产准备（运行准备）指为工程建设项目投入运行前所进行的准备工作

D．项目后评价一般按三个层次组织实施，即项目法人的自我评价、项目行业的评价、主管部门（或主要投资方）的评价

10．特殊情况需要重大设计变更时，可以先实施，后履行变更审批手续，但项目法人应将情况在（　　）个工作日内报告项目主管部门备案

A．3　　　　　　　　　　　B．5

C．7　　　　　　　　　　　D．10

11．施工图设计过程中，如涉及重大设计变更问题应（　　）。

A．由设计单位决定　　　　　B．报原初步设计批准机关审定

C．报主管部门决定　　　　　D．由项目法人决定

12．施工图设计过程中，对不涉及重大设计原则问题的设计修改意见存在分歧时，由（　　）决定。

A．项目法人　　　　　　　　B．主管部门

C．主管机关　　　　　　　　D．原批准机关

13．工程开发任务和工程规模方面发生较大变化的设计变更，应征得原（　　）报告批复部门的同意。

A．项目建议书　　　　　　　B．可行性研究

C．初步设计　　　　　　　　D．规划

14．工程设计标准方面发生较大变化的设计变更，应征得原（　　）报告批复部门的同意。

A．项目建议书　　　　　　　B．可行性研究

C．初步设计　　　　　　　　D．规划

15．工程总体布局方面发生较大变化的设计变更，应征得原（　　）报告批复部门的同意。

A．项目建议书　　　　　　　B．可行性研究

C．初步设计　　　　　　　　D．规划

16．水利工程设计变更分为（　　）类。

A．二　　　　　　　　　　　B．三

C．四　　　　　　　　　　　D．五

二 多项选择题

1. 水利基本建设项目根据其功能和作用分为（　　）。
   A．公益性项目　　　　　　　B．中央项目
   C．经营性项目　　　　　　　D．地方项目
   E．准公益性项目

2. 水利基本建设项目按其对社会和国民经济发展的影响分为（　　）。
   A．公益性项目　　　　　　　B．中央项目
   C．经营性项目　　　　　　　D．地方项目
   E．准公益性项目

3. 下列水利工程建设项目中，属于公益性项目的有（　　）。
   A．蓄滞洪区安全建设工程　　B．大型灌区节水改造
   C．水文设施　　　　　　　　D．城市供水
   E．综合利用的水利枢纽（水库）工程

4. 建设项目主体工程开工之前，必须完成的施工准备工作主要内容包括（　　）。
   A．年度建设资金已落实
   B．施工现场的征地、拆迁
   C．必需的生产、生活临时建筑工程
   D．完成施工用水、电等工程
   E．完成施工图设计

5. 下列属于重大设计变更的有（　　）。
   A．水库库容、特征水位的变化
   B．骨干堤线的变化
   C．主要料场场地的变化
   D．一般机电设备及金属结构设计变化
   E．主要建筑物施工方案和工程总进度的变化

6. 水利工程设计发生的变化中，属于重大设计变更的有（　　）。
   A．建设规模　　　　　　　　B．设计标准
   C．总体布局　　　　　　　　D．重大技术问题的处理措施
   E．各单项工程施工顺序

7. 可行性研究报告应重点解决项目建设的（　　）等可行性问题。
   A．技术　　　　　　　　　　B．经济
   C．美观　　　　　　　　　　D．环境
   E．社会

8. 需征得原可行性研究报告批复部门同意的较大设计变更有（　　）。
   A．工程开发任务　　　　　　B．工程规模
   C．工程标准　　　　　　　　D．总体布局
   E．建筑物的基础处理形式

9. 特殊情况需要重大设计变更时，可以先实施，后履行变更审批手续，但须（　　）同意。
   A．项目主管部门　　　　　　B．质量监督机构
   C．项目法人　　　　　　　　D．勘察设计单位
   E．监理单位

10. 下列关于工程设计文件修改方面的说法，正确的有（　　）。
    A．项目法人可以修改建设工程设计文件
    B．施工单位不得修改建设工程设计文件
    C．监理单位不得修改建设工程设计文件
    D．具备资质的设计单位可以修改建设工程设计文件
    E．必要时项目主管部门可以修改建设工程设计文件

11. 下列关于设计变更方面的说法，正确的有（　　）。
    A．设计变更分为两类　　　　B．设计变更包括一般设计变更
    C．设计变更包括重大设计变更　　D．设计变更包括特大设计变更
    E．项目法人应当对设计变更建议及理由进行评估

【答案】

一、单项选择题
1. C；　2. C；　3. A；　4. C；　5. B；　6. D；　7. C；　8. D；
9. B；　10. B；　11. B；　12. A；　13. B；　14. B；　15. B；　16. A

二、多项选择题
1. A、C、E；　2. B、D；　3. A、C；　4. B、C、D；
5. A、B、C、E；　6. A、B、C、D；　7. A、B、D、E；　8. A、B、C、D；
9. C、D、E；　10. B、C；　11. A、B、C、E

11.2　水利工程验收

复习要点

1. 水利工程验收的分类及工作内容
2. 水利工程项目法人验收的要求
3. 水利工程阶段验收的要求
4. 水利工程竣工验收的要求
5. 水利工程建设专项验收的要求

一　单项选择题

1. 水利工程项目必须经过（　　）验收合格后，方可以投入使用。

A. 单位工程 B. 单位工程完工
C. 阶段 D. 竣工

2. 根据《水利水电建设工程验收规程》SL 223—2008，下列验收属于政府验收的是（　　）。

A. 单位工程 B. 分部工程
C. 单项合同工程 D. 阶段验收

3. 《国务院办公厅关于加强基础设施工程质量管理的通知》（国办发〔1999〕16号）要求，为了加强公益性建设项目的验收管理，必须执行（　　）。

A. 项目经理责任制 B. 安全生产责任制
C. 单元工程质量评定标准 D. 竣工验收制度

4. 项目法人应自工程开工之日起（　　）个工作日内，制定法人验收工作计划，报法人验收监督管理机关备案。

A. 90 B. 60
C. 30 D. 7

5. 根据《水利水电建设工程验收规程》SL 223—2008，属于法人验收的是（　　）。

A. 单位工程验收 B. 阶段验收
C. 竣工验收 D. 专项验收

6. 堤防工程施工质量达不到设计要求，经加固补强后，造成外形尺寸改变或永久性缺陷的，经项目法人认为基本满足设计要求，其质量（　　）。

A. 按质量缺陷处理 B. 可评定为合格
C. 可评定为优良 D. 重新进行评定

7. 工程竣工验收时，竣工验收抽检内容和方法由（　　）确定。

A. 项目法人 B. 监理单位
C. 验收委员会 D. 设计单位

8. 根据《水利水电建设工程验收规程》SL 223—2008，按照验收主持单位，水利水电工程验收可分为（　　）。

A. 分部工程验收和单位工程验收 B. 阶段验收和竣工验收
C. 法人验收和政府验收 D. 单位工程验收和竣工验收

9. 分部工程验收应具备的条件是该分部工程（　　）。

A. 80%以上的单元工程已经完建且质量合格
B. 所有单位工程已经完建且质量合格
C. 80%以上的单位工程已经完建且质量合格
D. 所有单元工程已经完建且质量合格

10. 可不参加分部工程验收的单位是（　　）。

A. 项目法人 B. 设计单位
C. 施工单位 D. 运行管理单位

11. 分部工程验收申请报告由（　　）负责编制。

A. 项目法人 B. 施工单位
C. 设计单位 D. 监理单位

12. 分部工程验收的成果是（　　）。
   A．分部工程验收鉴定书　　　B．分部工程验收签证书
   C．分部工程验收报告　　　　D．分部工程验收证明书
13. 阶段验收的主持单位是（　　）。
   A．项目法人
   B．项目法人或监理单位
   C．竣工验收主持单位或其委托单位
   D．监理单位
14. 阶段验收应具备的条件是工程（　　）。
   A．30%以上的分部工程已经完建且质量合格
   B．70%以上的分部工程已经完建且质量合格
   C．30%以上的单位工程已经完建且质量合格
   D．对分部工程完成量没有具体要求
15. 水泵机组的各台机组运行时间为带额定负荷连续运行24h（含无故障停机）或7d内累计运行48h（含全站机组联合运行小时数），全部机组联合运行时间一般为6h，且机组无故障停机次数不少于3次。执行机组运行时间确有困难时，可由验收委员会或上级主管部门根据具体情况适当减少，但最少不宜少于（　　）h。
   A．1　　　　　　　　　　　B．2
   C．6　　　　　　　　　　　D．4
16. 泵站每台机组投入运行前，均应进行机组启动（阶段）验收，按照规定，可由项目法人主持的机组启动（阶段）验收有（　　）。
   A．第一台（次）和第二台（次）
   B．第一台（次）和最后一台（次）
   C．除第一台（次）和最后一台（次）的其他台（次）
   D．第一台（次）
17. 水利水电工程单位工程验收分为（　　）。
   A．阶段工程投入使用验收和阶段工程完工验收
   B．单位工程投入使用验收和单位工程完工验收
   C．单位工程阶段验收和单位工程完工验收
   D．单位工程投入使用验收和单位工程阶段验收
18. 单位工程投入使用验收应由（　　）主持。
   A．竣工验收主持单位或其委托单位
   B．主管部门
   C．监理单位
   D．项目法人
19. 单位工程验收的成果是（　　）。
   A．单位工程验收鉴定书　　　B．单位工程验收签证书
   C．单位工程验收报告　　　　D．单位工程验收证明书
20. 单位工程完工验收应具备的条件是（　　）。

A. 单位工程已按批准设计文件规定的内容全部完成

B. 已移交运行管理单位

C. 单位工程所有分部工程已经完建并验收合格

D. 少量尾工已妥善安排

21. 单位工程完工验收由（   ）主持。

　　A. 项目法人　　　　　　　　　　B. 监理单位

　　C. 项目法人或监理单位　　　　　D. 竣工验收主持单位或其委托单位

22. 根据《水利水电建设工程验收规程》SL 223—2008，竣工验收应在工程建设项目全部完成并满足一定运行条件后（   ）内进行。

　　A. 3个月　　　　　　　　　　　B. 6个月

　　C. 1年　　　　　　　　　　　　D. 2年

23. 项目法人应在单位工程验收通过之日起（   ）个工作日内，将验收质量结论和相关资料报质量监督机构核定。

　　A. 10　　　　　　　　　　　　　B. 15

　　C. 20　　　　　　　　　　　　　D. 30

24. 验收结论必须经（   ）以上验收委员会成员同意。

　　A. 1/3　　　　　　　　　　　　B. 2/3

　　C. 3/5　　　　　　　　　　　　D. 1/2

25. 根据《水利工程建设项目档案验收办法》，档案专项验收时，应抽查各单位档案整理情况，总体抽查数量不低于总量的（   ）。

　　A. 10%　　　　　　　　　　　　B. 20%

　　C. 30%　　　　　　　　　　　　D. 40%

26. 若1/2以上的委员（组员）对验收过程中发现的问题不同意裁决意见时，法人验收应报请（   ）决定。

　　A. 验收监督管理机关　　　　　　B. 竣工验收主持单位

　　C. 质量监督部门　　　　　　　　D. 县级以上人民政府

27. 水电站机组启动验收时，机组运行时间为投入系统带额定出力连续运行（   ）h。

　　A. 24　　　　　　　　　　　　　B. 36

　　C. 48　　　　　　　　　　　　　D. 72

28. 水电站的第一台（次）机组启动验收由（   ）主持。

A. 竣工验收主持单位或其委托单位

B. 验收委员会可委托项目法人

C. 项目法人

D. 主管部门委托项目法人

29. 水电站的最后一台（次）机组启动验收由（   ）主持。

A. 竣工验收主持单位或其委托单位

B. 验收委员会可委托项目法人

C. 项目法人

D．主管部门委托项目法人

30．下列验收中，项目法人不得作为验收委员会成员的是（　　）。
   A．分部工程验收　　　　　　B．阶段验收
   C．单位工程验收　　　　　　D．竣工验收

31．下列关于工程验收和投入使用的说法，正确的是（　　）。
   A．验收不合格的工程不得交付使用，但经项目法人同意后可进行后续工程施工
   B．未经验收的工程一般不得交付使用，但对特殊情况的工程经主管部门同意后，可提前投入使用，然后再组织验收
   C．未经验收或验收不合格的工程不得交付使用或进行后续工程施工
   D．未经验收的工程不得交付使用，但经监理单位同意后可进行后续工程施工

32．工程未经验收或验收不合格就交付使用的，要追究（　　）的责任。
   A．上级主管部门　　　　　　B．项目法定代表人
   C．管理单位　　　　　　　　D．移交和接受单位

33．根据《水利工程建设项目档案管理规定》，水利工程档案的保管期限不得短于（　　）年。
   A．50　　　　　　　　　　　B．30
   C．20　　　　　　　　　　　D．10

34．竣工图是水利工程档案的重要组成部分，其中的项目总平面图应由（　　）进行编制。
   A．施工单位　　　　　　　　B．项目法人
   C．监理　　　　　　　　　　D．设计单位

35．竣工验收工作由（　　）负责。
   A．项目法人　　　　　　　　B．主管部门
   C．验收主持单位　　　　　　D．竣工验收委员会

36．下列关于大型水利工程档案验收的说法，不正确的是（　　）。
   A．档案验收不合格，不得进行或通过工程的竣工验收
   B．档案验收前应开展检查评估工作
   C．档案验收由项目法人负责组织
   D．档案验收抽查数量不低于总量的10%

37．项目法人应负责督促和检查遗留问题的处理，及时将处理结果报告（　　）。
   A．验收主持单位　　　　　　B．质量监督部门
   C．主管部门　　　　　　　　D．竣工验收委员会

38．分部工程是组成（　　）的各个部分。
   A．单项工程　　　　　　　　B．单元工程
   C．单位工程　　　　　　　　D．单体工程

39．由几个工种施工完成的最小综合体且是日常质量考核的基本单位是指（　　）。
   A．单位工程　　　　　　　　B．单元工程
   C．单项工程　　　　　　　　D．群体工程

40．水库工程蓄水验收前，应对工程进行（　　）鉴定。
    A．蓄水条件   B．蓄水安全
    C．蓄水水位   D．运行水位

41．泵站每台机组投入运行前，应进行机组启动（阶段）验收。水泵机组的各台机组运行时间为带额定负荷连续运行24h（含无故障停机）或7d内累计运行48h（含全站机组联合运行小时数），全部机组联合运行时间一般为6h，且机组无故障停机次数不少于（　　）次。
    A．7   B．5
    C．3   D．2

42．需要提前投入使用的单位工程，在投入使用前应进行（　　）。
    A．分部验收   B．单元验收
    C．投入使用验收   D．阶段验收

43．根据《水利水电建设工程验收规程》SL 223—2008，工程竣工验收分两阶段进行，即在国家主管部门组织竣工验收前，项目法人应组织进行工程竣工验收的（　　）。
    A．阶段验收   B．竣工技术预验收
    C．完工验收   D．单元验收

44．根据《水利工程建设项目档案管理规定》（水办〔2021〕200号），水利工程档案的归档工作由（　　）负责。
    A．施工单位   B．项目法人
    C．文件的产生单位   D．监理单位

45．根据生态环境部的规定，项目法人是建设项目竣工环境保护验收的（　　）。
    A．资料提供单位   B．被验收单位
    C．责任主体   D．会议组织单位

46．建设项目竣工环境保护验收监测（调查）报告由（　　）。
    A．具有资质的单位编制 B．具有能力的单位编制
    C．验收主管部门指定   D．第三方编制

47．建设项目竣工环境保护验收监测（调查）报告的结论由（　　）。
    A．项目法人负责   B．编制单位负责
    C．监测单位负责   D．主管部门负责

48．建设项目竣工环境保护验收报告公示时间不少于（　　）个工作日。
    A．5   B．10
    C．15   D．20

49．项目法人登录全国建设项目竣工环境保护验收信息平台填报验收信息的时间是验收报告公示期满后（　　）个工作日内。
    A．5   B．10
    C．15   D．20

50．水利水电建设项目竣工环境保护验收技术工作分为（　　）个阶段。
    A．二   B．三
    C．四   D．五

51．根据有关规定，水土保持设施验收属于（　　）。
    A．行政许可　　　　　　　B．环境保护验收
    C．项目法人自主验收　　　D．工程验收
52．根据《水利水电工程水土保持技术规范》SL 575—2012，弃渣场级别分为（　　）级。
    A．3　　　　　　　　　　B．4
    C．5　　　　　　　　　　D．6
53．根据水利部有关规定，水土保持设施验收报告由（　　）编制。
    A．项目法人　　　　　　　B．设计单位
    C．监理单位　　　　　　　D．第三方技术服务机构
54．根据水利部有关规定，水土保持设施自主验收材料由水行政主管部门（　　）公告。
    A．接受报备材料5个工作日内　　B．接受报备材料10个工作日内
    C．接受报备材料15个工作日内　　D．定期
55．水土保持设施验收报告主要对项目法人（　　）个方面情况进行评价。
    A．2　　　　　　　　　　B．3
    C．4　　　　　　　　　　D．5
56．档案保存价值的外在体现是档案的（　　）。
    A．完整性　　　　　　　　B．内容
    C．组卷形式　　　　　　　D．保管期限
57．施工图修改为竣工图，施工图上的数字、文字及符号改变采用（　　）。
    A．叉改法　　　　　　　　B．圈改法
    C．杠改法　　　　　　　　D．三角法
58．折叠后的竣工图，其（　　）应露在外面。
    A．竣工图章　　　　　　　B．竣工图确认章
    C．会签栏　　　　　　　　D．图标题栏
59．项目法人向有关单位的档案移交工作，应在工程竣工验收后（　　）个月内完成。
    A．2　　　　　　　　　　B．4
    C．6　　　　　　　　　　D．8
60．工程档案验收结果分为（　　）个等级。
    A．2　　　　　　　　　　B．3
    C．4　　　　　　　　　　D．5
61．竣工图章尺寸为（　　）。
    A．80mm×60mm　　　　　B．70mm×60mm
    C．80mm×50mm　　　　　D．70mm×50mm
62．竣工图审核章尺寸为（　　）。
    A．80mm×60mm　　　　　B．80mm×50mm
    C．80mm×40mm　　　　　D．80mm×32mm

63. 根据《水利工程建设项目档案验收办法》，档案专项验收时，案卷数量低于1000卷的，抽查数量不少于（　　）卷。

　　A．40　　　　　　　　　　B．60
　　C．80　　　　　　　　　　D．100

64. 根据《水利工程建设项目档案验收办法》，档案专项验收时，案卷数量不满100卷的，抽查数量不少于（　　）卷。

　　A．10　　　　　　　　　　B．15
　　C．20　　　　　　　　　　D．25

65. 根据《水利工程建设项目档案验收办法》，参建单位应在所承担项目合同验收后（　　）个月内向项目法人办理档案移交。

　　A．1　　　　　　　　　　 B．2
　　C．3　　　　　　　　　　 D．4

66. 移民安置验收可分为（　　）类。

　　A．1　　　　　　　　　　 B．2
　　C．3　　　　　　　　　　 D．4

67. 移民安置验收分为（　　）个阶段进行。

　　A．1　　　　　　　　　　 B．2
　　C．3　　　　　　　　　　 D．4

68. 水利部主持验收的大中型水利水电工程，由（　　）组织移民安置初验。

　　A．县级移民管理机构　　　B．地市级移民管理机构
　　C．省级移民管理机构　　　D．流域机构

69. 水利部主持验收的大中型水利水电工程，由（　　）向水利部提出终验申请。

　　A．县级移民管理机构　　　B．地市级移民管理机构
　　C．省级移民管理机构　　　D．流域机构

二、多项选择题

1. 根据《水利水电工程建设工程验收规程》SL 223—2008，水利水电工程验收按验收主持单位可以分为（　　）。

　　A．施工单位验收　　　　　B．监理单位验收
　　C．监督单位验收　　　　　D．法人验收
　　E．政府验收

2. 工程验收中法人验收包括（　　）。

　　A．分部工程验收　　　　　B．水电站（泵站）中间机组启动验收
　　C．单位工程验收　　　　　D．合同工程完工验收
　　E．竣工验收

3. 下列验收属于阶段验收的是（　　）。

　　A．枢纽工程导（截）流验收
　　B．水库下闸蓄水验收

C．引（调）排水工程通水验收

D．水电站（泵站）首（末）台机组启动验收

E．设计单元工程验收

4．工程验收中政府验收包括（　　）。

A．投入使用验收　　　　　　B．单位工程验收

C．专项验收　　　　　　　　D．竣工验收

E．阶段验收

5．下列属于验收工作依据的是（　　）。

A．有关法律、规章和技术标准，主管部门有关文件

B．批准的设计文件及相应设计变更、修改文件，施工合同

C．监理签发的施工图纸和说明

D．设备技术说明书等

E．施工单位的施工组织设计

6．根据《水利水电建设工程验收规程》SL 223—2008，验收资料制备由项目法人负责统一组织，有关单位应按项目法人的要求及时完成。验收资料分为（　　）。

A．归档资料　　　　　　　　B．所需提供资料

C．所需备查资料　　　　　　D．保存资料

E．参建单位资料

7．下列关于分部工程及分部工程验收的说法，正确的有（　　）。

A．分部工程是组成单位工程的各个部分

B．分部工程验收的条件是该分部工程的全部单元工程已经完建且质量合格

C．分部工程是指具有独立发挥作用或独立施工条件的建筑物

D．分部工程验收工作组由项目法人或监理主持

E．分部工程验收的有关资料必须按照竣工验收的标准制备

8．下列水利水电工程验收中，属于专项验收的有（　　）。

A．环境保护验收　　　　　　B．水土保持验收

C．移民安置验收　　　　　　D．工程档案验收

E．竣工图验收

9．下列关于分部工程验收的说法，正确的有（　　）。

A．分部工程验收时所有单元工程已经完建且质量全部合格

B．分部工程验收工作组由项目法人或监理主持

C．分部工程验收的有关资料必须按照竣工验收标准制备

D．分部工程验收应有设计、施工、运行管理单位的有关技术人员参加

E．分部工程验收的成果是"分部工程验收鉴定书"

10．分部工程验收工作组由项目法人或监理主持，（　　）单位有关专业技术人员参加。

A．设计　　　　　　　　　　B．施工

C．运行管理　　　　　　　　D．主管部门

E．质量检测部门

11. 分部工程验收的主要工作是（   ）。
    A. 鉴定工程是否达到设计标准　　　B. 评定工程质量等级
    C. 提出工程调度运用方案　　　　　D. 分析投资效益
    E. 对验收遗留问题提出处理意见

12. 下列属于单位工程投入使用验收工作内容的有（   ）。
    A. 检查工程是否按批准的设计内容完成
    B. 评定工程施工质量等级
    C. 对验收中发现的问题提出处理意见
    D. 检查工程是否具备安全运行条件
    E. 主持单位工程移交

13. 下列关于阶段验收的说法，正确的有（   ）。
    A. 工程截流前，应进行截流前（阶段）验收
    B. 水电站每台机组投入运行前，均应进行机组启动（阶段）验收
    C. 大型枢纽工程在截流、蓄水等阶段验收前，必须先进行技术性预验收
    D. 泵站每台机组投入运行前，均应进行机组启动（阶段）验收
    E. 对于总台数少于3台的泵站，可待全部机组安装完成后，再进行机组启动验收

14. 下列关于泵站机组启动（阶段）验收的说法，正确的有（   ）。
    A. 水泵机组的各台机组运行时间为带额定负荷连续运行24h（含无故障停机），或7天内累计运行48h（含全站机组联合运行小时数）
    B. 全部机组联合运行时间一般为6h，且机组无故障停机次数不少于3次
    C. 执行机组运行时间确有困难时，可由验收委员会或上级主管部门根据具体情况适当减少，但最少不宜少于2h
    D. 执行机组运行时间确有困难时，可由验收委员会或上级主管部门根据具体情况适当减少，但最少不宜少于4h
    E. 泵站的第一台（次）和最后一台（次）机组启动验收由竣工验收主持单位或其委托单位主持

15. 下列关于水电站机组启动（阶段）验收的说法，正确的有（   ）。
    A. 水电站机组启动验收的各台机组运行时间为投入系统带额定出力连续运行72h
    B. 由于负荷不足或水库水位不够等原因造成机组不能达到额定出力时，验收委员会可根据当时的具体情况，确定机组应带的最大负荷
    C. 水电站每台机组投入运行前，均应进行机组启动（阶段）验收
    D. 水电站的机组启动验收由项目法人主持
    E. 水电站的第一台（次）和最后一台（次）机组启动验收由竣工验收主持单位或其委托单位主持

16. 根据《水利水电建设工程验收规程》SL 223—2008，（   ）代表可进入竣工验收委员会。
    A. 地方政府　　　　　　　　　　　B. 水行政主管部门

C．项目法人　　　　　　　　D．投资方

E．质量监督单位

17． 下列关于单位工程投入使用验收的说法，正确的有（　　）。

A．在竣工验收前已经建成并能够发挥效益，需要提前投入使用的单位工程，在投入使用前应进行单位工程投入使用验收

B．单位工程投入使用验收不应由项目法人主持

C．单位工程投入使用验收工作的成果是"单位工程验收鉴定书"

D．单位工程需移交运行管理单位时，项目法人与运行管理单位已签订单位工程提前使用协议书

E．单位工程投入使用验收可由竣工验收主持单位或其委托单位主持

18． 下列关于竣工技术预验收的说法，正确的有（　　）。

A．工程竣工技术预验收时，工程主要建设内容已按批准设计全部完成

B．工程投资已基本到位，并具备财务决算条件

C．工程竣工技术预验收由项目法人主持

D．不进行工程竣工技术预验收须经政府质量监督部门批准

E．竣工技术预验收工作报告是竣工验收鉴定书的附件

19． 竣工验收的主要工作包括（　　）。

A．听取项目法人"工程建设管理工作报告"

B．听取竣工技术预验收工作报告

C．听取验收委员会确定的其他报告

D．检查工程建设和运行情况、协调处理有关问题

E．讨论并通过"竣工验收鉴定书"

20． 根据《水利水电建设工程验收规程》SL 223—2008，下列关于工程验收基本要求的说法，正确的有（　　）。

A．阶段验收和单位工程验收应有水利水电工程质量监督单位的工程质量评价意见

B．竣工验收必须有水利水电工程质量监督单位的工程质量评定报告；竣工验收委员会在其基础上鉴定工程质量等级

C．验收委员会（组）成员必须在验收成果文件上签字；验收委员（组员）的保留意见应在验收鉴定书或签证中明确记载

D．验收工作由验收委员会（组）负责，验收结论必须经3/4以上验收委员会成员同意

E．验收资料制备由项目法人负责统一组织，有关单位应按项目法人的要求及时完成

21． 根据《农田水利条例》，政府投资建设的农田水利工程由县级以上人民政府有关部门组织竣工验收，并邀请有关专家和（　　）参加。

A．农村集体经济组织　　　　B．乡镇领导

C．农民用水合作组织　　　　D．农民代表

E．监理单位

22. 根据工程建设需要，当工程建设达到一定关键阶段时（如截流、水库蓄水、机组启动、输水工程通水等），应进行阶段验收。阶段验收原则上应根据工程建设的需要。阶段验收的主要工作是（　　）。
    A．检查已完工程的质量和形象面貌
    B．检查在建工程建设情况
    C．按现行国家或行业技术标准，评定工程质量等级
    D．检查拟投入使用工程是否具备运用条件
    E．对验收遗留问题提出处理要求

23. 合同工程完工验收应具备的条件有（　　）。
    A．合同范围内的工程项目已按合同完成
    B．工程已按规定进行了有关验收
    C．观测仪器和设备已测得初始值及施工
    D．工程质量缺陷已按规定进行备案
    E．工程完工结算已完成

24. 下列关于竣工图编制的说法，正确的有（　　）。
    A．按施工图施工没有变动的，可在施工图上加盖并签署竣工图章即可
    B．符合杠改或划改要求的，可在原施工图上更改
    C．凡涉及结构形式重大改变，应重新绘制竣工图，且必须加盖竣工图章
    D．图面变更超过1/3的，应重新绘制竣工图，可不再加盖竣工图章
    E．重绘的竣工图需要监理单位在图标上方加盖并签署"竣工图确认章"

25. 建设项目竣工环境保护验收报告的主要内容是（　　）。
    A．验收监测（调查）报告　　B．验收鉴定书
    C．验收意见　　　　　　　　D．其他需要说明的事项
    E．质量评定结果

26. 下列情形中，属于环境保护对策措施的是（　　）。
    A．防护距离内居民搬迁　　B．功能置换
    C．栖息地保护　　　　　　D．移民安置区污水处理工程
    E．施工场地洒水

27. 水利水电工程项目中的环境保护设施是（　　）。
    A．过鱼设施　　　　　　　B．增殖放流设施
    C．下泄生态流量通道　　　D．调水工程
    E．水土保持设施

28. 水土保持设施自主验收包括（　　）阶段。
    A．水土保持设施验收报告编制　　B．竣工验收
    C．水土保持监理　　　　　　　　D．水土保持监测
    E．验收资料准备

29. 水土保持设施竣工验收环节包括（　　）等。
    A．现场查看　　　　　　　B．资料查阅
    C．验收会议　　　　　　　D．报告编制

E．通过验收鉴定书

30．水土保持设施验收合格后，应在网站上向社会公开的信息有（　　）。
A．水土保持设施验收鉴定书　　B．水土保持监理总结报告
C．水土保持设施验收报告　　　D．验收主持单位
E．水土保持监测总结报告

31．竣工图章应反映的内容包括编制单位、编制人、技术负责人、编制日期以及（　　）。
A．监理单位　　　　　　　　B．监理单位审核人
C．审核日期　　　　　　　　D．项目法人
E．设计单位

32．施工图修改为竣工图的方法有（　　）。
A．杠改法　　　　　　　　　B．重新绘制
C．套改法　　　　　　　　　D．圈改法
E．叉改法

33．竣工图确认章应反映的内容有（　　）。
A．施工单位　　　　　　　　B．项目法人
C．监理单位　　　　　　　　D．审核人
E．审核日期

34．折叠后的竣工图幅面一般有（　　）规格。
A．A1　　　　　　　　　　　B．A2
C．A3　　　　　　　　　　　D．A4
E．A5

35．单份文件归档时，应在每份文件首页（　　）。
A．右上方加盖档号章　　　　B．填写档号章
C．加注卷内目录　　　　　　D．审核人签字
E．填写保管期限

36．下列关于水利工程建设项目档案管理的说法，正确的有（　　）。
A．项目档案是指建设各阶段形成的，具有保存价值的建设项目文件
B．项目法人负责组织编制工程竣工总平面图
C．使用复制件归档时，应加盖复制件提供单位公章或档案证明章
D．施工文件组卷、整理完毕并自查后，依次由项目法人工程建设管理部门、项目法人档案管理机构进行审查
E．实行总承包建设模式的项目形成的总承包文件，组卷、整理完毕并自查后，依次由项目法人工程建设管理部门、项目法人档案管理机构进行审查

37．下列关于水利工程建设项目档案管理的说法，正确的有（　　）。
A．用施工图编制竣工图的，应使用新图纸
B．竣工图章的尺寸为 80mm×50mm
C．图面变更面积超过 20% 的施工图，应重新绘制竣工图
D．重新绘制竣工图按原图编号，图号末尾加注"竣"字

E．竣工图审核章由监理单位签字
38．移民安置验收分为（　　）。

A．自验
B．初验
C．终验
D．预验
E．竣工验收

39．下列关于移民安置验收的说法，正确的有（　　）。

A．验收分三个阶段进行
B．验收报告应当经 1/2 以上验收委员会成员同意后通过
C．验收委员会主任委员对争议问题有裁决权
D．半数以上验收委员会成员不同意主任委员裁决意见的，应当报请验收主持单位决定
E．水利水电工程移民安置验收由省级人民政府或者其规定的移民管理机构主持

40．下列关于移民安置验收的说法，正确的有（　　）。

A．验收按自验、初验、终验顺序进行
B．验收划分为两类
C．移民安置验收应当自上而下进行
D．在开展移民安置验收前，应委托第三方开展技术预验收工作
E．水利部可委托流域管理机构开展竣工移民安置验收工作

【答案】

一、单项选择题

1．D；　2．D；　3．D；　4．B；　5．A；　6．B；　7．C；　8．C；
9．D；　10．D；　11．B；　12．A；　13．C；　14．D；　15．B；　16．C；
17．B；　18．D；　19．A；　20．C；　21．A；　22．C；　23．A；　24．B；
25．A；　26．A；　27．D；　28．A；　29．A；　30．D；　31．C；　32．B；
33．D；　34．B；　35．D；　36．B；　37．A；　38．C；　39．B；　40．B；
41．C；　42．C；　43．B；　44．B；　45．C；　46．B；　47．A；　48．D；
49．A；　50．B；　51．C；　52．C；　53．D；　54．D；　55．C；　56．D；
57．C；　58．D；　59．C；　60．B；　61．A；　62．D；　63．D；　64．C；
65．C；　66．B；　67．C；　68．C；　69．C

二、多项选择题

1．D、E；　　　　　2．A、B、C、D；　3．A、B、C、D；　4．C、D、E；
5．A、B、C、D；　6．B、C；　　　　　7．A、B、D、E；　8．A、B、C、D；
9．A、B、C、E；　10．A、B、C；　　　11．A、B、E；　　12．A、B、C、D；
13．A、B、D；　　14．A、B、C、E；　15．A、B、C、E；　16．A、B、D、E；
17．A、C、D、E；　18．A、B、E；　　19．A、B、C、E；　20．A、B、C、E；
21．A、C、D；　　22．A、B、D、E；　23．A、B、C、E；　24．A、B、D、E；

25. A、C、D； 26. A、B、C； 27. A、B、C、E； 28. A、B；
29. A、B、C； 30. A、C、E； 31. A、B、C； 32. A、D、E；
33. C、D、E； 34. C、D； 35. A、B； 36. B、C、E；
37. A、C、D、E； 38. A、B、C； 39. A、C、D； 40. A、B

11.3 水力发电工程验收

复习要点

1. 水力发电工程验收的分类及工作内容
2. 水力发电工程阶段验收的要求
3. 水力发电工程竣工验收的要求

一 单项选择题

1. 根据《水电工程验收管理办法》（国能新能〔2015〕426号），负责水电工程验收监督管理工作的是（　　）。
   A. 水利部　　　　　　　　B. 电监会
   C. 国家能源局　　　　　　D. 电力企业建设联合会

2. 对于水电工程，工程截流验收由（　　）共同组织工程截流验收委员会进行。
   A. 项目法人会同工程所在省级人民政府能源主管部门
   B. 项目审批部门会同省级政府主管部门
   C. 项目法人会同参建各单位
   D. 项目法人会同电网经营管理单位

3. 水电工程验收过程中的争议，由（　　）协调、裁决。
   A. 验收委员会主任委员　　B. 上级水行政主管部门
   C. 外聘专家　　　　　　　D. 验收主持单位

4. 根据相关规范，不能作为水电工程验收依据的是（　　）。
   A. 可行性研究设计文件　　B. 项目审批、核准文件
   C. 合同中明确采用的规程、规范　　D. 单项工程验收报告

5. 下列验收中不属于水电工程阶段验收的是（　　）。
   A. 截流验收　　　　　　　B. 蓄水验收
   C. 水轮发电机组启动验收　D. 部分工程投入使用验收

6. 根据《水电工程验收管理办法》（国能新能〔2015〕426号），截流验收前应进行（　　）专项验收。
   A. 环境保护　　　　　　　B. 建设征地移民安置
   C. 水土保持　　　　　　　D. 劳动安全与工业卫生

7. 项目法人应在计划蓄水时间前（　　）向有关部门报送蓄水验收申请报告。
   A. 3个月　　　　　　　　B. 6个月

C. 9 个月　　　　　　　　　　D. 1 年

8. 水电工程验收委员会主任委员裁决意见有半数以上委员反对或难以裁决的重大问题,应由(　　)报请验收主持单位决定。

　　A. 验收委员会　　　　　　　B. 项目法人
　　C. 验收主持单位　　　　　　D. 地方政府

9. 库区移民专项竣工验收由(　　)组织库区移民专项验收委员会进行。

　　A. 省级政府有关部门会同项目法人
　　B. 县级以上政府主管部门会同项目法人
　　C. 地方政府
　　D. 项目法人

10. 根据有关规定,机组启动验收,由(　　)机组启动验收委员会进行。

　　A. 项目法人会同电网经营管理单位共同组织
　　B. 国家有关部门委托国家电力公司或其他单位会同有关省级政府主管部门共同组织
　　C. 项目法人会同有关省级政府主管部门共同组织
　　D. 项目法人自行组织

11. 根据有关规定,工程蓄水验收由(　　)进行。

　　A. 项目法人会同电网经营管理单位共同组织验收委员会
　　B. 省级人民政府能源主管部门负责,并委托有业绩、能力单位作为技术主持单位,组织验收委员会
　　C. 项目法人会同有关省级政府主管部门共同组织工程验收委员会
　　D. 项目法人自行组织

12. 水电工程的竣工验收由(　　)负责。

　　A. 项目法人　　　　　　　　B. 上级主管部门
　　C. 省级人民政府能源主管部门　D. 电站的运行管理单位

13. 各专项验收工作完成后,(　　)对验收工作进行总结,提出工程竣工验收总结报告。

　　A. 监理单位　　　　　　　　B. 设计单位
　　C. 项目法人　　　　　　　　D. 施工单位

14. 省级人民政府能源主管部门对符合竣工验收条件的水电工程应颁发(　　)。

　　A. 竣工验收证书　　　　　　B. 竣工证书
　　C. 完工证书　　　　　　　　D. 竣工验收鉴定书

15. (　　)应及时将工程竣工验收总结报告、验收鉴定书及相关资料报送省级人民政府能源主管部门。

　　A. 竣工验收主持单位　　　　B. 竣工验收委员会
　　C. 竣工验收委员会主任委员　D. 项目法人

16. 枢纽工程专项验收由(　　)负责。

　　A. 项目法人会同电网经营管理单位
　　B. 省级人民政府能源主管部门

C．项目法人会同有关省级政府主管部门
D．项目法人

二 多项选择题

1．根据《水电工程验收管理办法》（国能新能〔2015〕426号），水电工程在（　　）时应进行阶段验收。

　　A．截流　　　　　　　　　　B．主体工程完工
　　C．下闸蓄水　　　　　　　　D．机电安装工程完工
　　E．机组启动

2．水电工程各阶段验收申请应向省级人民政府能源主管部门报送，下列关于抄送单位的说法，正确的有（　　）。

　　A．工程蓄水验收申请抄送验收主持单位
　　B．机组启动验收申请抄送电网经营管理单位
　　C．工程截流验收申请抄送验收主持单位
　　D．工程蓄水验收申请抄送电网经营管理单位
　　E．机组启动验收申请抄送验收主持单位

3．根据《水电工程验收管理办法》（国能新能〔2015〕426号），下列关于工程蓄水验收的说法，正确的有（　　）。

　　A．工程蓄水验收由项目法人与省级政府主管部门共同组织验收委员会进行
　　B．验收委员会主任委员应由验收主持单位主要负责同志担任
　　C．项目法人应在计划蓄水前6个月向有关部门报送蓄水验收申请报告
　　D．验收主持单位应在下闸蓄水前将验收鉴定书报送省级人民政府能源主管部门
　　E．验收主持单位应在下闸蓄水1个月后、3个月内，将下闸蓄水及蓄水后的有关情况报省级人民政府能源主管部门

4．根据《水电工程验收管理办法》（国能新能〔2015〕426号），下列关于枢纽工程专项验收的说法，正确的有（　　）。

　　A．项目法人应在枢纽工程专项验收计划前3个月报送枢纽工程专项验收申请
　　B．枢纽工程专项验收可组织专家组进行现场检查和技术预验收
　　C．验收委员会主任委员应由验收主持单位主要负责同志担任
　　D．枢纽工程专项验收工作完成后，应出具枢纽工程专项验收鉴定书
　　E．水电工程分期建设的，可根据工程建设进度分期或一次性进行验收

5．枢纽工程专项验收委员会成员包括（　　）。

　　A．国家能源局　　　　　　　B．技术主持单位
　　C．省级人民政府能源主管部门　D．项目法人所属计划单列企业集团
　　E．有关专家

6．竣工验收申请报告的主要内容包括（　　）。

　　A．项目基本情况　　　　　　B．工程建设运行情况

C. 专项验收计划　　　　　　D. 专项验收完成情况
E. 竣工验收总体安排

7. 水电工程竣工验收总结报告的主要内容应包括（　　）。
   A. 竣工验收总体安排　　　　B. 工程概述
   C. 各专项验收鉴定书的主要结论　D. 专项验收所提问题和建议的处理情况
   E. 遗留特殊单项工程的竣工验收计划

【答案】

一、单项选择题
1. C；　2. A；　3. A；　4. D；　5. D；　6. B；　7. B；　8. A；
9. A；　10. A；　11. B；　12. C；　13. C；　14. A；　15. A；　16. B

二、多项选择题
1. A、C、E；　　2. A、B；　　3. C、D、E；　　4. A、B、D、E；
5. B、C、D、E；　6. A、B、C、E；　7. B、C、D、E

第12章 施工质量管理

12.1 水利水电工程质量职责与事故处理

复习要点

1. 水利工程项目法人质量管理职责
2. 水利工程施工单位质量管理职责
3. 水利工程监理单位与检（监）测单位质量管理职责
4. 水利工程勘察设计单位质量管理职责
5. 水利工程质量监督的内容
6. 水利工程质量事故分类与事故报告内容
7. 水利工程质量事故调查的程序与处理的要求
8. 水力发电工程建设各方质量管理职责
9. 水力发电工程施工质量管理及质量事故处理的要求

一、单项选择题

1. 根据《水利工程质量管理规定》（中华人民共和国水利部令第52号），组织工程参建单位进行设计交底的责任主体是（　　）。
   A. 项目法人 B. 设计单位
   C. 施工单位 D. 质量监督机构

2.《中华人民共和国民法典》规定，建设工程实行监理的，发包人应当与监理人采用（　　）订立委托监理合同。
   A. 书面形式或口头形式 B. 口头形式
   C. 其他形式 D. 书面形式

3. 根据水利部水利建设质量工作考核有关办法，项目法人质量管理考核指标有（　　）项。
   A. 一 B. 二
   C. 三 D. 四

4. 按规定向水利工程质量监督机构办理工程质量监督手续的单位是（　　）。
   A. 监理单位 B. 施工单位
   C. 项目法人 D. 勘察设计单位

5. 项目法人应当根据国家和水利部有关规定，主动接受水利工程（　　）对其质量体系进行监督检查。
   A. 监理单位 B. 施工单位
   C. 质量监督机构 D. 勘察设计单位

6. 项目法人质量管理的主要内容不包括（　　）。

A. 建立质量管理机构和质量管理制度
B. 向水利工程主管部门办理工程质量监督手续
C. 通过招标方式选择施工承包商并实行合同管理
D. 工程完工后，应及时组织有关单位进行工程质量验收、签证

7. 水利工程施工中，实施"三检制"的主体是（　　）。
   A. 项目法人　　　　　　　　　B. 施工单位
   C. 监理单位　　　　　　　　　D. 质量监督单位

8. 根据《水利部关于印发〈水利工程勘测设计失误问责办法（试行）〉的通知》（水总〔2020〕33号），勘测设计单位的直接责任人为被问责项目的（　　）。
   A. 专业负责人　　　　　　　　B. 项目负责人
   C. 技术负责人　　　　　　　　D. 分管领导

9. 施工单位必须接受水利工程（　　）对其施工资质等级以及质量保证体系的监督检查。
   A. 项目法人（建设单位）　　　B. 监理单位
   C. 质量监督单位　　　　　　　D. 主管部门

10. 施工单位质量管理的主要内容不包括（　　）。
    A. 加强质量检验工作，认真执行"三检制"
    B. 建立健全质量保证体系
    C. 不得将其承接的水利建设项目的主体工程进行转包
    D. 工程项目竣工验收时，向验收委员会汇报并提交历次质量缺陷的备案资料

11. 竣工工程质量必须符合国家和水利行业现行的工程标准及设计文件要求，施工单位应向项目法人（建设单位）提交完整的（　　）。
    A. 试验成果、技术档案、内部资料
    B. 技术档案、内部资料、有关资料
    C. 成本分析资料、试验成果、有关资料
    D. 技术档案、试验成果、有关资料

12. 根据《水利工程质量检测管理规定》（中华人民共和国水利部令第36号），水利工程质量检测单位资质分为岩土工程、混凝土工程、金属结构、机械电气和量测共5个类别，每个类别分为（　　）个等级。
    A. 2　　　　　　　　　　　　B. 3
    C. 4　　　　　　　　　　　　D. 5

13. 重大质量事故，是指造成特别重大经济损失或较长时间延误工期，经处理后（　　）正常使用但对工程使用寿命有（　　）的事故。
    A. 不影响，重大影响　　　　　B. 一般不影响，一定影响
    C. 不影响，较大影响　　　　　D. 不影响，一定影响

14. 水利工程质量事故分为（　　）。
    A. 质量缺陷、一般、较大、特大　　B. 质量缺陷、较大、重大、特大
    C. 一般、严重、重大、特大　　　　D. 一般、较大、重大、特大

15. 对工程造成一定经济损失，经处理后不影响正常使用且不影响使用寿命的事

故属于（　　）。

A．较大质量事故　　　　B．一般质量事故
C．特大质量事故　　　　D．重大质量事故

16．对工程造成特大经济损失或长时间延误工期，经处理仍对正常使用和工程使用寿命有较大影响的事故属于（　　）。

A．较大质量事故　　　　B．一般质量事故
C．特大质量事故　　　　D．重大质量事故

17．对工程造成较大经济损失或延误较短工期，经处理后不影响工程正常使用但对工程寿命有一定影响的事故是（　　）。

A．重大质量事故　　　　B．一般质量事故
C．特大质量事故　　　　D．较大质量事故

18．质量事故处理所需合理工期为5个月的事故属于（　　）。

A．特大质量事故　　　　B．一般质量事故
C．重大质量事故　　　　D．较大质量事故

19．某土石方工程发生事故处理费用超过100万元，小于1000万元，且对工程寿命有较大影响的事故属于（　　）。

A．特大质量事故　　　　B．重大质量事故
C．较大质量事故　　　　D．一般质量事故

20．发生质量事故后，（　　）必须将事故的简要情况向项目主管部门报告。

A．勘察设计单位　　　　B．监理单位
C．施工单位　　　　　　D．项目法人

21．发生突发性质量事故，事故单位要在（　　）h内电话向有关单位报告。

A．2　　　　　　　　　 B．8
C．6　　　　　　　　　 D．4

22．发生特大质量事故，事故单位要在（　　）h内向有关单位提出书面报告。

A．6　　　　　　　　　 B．12
C．48　　　　　　　　　D．24

23．发生较大质量事故，事故单位要在（　　）h内向有关单位提出书面报告。

A．6　　　　　　　　　 B．48
C．12　　　　　　　　　D．24

24．水利工程发生特大质量事故后，由（　　）组织有关单位提出处理方案。

A．上级主管部门　　　　B．省级水行政主管部门
C．流域机构　　　　　　D．项目法人

25．由项目法人负责组织有关单位制定处理方案并实施的质量事故是（　　）。

A．重大质量事故　　　　B．较大质量事故
C．一般质量事故　　　　D．特大质量事故

26．较大质量事故由（　　）组织有关单位制定处理方案。

A．上级主管部门　　　　B．省级水行政主管部门
C．流域机构　　　　　　D．项目法人

27. 事故处理需要进行重大设计变更的，必须经（　　）审定后实施。
   A．项目法人（建设单位）　　　B．原设计审批部门
   C．上级主管部门　　　　　　　D．省级水行政主管部门

28. 质量缺陷备案表由（　　）组织填写。
   A．项目法人（建设单位）　　　B．监理单位
   C．质量监督单位　　　　　　　D．项目主管部门

29. 工程项目竣工验收时，（　　）必须向验收委员会汇报并提交历次质量缺陷的备案资料。
   A．项目法人　　　　　　　　　B．监理单位
   C．质量监督单位　　　　　　　D．项目主管部门

30. 质量缺陷备案资料必须按（　　）的标准制备，作为工程竣工验收备查资料存档。
   A．分项工程验收　　　　　　　B．阶段验收
   C．单位工程验收　　　　　　　D．竣工验收

31. 根据《水利工程质量监督管理规定》，水利工程质量监督是以（　　）为主的监督方式。
   A．巡视检验　　　　　　　　　B．跟踪检测
   C．平行检测　　　　　　　　　D．抽查

32. 水利工程监理单位必须持有（　　）颁发的监理单位资格等级证书。
   A．水利部　　　　　　　　　　B．住房和城乡建设部
   C．国务院　　　　　　　　　　D．国家质量监督检验总局

33. 未经（　　）签字，建筑材料、建筑构件或设备不得在工程上使用和安装，施工单位不得进入下一道工序施工。
   A．监理人员　　　　　　　　　B．设计人员
   C．监管单位人员　　　　　　　D．项目法人

34. 根据《水利工程质量管理规定》（中华人民共和国水利部令第52号），（　　）负责审查施工单位的施工组织设计和专项施工方案。
   A．勘察设计单位　　　　　　　B．质量检测机构
   C．质量监督单位　　　　　　　D．监理单位

35. 根据水利部水利建设质量工作考核有关办法，监理单位质量管理考核指标有（　　）项。
   A．一　　　　　　　　　　　　B．二
   C．三　　　　　　　　　　　　D．四

36. 根据《水利工程质量管理规定》（中华人民共和国水利部令第52号）的有关规定，水利工程建设的全过程质量管理由（　　）责任。
   A．项目法人　　　　　　　　　B．监理单位
   C．项目主管部门　　　　　　　D．施工单位

37. 大中型水利工程发生质量事故后，事故处理大体积混凝土工程所需的物资、器材和设备、人工等直接损失费约400万元的事故属于（　　）。

A．特大质量事故 B．一般质量事故
C．较大质量事故 D．重大质量事故

38．水利工程勘测设计失误分为（　　）个等级。
A．二 B．三
C．四 D．五

39．根据水利工程建设质量监督有关规定，质量监督巡查每年不少于（　　）次。
A．1 B．2
C．3 D．4

40．根据《水利工程质量监督管理规定》，从事该工程监理的人员（　　）担任本工程的兼职质量监督员。
A．经批准后可以 B．不得
C．根据需要可以 D．可以

41．水利工程建设项目的质量监督期为（　　）。
A．从工程开工至交付使用
B．从办理质量监督手续至竣工验收
C．从办理质量监督手续至工程交付使用
D．从工程开工至竣工验收

42．对项目法人、监理单位的（　　）和施工单位的（　　）以及设计单位现场服务等实施监督检查是水利工程质量监督的主要内容之一。
A．质量检查体系，质量监督体系 B．质量保证体系，质量检查体系
C．质量监督体系，质量保证体系 D．质量检查体系，质量保证体系

43．对使用经检验不合格的建筑材料，水利工程质量监督机构有权责成（　　）采取措施纠正。
A．项目法人（建设单位） B．设计单位
C．材料供应商 D．质量检测单位

44．下列不属于质量监督机构的质量监督权限的是（　　）。
A．对设计、施工单位的资质进行核查
B．对工程有关部位进行检查
C．处罚违规的施工单位
D．提请有关部门奖励先进质量管理单位及个人

45．在工程竣工验收前，对工程质量进行等级核定的单位是（　　）。
A．工程质量监督单位 B．监理单位
C．项目法人（建设单位） D．质量检测单位

46．发生突发性事故时，事故单位要在（　　）h内电话向有关单位报告。
A．4 B．12
C．24 D．48

47．工程质量检测是工程质量监督、质量检查、质量评定和验收的（　　）。
A．基础工作 B．有力保障
C．重要手段 D．基本方法

48. 根据《水利工程质量事故处理暂行规定》(中华人民共和国水利部令第9号)，事故部位处理完毕后，必须按照管理权限经过（　　）后，方可投入使用或进入下一阶段施工。

   A．质量评定 B．建设单位批准
   C．验收 D．质量评定与验收

49. 根据《水利工程质量管理规定》(中华人民共和国水利部令第52号)，依法向施工单位提供与工程有关的原始资料的责任单位是（　　）。

   A．项目法人 B．建设监理
   C．设计单位 D．项目所在地档案部门

50. 根据《水利工程质量管理规定》(中华人民共和国水利部令第52号)，指导监督合同中有关质量标准、要求实施的主体是（　　）。

   A．施工单位 B．监理单位
   C．设计单位 D．质量监督机构

51. 根据《水利工程责任单位责任人质量终身责任追究管理办法（试行）》(水监督〔2021〕335号)，以下说法正确的有（　　）。

   A．项目负责人对工程质量负领导责任
   B．参建单位法定代表人负间接领导责任
   C．项目法人项目负责人对水利工程质量承担全面责任
   D．监理单位总监理工程师应当按照项目法人与施工单位签订的施工合同进行监理

52. 设计单位推荐材料、设备时应遵循的原则是（　　）。

   A．定型不定厂 B．定厂不定型
   C．定型定厂 D．不定型不定厂

53. 施工准备工程质量检查，由（　　）负责进行。

   A．施工单位 B．项目法人
   C．监理单位 D．质量监督部门

54. 单元工程在施工单位自检合格的基础上，由（　　）进行复核。

   A．设计单位 B．项目法人
   C．监理单位 D．质量监督部门

55. 根据《水利工程质量管理规定》(中华人民共和国水利部令第52号)，拨付工程款需要（　　）代表签字。

   A．监理单位 B．设计单位
   C．施工单位 D．质量监督机构

56. 大中型水利工程发生质量事故后，事故处理土石方工程所需的物资、器材和设备、人工等直接损失费约500万元的事故属于（　　）。

   A．特大质量事故 B．一般质量事故
   C．重大质量事故 D．较大质量事故

57. 根据《水利工程质量管理规定》(中华人民共和国水利部令第52号)，严格施工过程质量控制，保证施工质量的主体是（　　）。

A．施工单位 B．设计单位
C．项目法人 D．质量监督机构

58．根据《水利工程质量管理规定》(中华人民共和国水利部令第52号)，组织设计和施工单位进行设计交底的责任主体是（　　）。

A．项目法人（建设单位） B．设计单位
C．施工单位 D．质量监督机构

59．根据《水利工程质量事故处理暂行规定》(中华人民共和国水利部令第9号)，发生一般质量事故时，应由（　　）负责组织有关单位制定处理方案并实施，报上级主管部门备案。

A．项目法人 B．设计单位
C．施工单位 D．质量监督机构

60．根据《水利工程质量管理规定》(中华人民共和国水利部令第52号)，指导监督合同中有关质量标准、要求实施的主体是（　　）。

A．施工单位 B．监理单位
C．设计单位 D．质量监督机构

61．根据水利部水利工程质量考核有关办法，现场考核涉及"施工单位质量管理"的评分标准中，分值最大的考核内容是（　　）。

A．伪造工程验收资料 B．未按批准的设计文件施工
C．未按合同约定配备项目经理 D．未制定安全度汛措施

62．在工程施工现场明显部位设立质量责任公示牌的责任单位是（　　）。

A．项目法人 B．监理单位
C．设计单位 D．质量监督机构

63．水利工程建设实行代建管理模式时，对工程质量全面负责的单位是（　　）。

A．项目法人 B．监理单位
C．代建单位 D．质量监督机构

64．水利工程建设实行项目管理总承包管理模式时，对工程质量全面负责的单位是（　　）。

A．项目法人 B．监理单位
C．项目管理总承包单位 D．质量监督机构

65．项目法人应建立对参建单位合同履约情况的监督检查台账，实行（　　）管理。

A．痕迹 B．闭环
C．追究 D．备查

66．根据水利部水利建设质量工作考核有关办法，现场考核涉及"项目法人质量管理"的主要考核指标的分值为（　　）分。

A．40 B．30
C．20 D．10

67．根据水利部水利建设质量工作考核有关办法，现场考核涉及"项目法人质量管理"的评分标准中分值最大的考核内容是（　　）。

A．质量管理制度 B．履职能力

C. 质量问题整改落实　　　　　D. 质量管理程序

68. 根据水利部水利建设质量工作考核有关办法，现场考核涉及"施工单位质量管理"的评分标准中分值最大的考核内容是（　　）。

A. 质量管理制度　　　　　　　B. 履职能力
C. 工程质量全过程控制　　　　D. 质量控制程序

69. 根据《水电建设工程质量管理暂行办法》，建设单位扣留的设计进度质量保留金不超过设计费的（　　）。

A. 2%　　　　　　　　　　　　B. 3%
C. 4%　　　　　　　　　　　　D. 5%

70. 在可行性研究及以前阶段的勘测、规划设计等前期工作中的工程质量（　　）。

A. 由项目法人负责　　　　　　B. 由项目审批部门负责
C. 由设计单位负责　　　　　　D. 由项目主管部门负责

71. 根据国家能源局印发的《水电建设工程质量监督检查大纲》，在工程准备期，质量监督检查通常每年开展（　　）次。

A. 1　　　　　　　　　　　　　B. 2
C. 3　　　　　　　　　　　　　D. 4

72. 根据国家能源局印发的《水电建设工程质量监督检查大纲》，在主体工程施工期，质量监督检查通常每年开展（　　）次。

A. 1　　　　　　　　　　　　　B. 1～2
C. 2～3　　　　　　　　　　　 D. 3～4

73. 根据国家能源局印发的《水电建设工程质量监督检查大纲》，阶段性质量监督检查分为（　　）类。

A. 3　　　　　　　　　　　　　B. 4
C. 5　　　　　　　　　　　　　D. 6

74. 组织设计交底的单位是（　　）。

A. 建设单位　　　　　　　　　B. 监理单位
C. 施工单位　　　　　　　　　D. 设计单位

75. 根据国家能源局印发的《水电建设工程质量监督检查大纲》，质量监督巡视检查的工作方式分为（　　）种。

A. 2　　　　　　　　　　　　　B. 3
C. 4　　　　　　　　　　　　　D. 5

76. 根据国家能源局印发的《水电建设工程质量监督检查大纲》，专项质量监督检查分为（　　）种。

A. 2　　　　　　　　　　　　　B. 3
C. 4　　　　　　　　　　　　　D. 5

77. 根据国家能源局印发的《水电建设工程质量监督检查大纲》，质量监督一般采取（　　）的工作方式。

A. 巡视检查　　　　　　　　　B. 旁站
C. 跟踪检测　　　　　　　　　D. 巡察

78. 根据国家能源局印发的《水电建设工程质量监督检查大纲》，工程项目开工申请由（　　）审批。
   A．质监机构　　　　　　　　B．项目主管单位
   C．建设单位　　　　　　　　D．监理单位

79. 根据国家能源局印发的《水电建设工程质量监督检查大纲》，巡视检查分类中不包括（　　）。
   A．阶段性质量监督检查　　　B．随机抽查质量监督检查
   C．专项质量监督检查　　　　D．竣工质量监督检查

80. 可再生能源发电工程质量监督站对工程质量的监督属于（　　）。
   A．检察性质　　　　　　　　B．监督性质
   C．监察性质　　　　　　　　D．政府性质

81. 对电力建设工程质量监督机构进行业务监督指导，依法组织或参与电力事故调查处理的机构是（　　）。
   A．电力可靠性管理和工程质量监督中心
   B．国家能源局派出的能源监管机构
   C．电力安全监管司
   D．电力工程质量监督站

82. 施工单位在近一年内工程发生（　　），不得独立中标承建大型水电站主体工程的施工。
   A．重大质量事故　　　　　　B．特大质量事故
   C．较大质量事故　　　　　　D．一般质量事故

83. 下列属于项目法人应履行的职责是（　　）。
   A．负责向质监总站报告工程质量工作
   B．审批施工单位的施工组织设计、施工技术措施、施工详图
   C．签发设计单位的施工设计文件
   D．组织设计交底

84. 因施工原因造成工程质量事故的，（　　）有权扣除施工单位部分以至全部质量保留金。
   A．监理单位　　　　　　　　B．设计单位
   C．项目法人　　　　　　　　D．质量监督单位

85. 施工单位进行工程分包时，分包部分不宜超过合同工作量的（　　）。
   A．20%　　　　　　　　　　B．50%
   C．30%　　　　　　　　　　D．25%

86. 临时合同工应作为劳务由（　　）统一管理。
   A．项目法人　　　　　　　　B．监理单位
   C．质量监督单位　　　　　　D．施工单位

87. 单元工程的检查验收，在施工单位自检合格的基础上，由（　　）进行终检验收。
   A．项目法人　　　　　　　　B．监理单位

C．质量监督单位　　　　　　D．施工单位

88．施工单位的"三检制"指（　　）。
   A．班组初检、作业队复检、项目部终检
   B．班组初检、作业队复检、项目经理终检
   C．检验员初检、作业队复检、项目部终检
   D．班组初检、项目经理复检、项目部终检

89．设计、运行等单位均应在分部分项工程验收签证上签字或签署意见，（　　）签署验收结论。
   A．项目法人　　　　　　　　B．监理单位
   C．质量监督单位　　　　　　D．施工单位

90．水电工程质量事故发生后，当事方应立即报（　　）单位，同时按隶属关系报上级部门。
   A．项目法人、设计　　　　　B．项目法人
   C．项目法人、监理　　　　　D．监理、设计

91．根据《水电建设工程质量管理暂行办法》，（　　）负责向质监总站进行事故报告。
   A．项目法人　　　　　　　　B．施工单位
   C．监理单位　　　　　　　　D．设计单位

92．（　　）由项目法人或监理单位负责调查。
   A．特大质量事故　　　　　　B．较大质量事故
   C．重大质量事故　　　　　　D．一般质量事故

93．（　　）的处理方案，由造成事故的单位提出（必要时项目法人可委托设计单位提出），报监理单位审查、项目法人批准后实施。
   A．一般质量事故　　　　　　B．较大质量事故
   C．重大质量事故　　　　　　D．特大质量事故

94．重大质量事故由（　　）负责组织专家组进行调查。
   A．监理单位　　　　　　　　B．项目法人
   C．质监总站　　　　　　　　D．项目主管部门

95．特大质量事故由（　　）负责组织专家组进行调查。
   A．监理单位　　　　　　　　B．项目法人
   C．质监总站　　　　　　　　D．项目主管部门

96．（　　）的处理方案，由造成事故的单位提出，报监理单位批准后实施。
   A．特大质量事故　　　　　　B．较大质量事故
   C．重大质量事故　　　　　　D．一般质量事故

97．特大质量事故的处理方案，由项目法人委托（　　）提出。
   A．监理单位　　　　　　　　B．设计单位
   C．质监总站　　　　　　　　D．施工单位

98．根据《水电建设工程质量管理暂行办法》，施工准备工程的质量检查由（　　）负责进行。

A. 项目法人　　　　　　　　B. 监理单位
C. 施工单位　　　　　　　　D. 质量监督机构

99. 可以实行设计进度质量保留金制度的单位是（　　）。
A. 监理单位　　　　　　　　B. 项目法人
C. 设计单位　　　　　　　　D. 施工单位

100. 能源工程设计方案发生重大变更时，必须由项目法人组织设计单位编制相应的设计文件，并由项目法人报（　　）审查批准。
A. 上级主管部门　　　　　　B. 有设计审批权的部门
C. 原设计审批部门　　　　　D. 有资质的咨询单位

101. 对于设计单位不同意采纳的设计变更建议，（　　）有权作出一般设计变更的决策。
A. 监理单位　　　　　　　　B. 项目法人
C. 设计审批部门　　　　　　D. 施工单位

102. 设计优化必须以保证（　　）为前提，进行技术经济论证。
A. 工程进度　　　　　　　　B. 工程投资
C. 工程使用功能　　　　　　D. 工程质量

103. 工程项目的总体设计单位应承担工程项目的（　　）设计。
A. 单项工程　　　　　　　　B. 主体工程
C. 分项工程　　　　　　　　D. 单位工程

104. 下列关于设计质量管理的说法，正确的是（　　）。
A. 项目法人不可实行设计进度质量保留金制度
B. 对于施工单位提出的一般设计变更建议，设计单位应认真听取并加以论证，积极采纳合理化建议
C. 设计代表机构人员在一定条件下可以在监理单位和施工单位兼职
D. 设计单位推荐材料、设备时可以指定供货厂家或产品

105. 设计单位推荐材料时应遵循（　　）的原则。
A. 不定型不定厂　　　　　　B. 定厂不定型
C. 定型不定厂　　　　　　　D. 定型定厂

二、多项选择题

1. 根据《水利工程质量管理规定》（中华人民共和国水利部令第52号），项目法人质量管理的主要内容是（　　）。
A. 将工程依法发包给具有相应资质等级的单位
B. 实施工程建设的全过程质量管理
C. 审查施工单位的施工组织设计和技术措施
D. 设立质量责任公示牌
E. 办理工程质量监督手续

2. 根据水利部水利建设质量工作考核有关办法，施工单位质量考核指标包括（　　）。

A. 质量管理体系建立情况　　B. 质量主体责任履行情况
C. 质量保证体系建立情况　　D. 安全度汛落实情况
E. 历次检查、巡查、稽查所提出质量问题的整改

3. 项目法人（建设单位）应组织（　　）进行设计交底。
   A. 监测单位　　　　　　　B. 施工单位
   C. 检测部门　　　　　　　D. 设计单位
   E. 质量监督单位

4. 根据水利部有关项目法人的管理指导意见，下列说法正确的有（　　）。
   A. 每月开展一次制度执行情况自查
   B. 全面采用工程总承包
   C. 项目管理以质量为核心
   D. 项目管理以安全为核心
   E. 项目管理以工期为核心

5. 水利工程勘测设计失误问责对象包括（　　）等。
   A. 勘测设计单位　　　　　B. 技术审查单位
   C. 项目法人　　　　　　　D. 监理单位
   E. 水行政主管部门

6. 根据《水利工程质量管理规定》（中华人民共和国水利部令第52号），施工单位质量管理的主要内容是（　　）。
   A. 按规定向监督机构办理工程质量监督手续
   B. 根据需要可以将其承接的水利建设项目的主体工程进行分包
   C. 指导监督合同中有关质量标准、要求的实施
   D. 禁止分包单位将其承包的工程再分包
   E. 建立健全质量管理体系，落实质量责任制

7. 下列关于项目法人合同管理过程中的说法，正确的有（　　）。
   A. 材料和设备供应是买卖合同
   B. 监理合同是委托合同
   C. 建设工程合同包括工程设计、施工、监理合同
   D. 建设工程合同是承包人进行工程建设，发包人支付价款的合同
   E. 建设工程合同应当采用书面形式

8. 水利工程质量事故分类中，经处理后，对工程使用寿命有影响的事故是（　　）。
   A. 一般质量事故　　　　　B. 特大质量事故
   C. 非常质量事故　　　　　D. 重大质量事故
   E. 较大质量事故

9. 下列属于水利工程质量事故分类要考虑的因素是（　　）。
   A. 工程的直接经济损失　　B. 工程建设地点
   C. 对工期的影响　　　　　D. 对工程正常使用的影响
   E. 工程等别

10．较大质量事故指对工程造成较大经济损失或延误较短工期，经处理后（　　）的事故。
    A．影响正常使用
    B．不影响正常使用
    C．并不影响使用寿命
    D．对工程使用寿命有一定影响
    E．对工程使用寿命有较大影响

11．特大质量事故指对工程造成特大经济损失或长时间延误工期，经处理后（　　）的事故。
    A．对正常使用有较大影响
    B．对正常使用有特大影响
    C．对工程使用寿命有较大影响
    D．对工程使用寿命有特大影响
    E．对工程使用寿命有很大影响

12．某一建筑工地，在施工过程中发生了质量事故后，事故单位因抢救人员需要移动现场物件时，下列做法正确的有（　　）。
    A．做出标志和书面记录
    B．对现场证人进行登记
    C．进行拍照或录像
    D．及时报警，请公安人员介入
    E．妥善保管现场重要物证

13．某施工单位在进行大型水利工程土石方工程施工时，发生了质量事故，处理事故的直接损失费为100万元，下列说法正确的有（　　）。
    A．事故发生后，事故单位要严格保护现场，采取有效措施抢救人员和财产，防止事故扩大
    B．该质量事故属于较大质量事故
    C．该质量事故属于一般质量事故
    D．事故发生后第25小时，事故单位向有关单位提出书面报告
    E．事故发生后，项目法人将事故的简要情况向项目主管部门报告

14．下列属于水利工程质量事故报告主要内容的有（　　）。
    A．事故发生原因初步分析
    B．事故报告单位
    C．事故初步分类
    D．事故责任人处理情况
    E．工程名称、建设地点

15．发生（　　）时，事故单位要在48h内向有关单位提出书面报告。
    A．突发性事故
    B．较大质量事故
    C．特大质量事故
    D．一般质量事故
    E．重大质量事故

16．根据《水利工程责任单位责任人质量终身责任追究管理办法（试行）》（水监督〔2021〕335号），水利工程责任单位包括（　　）单位。
    A．建设
    B．勘察、设计
    C．施工
    D．监理
    E．检测

17．需要省级水行政主管部门或流域机构审定后才能实施的水利工程质量事故是（　　）。
    A．重大质量事故
    B．较大质量事故

C．一般质量事故　　　　　D．特大质量事故

E．质量缺陷

18． 事故部位处理完毕后，必须按照管理权限经过（　　）后，方可投入使用或进入下一阶段施工。

A．项目主管部门同意　　　B．质量评定

C．监理单位同意　　　　　D．验收

E．项目法人（建设单位）同意

19． 事故处理需要进行设计变更的，应由（　　）提出设计变更方案。

A．事故发生单位　　　　　B．原设计单位

C．有资质的单位　　　　　D．监理单位

E．原设计审批部门

20． 质量缺陷备案的内容包括（　　）。

A．质量缺陷产生的部位、原因　B．质量缺陷造成的经济损失

C．对质量缺陷如何处理　　D．质量缺陷是否处理

E．对建筑物使用的影响

21． 根据《水利工程质量管理规定》（中华人民共和国水利部令第 52 号），监理单位质量管理的主要内容有（　　）。

A．对施工单位的施工质量管理体系进行审查

B．对施工单位的施工组织设计进行审查

C．对施工单位的专项施工方案进行审查

D．对施工单位的归档文件进行审查

E．主持施工招标工作

22． 监理工程师应当按照工程监理规范的要求，采取（　　）等检验形式，对建设工程实施监理。

A．旁站　　　　　　　　　B．定期

C．突击　　　　　　　　　D．巡视

E．平行检验

23． 监理单位必须接受水利工程质量监督单位对其（　　）的监督检查。

A．监理业绩　　　　　　　B．监理资格

C．质量检查体系　　　　　D．质量保证体系

E．质量监理工作

24． 水利工程质量监督的依据是（　　）。

A．国家有关的法律、法规　B．招标投标文件

C．水利水电行业有关技术标准　D．经批准的设计文件

E．建设各方的合同

25． 根据《水利工程质量监督管理规定》，在工程建设阶段，必须接受质量监督机构监督的单位是（　　）。

A．招标代理机构　　　　　B．建设单位

C．设计单位　　　　　　　D．监理单位

E．施工单位

26．下列关于水利工程建设项目的质量监督期的说法，正确的有（　　）。

　　A．从工程开工之日起，到工程竣工验收委员会同意工程交付使用止

　　B．从工程开工前办理质量监督手续始，到工程竣工验收委员会同意工程交付使用止

　　C．从工程开工前办理质量监督手续始，到工程竣工验收时止

　　D．含合同质量保修期

　　E．是否含合同质量保修期，视不同工程而定

27．根据《水利工程质量监督管理规定》，工程质量监督机构监督检查和认定（　　）的划分。

　　A．分项工程　　　　　　　　B．单位工程
　　C．隐蔽工程　　　　　　　　D．分部工程
　　E．单元工程

28．下列选项中，属于水利工程质量监督主要内容的有（　　）。

　　A．对施工单位的质量保证体系实施监督检查

　　B．监督检查技术规程、规范和质量标准的执行情况

　　C．审查施工单位的技术措施

　　D．向工程竣工验收委员会提出工程质量等级的建议

　　E．对施工单位的资质进行复核

29．下列选项中，属于水利工程质量监督机构的质量监督权限的有（　　）。

　　A．发现越级承包工程等不符合规定要求的，责成项目法人限期改正

　　B．对施工单位的资质等级、经营范围进行核查

　　C．质量监督人员需持"水利工程质量监测员证"进入施工现场执行质量监督

　　D．对使用未经检验的建筑材料，责成施工单位采取措施纠正

　　E．提请有关部门奖励先进质量管理单位及个人

30．根据《水利工程质量监督管理规定》，工程质量检测是（　　）的重要手段。

　　A．工程质量监督、质量检查　　B．工程勘察设计
　　C．质量评定和验收　　　　　　D．工程施工
　　E．工程主要材料采购

31．根据《水利工程质量监督管理规定》，下列说法正确的有（　　）。

　　A．经批准的设计文件可以作为工程质量监督的依据

　　B．质量监督单位不可对设计单位现场服务实施监督检查

　　C．质量监督单位应检查施工单位和建设、监理单位对工程质量检验和质量评定情况

　　D．质量监督单位应在工程竣工验收前，对工程质量进行等级核定，编制工程质量评定报告

　　E．质量监督单位应向工程竣工验收委员会提出工程质量等级的建议

32．根据《水利工程质量监督管理规定》，对违反技术规程的施工单位，工程质量监督机构通知（　　）采取纠正措施。

A．水行政主管部门　　　　　B．质量检测单位
C．项目法人（建设单位）　　D．设计单位
E．监理单位

33．根据《水利工程责任单位责任人质量终身责任追究管理办法（试行）》（水监督〔2021〕335号），下列说法正确的有（　　）。

A．建设单位对水利工程建设质量负首要责任
B．施工单位对工程质量负主体责任
C．施工单位对施工质量承担直接责任
D．监理单位对工程质量负主体责任
E．建设单位对工程质量承担全面责任

34．根据《水利工程责任单位责任人质量终身责任追究管理办法（试行）》（水监督〔2021〕335号），下列说法正确的有（　　）。

A．项目负责人对工程质量负领导责任
B．参建单位法定代表人负间接领导责任
C．项目法人、项目负责人对水利工程质量承担终身责任
D．监理单位总监理工程师应当按照项目法人与施工单位签订的施工合同进行监理
E．项目负责人不得以任何理由违反工程建设强制性标准

35．根据《水利工程责任单位责任人质量终身责任追究管理办法（试行）》（水监督〔2021〕335号），下列说法正确的有（　　）。

A．建设单位法定代表人对工程质量负领导责任
B．施工单位法定代表人对工程质量负总责
C．总监理工程师应当及时制止各种违法违规施工行为
D．施工单位项目经理不得以任何理由违反工程建设标准
E．总承包单位应当对其承包的工程或者采购的设备的质量负责

36．根据《水利工程责任单位责任人质量终身责任追究管理办法（试行）》（水监督〔2021〕335号），责任人包括（　　）。

A．法定代表人　　　　B．项目负责人
C．直接责任人　　　　D．间接责任人
E．领导责任人

37．根据《水利工程责任单位责任人质量终身责任追究管理办法（试行）》（水监督〔2021〕335号），下列说法正确的有（　　）。

A．责任期为水利工程使用期间
B．工程质量终身责任实行书面承诺
C．工程竣工后设立永久性责任标识牌
D．永久性责任标识牌载明的责任单位包括质量检测单位
E．参建单位法定代表人应当签署工程质量终身责任承诺书

38．根据《水利工程责任单位责任人质量终身责任追究管理办法（试行）》（水监督〔2021〕335号），对相关注册执业人员可以采取的责任追究方式有（　　）。

A．对责任人处单位罚款数额 5% 以下的罚款

B．责令停止执业 1 年

C．5 年以内不予注册

D．终身不予注册

E．按刑法有关规定进行处理

39．根据水利部水利建设质量工作考核有关办法，对施工现场涉及质量监督机构的主要工作考核指标有（　　）。

A．质量监督工作计划　　　　B．质量监督体系建立情况

C．质量监督质量检测情况　　D．工程质量监督检查情况

E．质量监督质量监测情况

40．下列质量问题中，可由项目法人组织有关单位制定处理方案的有（　　）。

A．质量缺陷　　　　　　　　B．一般质量事故

C．较大质量事故　　　　　　D．重大质量事故

E．特大质量事故

41．根据《水利工程质量事故处理暂行规定》（中华人民共和国水利部令第 9 号），事故报告的内容应包括（　　）等。

A．工程名称、建设地点、工期

B．事故发生的时间、地点、工程部位以及相应的参建单位名称

C．事故发生原因初步分析

D．事故发生后采取的措施及事故控制情况

E．有关媒体对于本次事故的报道情况

42．根据《水利工程质量监督管理规定》，下列说法正确的有（　　）。

A．大型水利工程可根据需要建立质量监督项目站（组）

B．大型水利工程应设置项目站

C．水利工程建设项目质量监督方式以抽查为主

D．水利工程建设项目质量监督方式以专项检查为主

E．水利工程建设项目的质量监督期含合同质量保修期

43．根据《水利工程质量管理规定》（中华人民共和国水利部令第 52 号），必须在质量责任公示牌上公示的单位有（　　）等。

A．项目法人　　　　　　　　B．设计单位

C．施工单位　　　　　　　　D．质量监督机构

E．监测单位

44．（　　）等前期工作中的工程质量由设计单位负责，设计审查单位负审查责任。

A．可行性研究

B．可行性研究以前阶段的勘测设计

C．可行性研究以前阶段的规划设计

D．初步设计

E．初步设计及以前阶段的勘测设计

45．工程建设实施过程中的工程质量由（　　）。

A．项目法人负总责

B．主要由施工单位负责

C．监理、设计单位按照合同及有关规定对所承担的工作质量负责

D．主要由设计单位负责

E．由质量监督部门负责

46．项目法人在工程建设实施过程中应（　　）。

A．组织好资金供应

B．保证合同规定的工程款到位

C．不得因资金短缺降低工程质量标准和影响工程安全

D．负责组织设计交底

E．审批施工单位的施工组织设计、施工技术措施、施工详图

47．监理单位对工程建设过程中的设计与施工质量负监督与控制责任，对其验收合格项目的施工质量负直接责任，其主要的职责包括（　　）。

A．审批施工单位的施工组织设计、施工技术措施、施工详图

B．签发设计单位的施工设计文件（包括施工详图）

C．按规定负责组织施工单位职工的技术培训

D．进行施工质量监督与控制

E．组织设计交底

48．根据《水电建设工程质量管理暂行办法》（电水农〔1997〕220号），下列关于施工质量管理的说法，正确的有（　　）。

A．近一年内工程发生特大质量事故的施工单位不得独立中标承建大型水电站主体工程的施工任务

B．非水电专业施工单位不能独立承担具有水工专业特点的工程项目

C．大型水电项目的非主体工程可以转包

D．水电项目分包部分不宜超过合同工作量的30%

E．临时合同工不能作为劳务由施工单位统一管理

49．工程建设过程中，监理单位的职责包括（　　）。

A．参加设计单位组织的设计交底

B．签发设计单位的施工设计文件

C．负责进行施工单位资格审查

D．审批施工单位的施工组织设计、施工技术措施

E．按规定负责进行施工质量监督与控制

50．在工程建设期间，施工单位（　　）。

A．对所承包项目的施工质量负责

B．在监理单位验收前对施工质量负全部责任

C．在监理单位验收后对施工质量负间接责任

D．在监理单位验收后，对其隐瞒或虚假部分负直接责任

E．对安装的设备质量负责

51．下列关于水电工程质量管理责任的说法，正确的有（　　）。

A．建设项目的项目法人单位质量分管领导对本单位的质量工作负领导责任

B．监理单位的工程项目技术负责人（总监）对质量工作负技术责任

C．监理单位的现场工程师对质量工作负技术责任

D．监理、设计、施工单位的具体工作人员为直接责任人

E．各单位在工程项目现场的行政负责人对本单位在工程建设中的质量工作负直接领导责任

52．国家能源局电力可靠性管理和工程质量监督中心的主要职责包括（　　）等。

A．项目质量监督

B．拟定电力建设工程质量监督政策措施

C．对质监机构进行业务监督指导

D．对全国电力建设工程质量实施统一监督管理

E．全国电力建设工程质量监督信息管理

53．招标时，为确保施工单位的能力满足保证工程质量的要求，应详细了解、审查、分析、判断（　　）。

A．施工单位的资质及质量保证体系

B．施工单位以往的相关工程业绩

C．施工单位以往的施工质量情况

D．施工单位的安全体系

E．施工单位对本工程所作的施工组织设计、施工方法和措施，投入本工程的项目经理人选、主要技术力量及设备的情况

54．下列关于工程项目转包、分包的说法，正确的有（　　）。

A．禁止转包　　　　　　　　B．可以转包，但必须经过批准

C．禁止分包　　　　　　　　D．可以分包，但必须经过批准

E．分包施工单位不得再次进行分包

55．下列关于水电工程施工分包的说法，正确的有（　　）。

A．必须经监理单位同意并审查分包施工单位保证工程质量的能力

B．项目法人可指定分包单位

C．分包部分不宜超过合同工作量的50%

D．分包施工单位可以再次进行分包

E．分包施工单位不得再次进行分包

56．临时合同工（　　）。

A．应作为劳务由施工单位分级管理

B．一般应用于承担非技术工种

C．需用于承担技术工种的，施工单位应对其进行质量教育和技能培训，持证上岗

D．承担技术工种应持证上岗，并报监理单位备案

E．不得用于主体工程施工中

57．施工单位的"三检制"应包括（　　）。

A．班组初检　　　　　　　　B．作业队复检

C．项目部终检 D．质检工程师终检
E．项目经理终检

58. 在工程阶段验收和竣工验收时，（   ）、运行等单位应在提供的文件中，对工程质量进行翔实的介绍和评价，并对存在的质量问题提供自检资料。

A．项目法人 B．设计
C．监理 D．施工
E．建设行政主管部门

59. 下列有关施工质量检查与工程验收的说法，正确的有（   ）。

A．分部分项工程应由监理单位组织进行联合检查验收
B．分部分项工程应由项目法人签署验收结论
C．水库蓄水验收及工程竣工验收前应进行工程安全鉴定
D．设计、运行等单位均应在分部分项工程验收签证上签字或签署意见
E．工程阶段验收和竣工验收时，项目法人等单位应在提供的文件中对存在的质量问题提供自检资料

60. 当质量事故危及施工安全，或不立即采取措施会使事故进一步扩大甚至危及工程安全时，应（   ）。

A．立即停止施工 B．暂时放慢施工进度
C．立即上报 D．边整改边施工
E．整改后上报

61. 根据《水电建设工程质量管理暂行办法》（电水农〔1997〕220号），事故调查权限原则有（   ）。

A．一般事故由监理单位负责调查
B．一般事故由项目法人或监理单位负责调查
C．较大事故由项目法人负责组织专家组进行调查
D．重大事故由省级以上水行政主管部门负责组织专家组进行调查
E．特大质量事故由质监总站负责组织专家组进行调查

62. 水电建设工程质量事故分类为（   ）。

A．质量缺陷 B．一般
C．较大 D．重大
E．特大

63. 下列关于水利工程分包的说法，正确的有（   ）。

A．大坝工程可以由分包单位单独承建
B．主厂房及其基础不得由分包单位单独承建
C．分包单位的资质等情况须报质量监督机构备案，不须报项目法人单位备案
D．分包单位的资质等情况须报项目法人单位备案
E．项目法人单位或其所属人员可以向承包商指定分包单位

64. 涉及工程安全的重大问题的（   ）发生重大变更时，必须由项目法人报原设计审批部门审查批准。

A．设计负责人 B．设计原则

C．设计标准　　　　　　　　D．设计方案

E．设计理念

65．对于参建单位和个人提出的一般设计变更建议，设计单位（　　）。

A．应认真听取并加以论证，积极采纳合理化建议

B．对采纳建议所作的设计质量负责

C．对采纳建议所作的设计质量不负责

D．可以不采纳

E．必须采纳

66．对于设计单位不同意采纳的一般设计变更建议（　　）。

A．项目法人有权作出一般设计变更的决策

B．项目法人无权作出一般设计变更的决策

C．项目法人对作出设计变更决策方案的正确性负责

D．设计单位受项目法人委托进行变更设计时对自己所作的设计成果不负责

E．监理单位有权作出设计变更

67．根据《水电建设工程质量管理暂行办法》（电水农〔1997〕220号），下列有关设计质量管理的说法，正确的有（　　）。

A．项目法人可以实行设计进度质量保留金制度

B．涉及工程安全的重大问题标准发生重大变更时，应报原设计审批部门审查批准

C．项目法人有权作出一般设计变更的决策

D．设计联营体的责任方是具体负责相应设计的设计单位

E．设计单位推荐设备时可以确定设备型号

68．设计单位派出的现场设计代表机构应（　　）。

A．做到专业配套，人员相对稳定

B．至少应有一名负责人常驻工地

C．设计代表机构负责人一般由设计项目经理或设计总工程师（含副职）担任

D．设计代表机构人员可在监理单位和施工单位兼职

E．必须派出该项目负责人常驻工地

69．下列关于水利工程设计单位说法，正确的有（　　）。

A．由两个或两个以上设计单位组成联营体的各自对所设计的内容负责

B．联营体的责任方是工程项目的总体设计单位

C．设计代表机构人员不得在监理单位和施工单位兼职

D．设计单位对水利工程材料和设备可以指定供货厂家

E．设计单位推荐材料和设备时应遵循"定型不定厂"的原则

70．对存在重大质量隐患的电力建设工程，地方政府电力管理部门可依法采取（　　）等措施。

A．停止施工　　　　　　　　B．停止供电

C．停拨付工程款　　　　　　D．经济处罚

E．终止合同

71. 质监机构不得受理（　　）的电力建设工程的质量监督注册申请。
    A．未经审批　　　　　　　　B．未经核准
    C．未经备案　　　　　　　　D．未缴纳质量监督费
    E．未提交监督计划

72. 根据《水电建设工程质量监督检查大纲》，施工现场需要单位法定代表人授权的人员包括（　　）。
    A．建设单位项目负责人　　　B．设计单位项目负责人
    C．施工单位项目负责人　　　D．质量监督单位项目负责人
    E．勘测单位项目负责人

73. 根据《水电建设工程质量监督检查大纲》，建设单位的质量管理职责有（　　）。
    A．项目负责人应签署工程质量终身责任承诺书
    B．已审批监理规划
    C．已审批施工组织设计
    D．已制定工程建设有关质量标准实施管理措施
    E．组织重要工程、隐蔽工程的单元工程验收

74. 根据《水电建设工程质量监督检查大纲》，设计单位的质量管理职责有（　　）。
    A．对技术问题进行充分的试验和论证
    B．专业人员具有相应资格
    C．重大设计变更经过充分分析论证
    D．建立设计成果审批证制度
    E．设计产品执行校审程序和专业会签

75. 根据《水电建设工程质量监督检查大纲》，监理单位的质量管理职责有（　　）。
    A．总监理工程师已经单位法定代表人授权
    B．进行工程项目划分
    C．对涉及结构安全的试块、试件以及有关材料进行见证取样
    D．组织单元工程验收
    E．总监理工程师驻现场时间符合合同约定

76. 根据《水电建设工程质量监督检查大纲》，施工单位的质量管理职责有（　　）。
    A．专业绿色施工措施已制定并报审
    B．对有关质量监督检查提出的意见及时整改和落实
    C．对不符合施工技术标准要求的设计图纸进行修改
    D．超过一定规模的危大工程专项施工方案通过建设单位组织的论证
    E．审批单位工程开工申请

77. 根据《水电建设工程质量监督检查大纲》，检验检测单位的质量管理职责有（　　）。

A．现场派出机构按母体机构授权范围开展工作

B．组织检测项目的验收

C．检测人员资格满足检验检测工作要求

D．对有关质量监督检查提出的意见及时整改和落实

E．检测环境满足规范要求

78．根据《水电建设工程质量监督检查大纲》，质量监督巡视检查主要分为（　　）质量监督检查。

A．阶段性　　　　　　　　B．随机抽查

C．见证性　　　　　　　　D．抽样性

E．专项

79．根据《水电建设工程质量监督检查大纲》，下列说法正确的有（　　）。

A．监督检查中发现的质量隐患，质监机构应及时上报地方能源主管部门和国家能源局派出机构

B．工程参建方项目负责人未签署授权书、承诺书，质监机构不予开展下一阶段的监督检查

C．工程参建方项目负责人未签署授权书、承诺书，质监机构不予出具质量监督检查报告

D．大型水电工程的截流阶段质量监督可与首次质量监督合并开展

E．阶段性质量监督检查均应提出工程质量是否满足相应阶段验收条件的结论性意见

【答案】

一、单项选择题

1．A；　2．D；　3．C；　4．C；　5．C；　6．B；　7．B；　8．A；
9．C；　10．D；　11．D；　12．A；　13．C；　14．D；　15．B；　16．C；
17．D；　18．C；　19．B；　20．D；　21．D；　22．C；　23．D；　24．D；
25．C；　26．D；　27．B；　28．B；　29．A；　30．D；　31．D；　32．A；
33．A；　34．D；　35．B；　36．A；　37．C；　38．B；　39．D；　40．B；
41．C；　42．D；　43．A；　44．C；　45．A；　46．A；　47．C；　48．D；
49．A；　50．B；　51．C；　52．D；　53．A；　54．D；　55．A；　56．C；
57．A；　58．A；　59．A；　60．B；　61．A；　62．A；　63．A；　64．A；
65．B；　66．B；　67．D；　68．D；　69．D；　70．A；　71．A；　72．B；
73．C；　74．B；　75．B；　76．A；　77．A；　78．C；　79．D；　80．C；
81．B；　82．B；　83．A；　84．C；　85．C；　86．D；　87．B；　88．A；
89．B；　90．C；　91．A；　92．D；　93．B；　94．C；　95．C；　96．D；
97．B；　98．C；　99．B；　100．C；　101．B；　102．D；　103．B；　104．B；
105．C

二、多项选择题

1. A、B、D、E； 2. A、B、D； 3. B、D； 4. C、D；
5. A、B、C、D； 6. D、E； 7. A、B、D、E； 8. B、D、E；
9. A、C、D； 10. B、D； 11. A、C； 12. A、C、E；
13. A、B、E； 14. A、B、E； 15. B、C、E； 16. A、B、C、D；
17. A、D； 18. B、D； 19. B、C； 20. A、C、D、E；
21. A、B、C、D； 22. A、D、E； 23. B、C、E； 24. A、C、D；
25. B、C、D、E； 26. B、D； 27. B、D、E； 28. A、B、D、E；
29. A、B、C、E； 30. A、C； 31. A、C、D、E； 32. C、E；
33. A、B、C、E； 34. C、E； 35. C、D、E； 36. A、B、C；
37. B、C； 38. B、C、D； 39. A、D； 40. B、C；
41. A、B、C、D； 42. B、C、E； 43. A、B、C； 44. A、B、C；
45. A、C； 46. A、B、C； 47. A、B、D、E； 48. A、B；
49. B、D、E； 50. A、B、D； 51. B、D、E； 52. A、B、C、E；
53. A、B、C、E； 54. A、D、E； 55. A、E； 56. B、C、D；
57. A、B、C； 58. A、B、C、D； 59. A、C、D、E； 60. A、C；
61. B、C、E； 62. B、C、D、E； 63. B、D； 64. B、C、D；
65. A、B、D； 66. A、C； 67. A、B、C、E； 68. A、B、C；
69. B、C、E； 70. A、B、D； 71. A、B、C； 72. A、B、C、E；
73. A、B、C； 74. B、C、E； 75. A、B、C、E； 76. A、B；
77. A、C、D、E； 78. A、B、E； 79. A、B、C

12.2 施工质量检验

复习要点

1. 水利水电工程项目划分的原则
2. 水利水电工程施工质量检查的要求
3. 水利水电工程施工质量验收的要求
4. 水利水电工程单元工程质量标准

一　单项选择题

1. 外观质量得分率，指（　　）外观质量实际得分占应得分数的百分数。
   A．单元工程　　　　　　　　B．单位工程
   C．单项工程　　　　　　　　D．分部工程
2. 项目划分由项目法人组织监理、设计及施工等单位共同商定，同时确定主要单位工程、主要分部工程、主要隐蔽单元工程和关键部位单元工程，项目法人在主体工程开工前将项目划分表及说明书面报（　　）确认。

A．相应的项目水行政主管部门　　B．相应的运行管理单位
C．相应的工程质量监督机构　　D．相应的建设单位

3. 根据《水利水电工程施工质量检验与评定规程》SL 176—2007 的有关规定，分部工程是指在一个建筑物内能组合发挥一种功能的建筑安装工程，是组成（　　）工程的各个部分。
　　A．单位　　　　　　　　　　B．单元
　　C．分项　　　　　　　　　　D．枢纽

4. 根据《水利水电工程施工质量检验与评定规程》SL 176—2007，《水利水电工程单元工程施工质量验收评定标准》是单元工程质量等级评定标准，其主要包括水工建筑物、金属结构及启闭机械安装工程和水轮发电机组安装工程等（　　）个方面。
　　A．6　　　　　　　　　　　B．7
　　C．8　　　　　　　　　　　D．9

5. 根据《水利水电工程施工质量检验与评定规程》SL 176—2007 的有关规定，建设（监理）单位应根据《水利水电工程单元工程施工质量验收评定标准》（　　）工程质量。
　　A．复核　　　　　　　　　　B．抽查
　　C．监督　　　　　　　　　　D．鉴定

6. 工程实施过程中，需对单位工程、主要分部工程、重要隐蔽单元工程和关键部位单元工程的项目划分进行调整时，项目法人应报送（　　）确认。
　　A．主管部门　　　　　　　　B．质量监督单位
　　C．县级及以上人民政府　　　D．流域机构

7. 单位工程是指（　　）。
　　A．具有独立发挥作用或独立施工条件的建筑物
　　B．在一个建筑物内能组合发挥一种功能的建筑安装工程
　　C．除管理设施以外的主体工程
　　D．对工程安全性、使用功能或效益起决定性作用分部工程

8. 根据《水利水电工程施工质量检验与评定规程》SL 176—2007 的有关规定，计量器具需经（　　）以上人民政府技术监督部门认定的计量检定机构或其授权设置的计量检定机构进行检定，并具备有效的检定证书。
　　A．国家级　　　　　　　　　B．省级
　　C．市级　　　　　　　　　　D．县级

9. 根据《水利水电工程施工质量检验与评定规程》SL 176—2007 的有关规定，检测人员应熟悉检测业务，了解被检测对象和所用仪器设备性能，并经考核合格，持证上岗。参与中间产品质量资料复核人员应具有（　　）以上工程系列技术职称。
　　A．教授　　　　　　　　　　B．高级
　　C．工程师　　　　　　　　　D．初级

10. 原材料、中间产品一次抽检不合格时，应及时对同一取样批次另取（　　）倍数量进行检验。
　　A．2　　　　　　　　　　　B．3

C. 4 D. 5

11. 单元工程或工序质量经鉴定达不到设计要求，经加固补强后，改变外形尺寸或造成永久性缺陷的，经项目法人、监理及设计单位确认能基本满足设计要求，其质量可按（　　）处理。

A. 优良 B. 不合格
C. 合格 D. 基本合格

12. 工程项目质量优良评定标准为单位工程质量全部合格，其中有（　　）以上的单位工程优良，且主要建筑物单位工程为优良。

A. 50% B. 70%
C. 85% D. 90%

13. （　　）工程是日常工程质量考核的基本单位，它是以有关设计、施工规范为依据的，其质量评定一般不超出这些规范的范围。

A. 单元 B. 单项
C. 分部 D. 单位

14. 按照《水利水电工程单元工程施工质量验收评定标准》，质量检验项目分为主控项目和（　　）。

A. 一般项目 B. 允许偏差项目
C. 质量检查项目 D. 检测项目

15. 单元（工序）工程完工后，应及时评定其质量等级，并按现场检验结果，如实填写《水利水电工程施工质量评定表（试行）》。现场检验应遵守（　　）原则。

A. 试验验证 B. 随机取样
C. 抽查核定 D. 质量核定

16. 增补有关质量评定标准和表格，须经过（　　）以上水利工程行政主管部门或其委托的水利工程质量监督机构批准。

A. 国家级 B. 省级
C. 市级 D. 县级

17.《水利水电工程施工质量评定表（试行）》表1～表7从表头至评定意见栏均由施工单位经"三检"合格后填写，"质量等级"栏由复核质量的（　　）填写。

A. 终检工程师 B. 监理人员
C. 承包人技术负责人 D. 质量监督人员

18.《水利水电工程施工质量评定表（试行）》中关于合格率的填写，正确的表达方式是（　　）。

A. 0.922 B. 92.22%
C. 92% D. 92.2%

19. 根据《水利水电工程施工质量检验与评定规程》SL 176—2007，具有独立发挥作用或独立施工条件的建筑物称为（　　）。

A. 单项工程 B. 分部工程
C. 单元工程 D. 单位工程

20. 根据《水利水电工程施工质量检验与评定规程》SL 176—2007，质量缺陷是指对工程质量有影响，但小于（　　）的质量问题。

A．较大事故　　　　　　　　B．重大事故
C．一般质量事故　　　　　　D．特大事故

21．根据《水利水电工程施工质量检验与评定规程》SL 176—2007，单元工程质量达不到评定标准合格规定时，经加固补强并经鉴定能达到设计要求，其质量可评为（　　）。

A．合格　　　　　　　　　　B．优良
C．优秀　　　　　　　　　　D．部分优良

22．根据《水电水利基本建设工程单元工程质量等级评定标准》，工序合格的指标之一是一般项目逐项应有（　　）及以上的检测点合格。

A．60%　　　　　　　　　　B．70%
C．80%　　　　　　　　　　D．90%

23．根据《水电水利基本建设工程单元工程质量等级评定标准》，工序优良的指标之一是一般项目逐项应有（　　）及以上的检测点合格。

A．60%　　　　　　　　　　B．70%
C．80%　　　　　　　　　　D．90%

24．根据《水电水利基本建设工程单元工程质量等级评定标准》，不划分工序的单元工程优良的指标之一是一般项目逐项应有（　　）及以上的检测点合格。

A．60%　　　　　　　　　　B．70%
C．80%　　　　　　　　　　D．90%

25．根据《水电水利基本建设工程单元工程质量等级评定标准》，划分工序的单元工程优良的指标之一是优良工序应达到（　　）及以上。

A．40%　　　　　　　　　　B．50%
C．60%　　　　　　　　　　D．70%

26．根据《水电水利基本建设工程单元工程质量等级评定标准》，单元工程质量等级评定宜在单元工程完工（　　）d 内完成。

A．7　　　　　　　　　　　　B．14
C．21　　　　　　　　　　　D．28

27．根据《水电水利基本建设工程单元工程质量等级评定标准》，监理单位收到施工单位提交的验收资料后，在（　　）日内完成复核评定。

A．3　　　　　　　　　　　　B．7
C．14　　　　　　　　　　　D．21

28．根据《水电水利基本建设工程单元工程质量等级评定标准》，施工单位在单元工程通过验收后的（　　）d 内填写工序施工质量等级评定表。

A．3　　　　　　　　　　　　B．7
C．14　　　　　　　　　　　D．21

二 多项选择题

1. 水利水电工程项目划分为（   ）。
   A．单位工程 B．分项工程
   C．分部工程 D．单元工程
   E．单项工程

2. 在工程实施过程中，对（   ）进行调整时，项目法人需重新报送工程质量监督机构确认。
   A．单位工程 B．分部工程
   C．重要隐蔽单元工程 D．关键部位单元工程
   E．单元工程

3. 根据《水利水电工程施工质量检验与评定规程》SL 176—2007 的有关规定，工程质量检验包括（   ）等程序。
   A．施工准备检查
   B．中间产品与原材料质量检验
   C．水工金属结构、启闭机及机电产品质量检查
   D．质量事故检查及工程外观质量检验
   E．质量保证体系的检查

4. 根据《水利水电工程施工质量检验与评定规程》SL 176—2007 的有关规定，分部工程质量优良评定标准包括（   ）。
   A．单元工程质量全部合格，其中 70% 以上达到优良
   B．主要单元工程、重要隐蔽单元工程质量优良率达 90% 以上，且未发生过质量事故
   C．中间产品质量全部优良
   D．外观质量得分率达到 85% 以上（不含 85%）
   E．原材料质量、金属结构及启闭机制造质量优良；机电产品质量合格

5. 根据《水利水电工程施工质量检测与评定规程》SL 176—2007 的有关规定，单位工程质量优良评定标准包括（   ）。
   A．分部工程质量全部合格，其中 70% 以上达到优良，主要分部工程质量优良，且施工中未发生过质量事故
   B．中间产品质量合格，其中混凝土拌合质量优良；原材料质量、金属结构及启闭机制造质量合格，机电设备质量合格
   C．原材料、中间产品全部合格，金属结构及启闭机制造质量合格，机电设备质量合格
   D．外观质量得分率达到 85% 以上（不含 85%）
   E．施工质量检验及评定资料齐全

6. 下列关于《水利水电工程施工质量评定表（试行）》填表基本规定正确的有（   ）。

A．单元（工序）工程完工后，应及时评定其质量等级，并按现场检验结果，如实填写评定表。现场检验应遵守随机取样原则

B．合格率用百分数表示，小数点后保留两位，如果恰为整数，则小数点后以0表示

C．评定表应使用蓝色或黑色墨水钢笔填写，不得使用圆珠笔、铅笔填写

D．文字应按国务院颁布的简化汉字书写，字迹应工整、清晰

E．改错时应将错误用斜线划掉，再在其左上方填写正确的文字（或数字）

7．下列关于《水利水电工程施工质量评定表（试行）》单元（工序）工程表头填写正确的有（　　）。

A．单位工程、分部工程名称，按项目划分确定的名称填写

B．单元工程名称、部位：填写该单元工程名称（中文名称或编号），部位可用桩号、高程等表示

C．施工单位：填写施工单位现场机构的全称

D．单元工程量：填写本工程主要工程量

E．检验（评定）日期：年——填写4位数，月——填写实际月份（1～12月），日——填写实际日期（1～31日）

8．下列属于中间产品的有（　　）。

A．钢筋　　　　　　　　　B．水泥

C．砂石集料　　　　　　　D．混凝土预制件

E．混凝土试块

9．根据《水利水电工程施工质量检测与评定规程》SL 176—2007的有关规定，单元工程质量等级评定中质量检验项目包括（　　）。

A．主控项目　　　　　　　B．一般项目

C．保证项目　　　　　　　D．基本项目

E．允许偏差项目

10．下列关于施工单位的质量保证体系中的说法，正确的有（　　）。

A．有专门的质量管理机构

B．有健全的质量管理制度

C．具备与工程相适应的质量检验、测试仪器设备

D．有专门的安全管理机构

E．有专项质量管理经费

11．根据《水利水电工程施工质量检测与评定规程》SL 176—2007的有关规定，水利水电工程施工质量等级评定依据包括（　　）。

A．《水利水电工程单元工程施工质量验收评定标准》和国家及水利水电行业有关施工规程、规范及技术标准

B．经批准的设计文件、施工图纸、金属结构设计图样与技术条件、设计修改通知书、厂家提供的设备安装说明书及有关技术文件

C．工程承发包合同中采用的技术标准

D．工程试运行期的试验及观测分析成果

E．根据现场施工经验总结并监理认可的标准

12．工序施工质量评定分为合格和优良两个等级，其中合格标准包括（   ）。

A．主控项目，检验结果应全部符合标准的要求

B．主控项目，检验结果应95%以上符合标准的要求

C．一般项目，逐项应有70%及以上的检验点合格，且不合格点不应集中

D．一般项目，逐项应有80%及以上的检验点合格，且不合格点不应集中

E．各项报验资料应符合标准要求

13．有关单元工程质量等级叙述正确的是（   ）。

A．全部返工重做的，可重新评定质量等级

B．经加固补强并经鉴定能达到设计要求，其质量只能评为合格

C．经加固补强并经鉴定能达到设计要求，其质量可以评为优良

D．经鉴定达不到设计要求，但建设单位认为能基本满足安全和使用功能要求的，可不加固补强

E．经加固补强后，造成永久性缺陷的，经建设单位认为基本满足设计要求，其质量可按合格处理

14．临时工程质量检验项目及评定标准，由（   ）参照《水利水电工程单元工程施工质量验收评定标准》的要求研究决定，并报相应的质量监督机构核备。

A．建设（监理）单位　　　　B．水行政主管部门

C．设计单位　　　　　　　　D．项目法人

E．施工单位

15．下列关于质量评定组织要求的说法，正确的有（   ）。

A．分部工程质量由施工单位自评，监理单位复核

B．单位工程质量由监理单位评定，项目法人复核

C．工程项目质量由项目法人自评，质量监督机构复核

D．外观质量评定组人数不应少于5人

E．阶段验收前，质量监督机构应提交工程质量评价意见

16．下列关于单元工程质量评定的说法，正确的有（   ）。

A．可评定为"合格""优良"两个等级

B．可评定为"不合格""合格""优良"三个等级

C．经加固补强并经鉴定能达到设计要求，其质量可评为"优良"

D．经加固补强并经鉴定能达到设计要求，其质量只能评为"合格"

E．经加固补强并经鉴定能达到设计要求，其质量可评为"部分优良"

17．根据《水利水电工程施工质量检测与评定规程》SL 176—2007，工程项目质量优良的标准包括（   ）。

A．单位工程质量全部合格

B．70%以上的单位工程优良

C．施工期及运行期，各单位工程观测资料符合标准和合同约定

D．分部工程全部优良

E．分部工程优良率达80%以上

【答案】

一、单项选择题

1. B;　2. C;　3. A;　4. D;　5. A;　6. B;　7. A;　8. D;
9. C;　10. A;　11. C;　12. B;　13. A;　14. A;　15. B;　16. B;
17. B;　18. D;　19. D;　20. C;　21. A;　22. B;　23. D;　24. D;
25. B;　26. D;　27. A;　28. B

二、多项选择题

1. A、C、D;　　2. A、C、D;　　3. A、B、C、D;　　4. A、B;
5. D、E;　　　6. A、C、D;　　7. A、B、E;　　　8. C、D;
9. A、B;　　　10. A、B、C;　　11. A、B、C、D;　　12. A、C、E;
13. A、B、D、E;　14. A、C、D、E;　15. A、D、E;　　16. A、D;
17. A、B

第13章 施工成本管理

13.1 水利水电工程概预算

复习要点

微信扫一扫
在线做题+答疑

1. 水利工程定额
2. 水力发电工程定额
3. 工程量清单
4. 部分练习题需要用到阶段成本控制的知识

一 单项选择题

1. 根据《水利工程设计概（估）算编制规定（工程部分）》（水总〔2014〕429号文），水利工程费用中，直接费不包括（　　）。
   A. 施工机械使用费 B. 临时设施费
   C. 安全生产措施费 D. 现场经费

2. 下列不属于其他直接费的是（　　）。
   A. 企业管理费 B. 工程定位复测费
   C. 竣工场地清理费 D. 特殊地区施工增加费

3. 材料预算价格一般包括材料原价、运杂费、运输保险费和（　　）四项。
   A. 采购费 B. 包装费
   C. 保管费 D. 采购及保管费

4. 采购及保管费是指材料采购和保管过程中所发生的各项费用，按材料运到仓库价格，不包括（　　）的3%计算。
   A. 包装费 B. 运输保险费
   C. 运杂费 D. 装卸费

5. 某水利建筑安装工程的建筑工程单价计算中，直接费为Ⅰ，基本直接费为Ⅱ，已知间接费的费率为 η，则间接费为（　　）。
   A. $Ⅰ \times \eta$ B. $Ⅱ \times \eta$
   C. $(Ⅰ+Ⅱ) \times \eta$ D. $(Ⅰ-Ⅱ) \times \eta$

6. 根据《水利部办公厅关于印发〈水利工程营业税改征增值税计价依据调整办法〉的通知》（办水总〔2016〕132号），其他直接费、利润计算标准不变，税金指应计入建筑安装工程费用内的增值税销项税额，税率为（　　）。
   A. 3% B. 5%
   C. 7% D. 11%

7. 某水利枢纽工程位于六类地区，已知日工作时间8工时/工日，高级工的人工预算单价中基本工资为Ⅰ元/工日，辅助工资为Ⅱ元/工日，节假日加班津贴为Ⅲ元/

工日,则高级工的人工预算单价为( )元/工时。

　　A. Ⅰ÷8　　　　　　　　B.(Ⅰ+Ⅱ)÷8

　　C.(Ⅱ+Ⅲ)÷8　　　　　D.(Ⅰ+Ⅱ+Ⅲ)÷8

8. 根据《水利工程工程量清单计价规范》GB 50501—2007,工程量清单由分类分项工程量清单、其他项目清单、零星工作项目清单和( )组成。

　　A. 环境保护措施清单　　　B. 安全防护措施清单

　　C. 措施项目清单　　　　　D. 夜间施工措施清单

9. 分类分项工程量清单项目编码中500101002001的第五、六位为( )顺序码。

　　A. 水利工程　　　　　　　B. 专业工程

　　C. 分项工程　　　　　　　D. 分类工程

10. 其他项目清单中的暂列金额一般可为分类分项工程项目和措施项目合价的( )。

　　A. 2%　　　　　　　　　　B. 3%

　　C. 5%　　　　　　　　　　D. 10%

11. 为完成工程项目施工,发生于该工程项目施工前和施工过程中招标人不要求列明工程量的项目为( )。

　　A. 措施项目　　　　　　　B. 零星工作项目

　　C. 分类分项工程项目　　　D. 其他项目

12. 为完成工程项目施工,发生于该工程施工过程中招标人要求计列的费用项目为( )。

　　A. 措施项目　　　　　　　B. 零星工作项目

　　C. 分类分项工程项目　　　D. 其他项目

13. 下列情形可以将投标报价高报的是( )。

　　A. 施工条件好、工作简单、工程量大的工程

　　B. 工期要求急的工程

　　C. 投标竞争对手多的工程

　　D. 支付条件好的工程

14. 下列说法错误的是( )。

　　A. 除合同另有约定外,现场工艺试验所需费用,包含在现场工艺实验项目总价中,由发包人按工程量清单相应项目的总价支付

　　B. 承包人承担的超大、超重件的运输费用,由发包人按工程量清单相应项目的总价支付

　　C. 除合同另有约定外,承包人根据合同要求完成施工用电设施的建设、移设和拆除工作所需的费用,由发包人按工程量清单相应项目的工程单价或总价支付

　　D. 除合同另有约定外,承包人根据合同要求完成仓库或存料场的建设、维护管理和拆除工作所需的费用,由发包人按工程量清单相应项目的工程单价或总价支付

15. 下列说法正确的是( )。

A．直接属于具体工程项目的安全文明施工措施费，由发包人另行支付
B．除合同另有约定外，承包人按合同要求完成废、污水（或废油）处理设施的运行、维护管理等工作所需的费用，由发包人另行支付
C．河床基坑的废水处理费用，由发包人按工程量清单相应项目的工程单价或总价支付
D．未列入工程量清单的其他环境保护和水土保持措施，承包人完成这些措施的建设、运行、维护管理和施工期监测等工作所需费用，由发包人另行支付

16．一般土方开挖、淤泥流砂开挖、沟槽开挖和柱坑开挖按施工图纸所示开挖轮廓尺寸计算的（　　）以立方米为单位计量。
A．实方体积　　　　　　　　B．自然方体积
C．有效自然方体积　　　　　D．松方体积

17．下列说法错误的是（　　）。
A．场地平整按施工图纸所示场地平整区域计算的有效面积以平方米为单位计量，由发包人按工程量清单相应项目有效工程量的每平方米工程单价支付
B．承包人按合同要求完成基坑排水工作（含基坑初期排水和经常性排水）所需的费用，由发包人按照实际发生费用支付
C．承包人按合同要求完成基础清理工作所需的费用，包含在工程量清单相应开挖项目有效工程量的每立方米工程单价中，发包人不另行支付
D．振冲加密或振冲置换成桩按施工图纸所示尺寸计算的有效长度以米为单位计量，由发包人按工程量清单相应项目有效工程量的每米工程单价支付

18．混凝土有效工程量不扣除单体占用的空间体积小于（　　）m^3的钢筋和金属件，单体横截面面积小于（　　）m^2的空洞、排水管和凹槽等所占的体积。
A．0.1，0.1　　　　　　　　B．0.2，0.2
C．0.01，0.1　　　　　　　　D．0.1，0.01

19．主要用于初步设计阶段预测工程造价的定额为（　　）。
A．概算定额　　　　　　　　B．预算定额
C．施工定额　　　　　　　　D．投资估算指标

20．直接用于施工生产的人工、材料、成品、半成品、机械消耗定额是（　　）。
A．劳动定额　　　　　　　　B．预算定额
C．施工定额　　　　　　　　D．直接费定额

21．（　　）指在一定施工组织条件下，完成单位合格产品所需人工、材料、机械台时数量。
A．劳动定额　　　　　　　　B．预算定额
C．综合定额　　　　　　　　D．直接费定额

22．如采用概算定额编制投资估算时，应乘以（　　）的投资估算调整系数。
A．1.03　　　　　　　　　　B．1.05
C．1.10　　　　　　　　　　D．1.15

23．根据《水利建筑工程预算定额》，汽车运输定额，运距超过10km，超过部分按增运1km的台时数乘以（　　）系数计算。

A. 0.70　　　　　　　　　　B. 0.75
C. 0.85　　　　　　　　　　D. 0.9

24. 根据《水利建筑工程预算定额》，推土机推松土时定额调整系数为（　　）。
    A. 0.7　　　　　　　　　　B. 0.8
    C. 0.9　　　　　　　　　　D. 0.6

25. 根据《水利建筑工程预算定额》，挖掘机挖土自卸汽车运输章节适用于（　　）类土。
    A. Ⅰ　　　　　　　　　　　B. Ⅱ
    C. Ⅲ　　　　　　　　　　　D. Ⅳ

26. 根据《水利建筑工程预算定额》，计算每100压实成品方需要的自然方量需要的数据不包括（　　）。
    A. 天然干密度　　　　　　　B. 设计干密度
    C. 土料损耗综合系数　　　　D. 压实遍数

27. 根据《水利建筑工程预算定额》，混凝土拌制定额均以（　　）计算。
    A. 混凝土中间量　　　　　　B. 混凝土最终量
    C. 混凝土半成品量　　　　　D. 混凝土成品量

28. 锚杆（索）定额中的锚杆（索）长度是指嵌入岩石的（　　）。
    A. 设计长度　　　　　　　　B. 设计有效长度
    C. 施工长度　　　　　　　　D. 施工加损耗长度

29. 水电工程设计概算项目划分为枢纽工程、建设征地和移民安置和（　　）。
    A. 独立费用　　　　　　　　B. 基本预备费
    C. 建设期贷款利息　　　　　D. 项目建设管理费

30. 根据《水电工程设计概算编制规定》（2013年版），材料费属于（　　）。
    A. 基本直接费　　　　　　　B. 其他直接费
    C. 直接工程费　　　　　　　D. 现场经费

31. 根据《水电工程设计概算编制规定》（2013年版），施工管理费属于（　　）。
    A. 基本直接费　　　　　　　B. 其他直接费
    C. 间接费　　　　　　　　　D. 现场经费

32. 根据《水电工程设计概算编制规定》（2013年版），财务费用属于（　　）。
    A. 基本直接费　　　　　　　B. 其他直接费
    C. 间接费　　　　　　　　　D. 利润

33. 根据《水电工程设计概算编制规定》（2013年版），土方工程间接费取直接费的（　　）。
    A. 13.66%　　　　　　　　　B. 10.73%
    C. 12.01%　　　　　　　　　D. 17.01%

二　多项选择题

1. 根据《水利工程设计概（估）算编制规定（工程部分）》（水总〔2014〕429号文），

水利工程费用中，直接费包括（　　）。

A．基本直接费　　　　　　B．其他直接费

C．现场经费　　　　　　　D．利润

E．税金

2．其他直接费包括（　　）。

A．特殊地区施工增加费　　B．其他费用

C．施工机械使用费　　　　D．冬雨期施工增加费

E．夜间施工增加费

3．下列属于夜间施工增加费的有（　　）。

A．施工场地的照明费用　　B．照明线路工程费用

C．加工厂的照明费用　　　D．车间的照明费用

E．公用施工道路的照明费用

4．基本直接费包括（　　）。

A．人工费　　　　　　　　B．材料费

C．施工机械使用费　　　　D．规费

E．企业管理费

5．间接费包括（　　）。

A．冬雨期施工增加费　　　B．夜间施工增加费

C．安全生产措施费　　　　D．规费

E．企业管理费

6．施工成本计算基础包括（　　）。

A．直接费　　　　　　　　B．基础单价

C．单价分析　　　　　　　D．取费标准

E．间接费

7．人工预算单价计算方法按工程性质不同，分为（　　）等计算方法和标准。

A．枢纽工程　　　　　　　B．引水工程

C．新建工程　　　　　　　D．河道工程

E．除险加固工程

8．运杂费指材料由交货地点运至工地分仓库（或相当于工地分仓库的堆放场地）所发生的（　　）等费用。

A．运载车辆的运费　　　　B．调车费

C．装卸费　　　　　　　　D．运输人员工资

E．其他杂费

9．下列关于施工用电、水、风的价格的说法，正确的有（　　）。

A．生活用电直接进入工程成本

B．生产用水直接进入工程成本

C．单价计算中的电价计算范围仅指生产用电

D．生活用电应在现场经费内开支或职工负担

E．施工用电、水、风价格由基本价、能量损耗摊销费和设施维修摊销费组成

10. 根据《水利工程工程量清单计价规范》GB 50501—2007，工程量清单由（　　）组成。

　　A．分类分项工程量清单　　　　B．措施项目清单
　　C．其他项目清单　　　　　　　D．文明施工项目清单
　　E．零星工作项目清单

11. 根据《水利工程工程量清单计价规范》GB 50501—2007，下列关于投标报价表填写的说法，错误的有（　　）。

　　A．工程量清单中列明的所有需要填写的单价和合价，投标人均应填写；未填写的单价和合价，视为包括在工程量清单的其他单价和合价中
　　B．工程量清单中的工程单价是完成工程量清单中一个质量合格的规定计量单位项目所需的直接费、间接费、企业利润和税金
　　C．投标总价应按工程项目总价表合计金额填写
　　D．措施项目清单计价表的序号、项目名称按投标人根据项目具体情况编制的措施项目清单填写
　　E．零星工作项目清单按招标文件零星工作项目清单计价表中的相应内容填写，不需要填写相关单价

12. 下列关于投标报价策略的说法，错误的有（　　）。

　　A．有策略开拓某一地区市场可以低报
　　B．投标竞争对手多的工程可以高报
　　C．能够早日结账收款的项目可以适当提高单价
　　D．招标图纸不明确，估计修改后工程量要增加的，可以降低单价
　　E．水利工程计日工可以低报

13. 下列关于工程量计量与支付规则的说法，正确的有（　　）。

　　A．承包人现场试验室的建设费用，由发包人按实际发生金额支付
　　B．除合同另有约定外，承包人根据合同要求完成施工用电设施的建设、移设和拆除工作所需的费用，由发包人按工程量清单相应项目的工程单价或总价支付
　　C．承包人根据合同要求完成混凝土生产系统的建设和拆除工作所需的费用，已包含在工程量清单有效工程量总价中，不另行支付
　　D．施工临时设施的废、污水（或废油）处理设施，应分别包含"施工临时设施"各自相关的施工临时设施项目中
　　E．临时导流泄水建筑物的运行维护费用包含在"施工期安全防洪度汛"项目总价中，发包人不另行支付

14. 下列关于土方开挖工程计量与支付的说法，正确的有（　　）。

　　A．"植被清理"工作所需的费用，包含在土方明挖项目有效工程量的每立方米工程单价中，不另行支付
　　B．施工过程中增加的超挖量和施工附加量所需的费用，包含在工程量清单相应项目有效工程量的每立方米工程单价中，不另行支付
　　C．承包人在料场开采结束后完成开采区清理、恢复和绿化等工作所需的费用，

包含在工程量清单"环境保护和水土保持"相应项目的工程单价或总价中，不另行支付

D．施工过程中增加的超挖量和施工附加量所需的费用应另行支付

E．"植被清理"工作所需的费用应另行支付

15．下列关于地基处理工程计量与支付的说法，正确的有（　　）。

A．承包人按合同要求完成振冲试验所需的费用，包含在工程量清单相应项目有效工程量的每米工程单价中，不另行支付

B．承包人按合同要求完成振冲桩体密实度和承载力检验等工作所需的费用应另行支付

C．承包人按合同要求完成灌注桩成孔成桩试验包含在工程量清单相应灌注桩项目有效工程量的每立方米工程单价中，不另行支付

D．承包人按合同要求完成埋设孔口装置、造孔、清孔、护壁等工作所需的费用，不另行支付

E．承包人按合同要求完成的混凝土拌和、运输和灌注等工作所需的费用应另行支付

16．下列关于混凝土工程计量与支付的说法，正确的有（　　）。

A．现浇混凝土的模板费用，应另行计量和支付

B．混凝土预制构件模板所需费用不另行支付

C．施工架立筋、搭接、套筒连接、加工及安装过程中操作损耗等所需费用不另行支付

D．不可预见地质原因超挖引起的超填工程量所发生的费用应按单价另行支付

E．混凝土在冲（凿）毛、拌和、运输和浇筑过程中的操作损耗不另行支付

17．下列关于混凝土工程计量与支付的说法，正确的有（　　）。

A．承包人进行的各项混凝土试验所需的费用不另行支付

B．止水、止浆、伸缩缝等应按每米（或平方米）工程单价支付

C．混凝土温度控制措施费不另行支付

D．混凝土坝体的接缝灌浆不另行支付

E．混凝土坝体内预埋排水管所需的费用应另行支付

18．下列关于砌体工程计量与支付的说法，正确的有（　　）。

A．砌筑工程的砂浆应另行支付

B．砌筑工程的拉结筋不另行支付

C．砌筑工程的垫层不另行支付

D．砌筑工程的伸缩缝、沉降缝应另行支付

E．砌体建筑物的基础清理和施工排水等工作所需的费用不另行支付

19．下列关于疏浚工程计量与支付的说法，正确的有（　　）。

A．疏浚工程施工过程中疏浚设计断面以外增加的超挖量应另行支付

B．疏浚工程排泥管安拆移动费用不另行支付

C．疏浚工程的排泥区围堰费用另行计量支付

D．吹填工程施工过程中吹填土体的沉陷量所需费用不另行支付

E．吹填工程隔埂、退水口及排水渠等费用另行计量支付
20．根据合同技术条款计量和支付规则，闸门的计量和支付规则是（　　）。
   A．以施工图纸所示尺寸计算的闸门本体有效重量计量
   B．以吨为单位计量
   C．闸门附件涂装不另行计量
   D．门槽安装按每吨工程单价支付
   E．门槽附件安装另行计量
21．水利工程定额按应用范围划分为（　　）。
   A．水利行业定额　　　　　　B．水利地方定额
   C．全国统一定额　　　　　　D．施工定额
   E．企业定额
22．水利工程定额按费用性质分为（　　）。
   A．预算定额　　　　　　　　B．直接费定额
   C．间接费定额　　　　　　　D．其他基本建设费用定额
   E．综合定额
23．下列关于工程定额的说法，正确的有（　　）。
   A．施工定额是施工企业管理工作的基础
   B．预算定额是施工企业内部经济核算的依据
   C．概算定额是编制初设概算和修改概算的依据
   D．施工定额是编制标底的依据
   E．预算定额是编制概算定额的基础
24．下列关于《水利建筑工程预算定额》的说法，正确的有（　　）。
   A．定额中人工是指完成该定额子目工作内容所需的人工耗用量，包括基本用工和辅助用工
   B．材料定额中未列明品种、规格的可根据设计选定的品种规格计算，定额数量不作调整
   C．材料定额中已列品种规格的编制预算单价时价格可以调整
   D．挖掘机定额均按液压挖掘机拟定
   E．零星材料费以材料费为计算基础
25．下列关于定额使用的说法，错误的有（　　）。
   A．土方定额的计量单位除注明外，均按自然方计算
   B．挖掘机挖土定额按自然方拟定，如挖松土时人工及挖掘机械乘0.8调整系数
   C．钢筋制作安装定额不分部位、规格型号综合计算
   D．定额中的混凝土用量没有包括模板变形、干缩等损耗
   E．挖泥船如使用潜管时按定额子目的人工、挖泥船及配套船舶定额乘1.05系数
26．水电工程设计概算项目划分为（　　）等部分。
   A．枢纽工程　　　　　　　　B．引调水工程

C. 建设征地和移民安置　　　　D. 环境保护和水土保持工程

E. 独立费用

27. 根据《水电工程设计概算编制规定》(2013年版)，水电工程建设征地及移民安置包括（　　）等。

A. 灌溉渠道工程　　　　　　　B. 水土保持工程

C. 城市集镇迁建　　　　　　　D. 库底清理工程

E. 环境保护工程

28. 根据《水电工程设计概算编制规定》(2013年版)，水电工程的独立费用包括（　　）。

A. 项目建设管理费　　　　　　B. 生产准备费

C. 科研勘察设计费　　　　　　D. 临时工程费

E. 其他税费

29. 根据《水电工程设计概算编制规定》(2013年版)，水电工程独立费用中的项目建设管理费包括（　　）等。

A. 工程前期费　　　　　　　　B. 工程建设监理费

C. 项目技术经济评审会　　　　D. 咨询服务费

E. 工器具及生产家具购置费

30. 根据《水电工程设计概算编制规定》(2013年版)，水电工程独立费用中的生产准备费包括（　　）等。

A. 工程前期费　　　　　　　　B. 管理用具购置费

C. 备品备件购置费　　　　　　D. 工器具及生产家具购置费

E. 联合试运转费

31. 根据《水电工程设计概算编制规定》(2013年版)，水电工程独立费用中的科研勘察设计费包括（　　）。

A. 工程前期费　　　　　　　　B. 咨询服务费

C. 施工科研试验费　　　　　　D. 项目技术经济评审费

E. 勘察设计费

32. 根据《水电工程设计概算费用标准》(2013年版)，枢纽建筑物费用中的建筑及安装工程费包括（　　）。

A. 直接工程费　　　　　　　　B. 直接费

C. 间接费　　　　　　　　　　D. 利润

E. 税金

33. 根据《水电工程设计概算费用标准》(2013年版)，建筑及安装工程费中的直接费包括（　　）。

A. 直接工程费　　　　　　　　B. 其他直接工程费

C. 基本直接费　　　　　　　　D. 其他直接费

E. 税金

34. 根据《水电工程设计概算费用标准》(2013年版)，基本直接费包括（　　）。

A. 人工费　　　　　　　　　　B. 材料费

C．施工机械使用费　　　　　D．其他基本直接费
E．税金

35．根据《水电工程设计概算费用标准》(2013年版)，其他直接费包括（　　）等。
A．冬雨期施工增加费　　　　B．特殊地区施工增加费
C．夜间施工增加费　　　　　D．安全文明施工措施费
E．施工机械使用费

36．根据《水电工程设计概算编制规定》(2013年版)，水电工程建设项目工程静态总投资包括（　　）。
A．枢纽建筑物费用　　　　　B．建设征地和移民安置费用
C．独立费用　　　　　　　　D．基本预备费
E．建设期贷款利息

37．根据《水电工程设计概算编制规定》(2013年版)，主要材料最高限额价格标准是（　　）。
A．钢筋5500元/t　　　　　　B．水泥600元/t
C．炸药8000元/t　　　　　　D．粉煤灰300元/t
E．木材料1100元/t

38．水利部《水利工程造价管理规定》(水建设〔2023〕156号)适用于（　　）的项目。
A．全部使用国有资金　　　　B．部分使用国有资金
C．外资　　　　　　　　　　D．国家融资
E．银行贷款

39．可以制定水利行业补充定额的部门是（　　）。
A．水利部　　　　　　　　　B．水利部所属流域机构
C．省级水行政主管部门　　　D．地市级水行政主管部门
E．县级水行政主管部门

40．可以制定水利工程造价编制规定的部门是（　　）。
A．水利部　　　　　　　　　B．水利部所属流域机构
C．省级水行政主管部门　　　D．地市级水行政主管部门
E．县级水行政主管部门

【答案】

一、单项选择题

1．B；　2．A；　3．D；　4．B；　5．A；　6．B；　7．B；　8．C；
9．D；　10．C；　11．A；　12．D；　13．B；　14．B；　15．C；　16．C；
17．B；　18．A；　19．A；　20．D；　21．C；　22．C；　23．B；　24．B；
25．C；　26．D；　27．C；　28．B；　29．A；　30．A；　31．C；　32．C；
33．C

二、多项选择题

1. A、B； 2. A、B、D、E； 3. A、E； 4. A、B、C；
5. D、E； 6. B、C、D； 7. A、B、D； 8. A、B、C、E；
9. B、C、D、E； 10. A、B、C、E； 11. A、C、D； 12. B、D、E；
13. B、D、E； 14. A、B、C； 15. A、C、D； 16. B、C、D、E；
17. A、B、C； 18. B、C、E； 19. B、C、D、E； 20. A、B、C、D；
21. A、B、C、E； 22. B、C、D； 23. A、E； 24. A、B、D；
25. B、D、E； 26. A、C、E； 27. B、C、D、E； 28. A、B、C、E；
29. A、B、C、D； 30. C、D、E； 31. C、E； 32. B、C、D、E；
33. C、D； 34. A、B、C； 35. A、B、C、D； 36. A、B、C、D；
37. C、D； 38. A、B、D； 39. B、C； 40. A、C

13.2 阶段成本控制

复习要点

1. 投标阶段成本控制
2. 施工阶段成本控制
3. 部分练习题需要用到水利水电工程概、预算的知识。

一 单项选择题

1. 下列属于基本直接费的是（　　）。
   A. 人工费　　　　　　　　B. 冬雨期施工增加费
   C. 临时设施费　　　　　　D. 现场管理费

2. 生活用水应由（　　）开支或职工自行负担。
   A. 现场经费　　　　　　　B. 其他临时工程费
   C. 企业管理费　　　　　　D. 间接费

3. 某水利建筑安装工程的建筑工程单价计算中，人工费为Ⅰ，材料费为Ⅱ，施工机械使用费用为Ⅲ，则基本直接费为（　　）。
   A. Ⅰ　　　　　　　　　　B. Ⅰ+Ⅱ
   C. Ⅱ+Ⅲ　　　　　　　　D. Ⅰ+Ⅱ+Ⅲ

4. 水利建筑安装工程的施工成本其他直接费中的其他费用不包括（　　）。
   A. 施工工具用具使用费　　B. 工程定位复测费
   C. 公用施工道路照明费用　D. 设备仪表移交生产前的维护费

5. 根据《水利工程设计概（估）算编制规定（工程部分）》（水总〔2014〕429号），水利工程费用中，直接费不包括（　　）。
   A. 施工机械使用费　　　　B. 临时设施费
   C. 安全生产措施费　　　　D. 现场经费

6. 某水利建筑安装工程的建筑工程单价计算中，直接费为Ⅰ，基本直接费为Ⅱ，间接费为Ⅲ，已知企业利润的费率为χ，则企业利润为（　　）。

　　A．Ⅰ×χ　　　　　　　　　B．（Ⅰ+Ⅲ）×χ
　　C．（Ⅱ+Ⅲ）×χ　　　　　　D．（Ⅰ+Ⅱ+Ⅲ）×χ

7. 某水利建筑安装工程的建筑工程单价计算中，直接费为Ⅰ，材料补差费为Ⅱ，间接费为Ⅲ，企业利润为Ⅳ，已知税金的费率为λ，则税金为（　　）。

　　A．Ⅰ×λ　　　　　　　　　B．（Ⅰ+Ⅱ+Ⅲ）×λ
　　C．（Ⅰ+Ⅲ+Ⅳ）×λ　　　　D．（Ⅰ+Ⅱ+Ⅲ+Ⅳ）×λ

8. 材料预算价格一般包括材料原价、运杂费、采购及保管费和（　　）四项。

　　A．装卸费　　　　　　　　B．成品保护费
　　C．二次搬运费　　　　　　D．运输保险费

9. 根据《水利部办公厅关于调整水利工程计价依据增值税计算标准的通知》（办财务函〔2019〕448号），税金税率为（　　）。

　　A．9%　　　　　　　　　　B．10%
　　C．11%　　　　　　　　　 D．13%

10. 分类分项工程量清单项目编码500101002001中的后三位001代表的含义是（　　）。

　　A．水利工程顺序码　　　　B．水利建筑工程顺序码
　　C．土方开挖工程顺序码　　D．清单项目名称顺序码

11. 暂列金额一般可为分类分项工程项目和措施项目合价的（　　）。

　　A．3%　　　　　　　　　　B．5%
　　C．10%　　　　　　　　　 D．15%

二、多项选择题

1. 直接费包括（　　）。

　　A．基本直接费　　　　　　B．间接费
　　C．现场经费　　　　　　　D．其他直接费
　　E．税金

2. 基本直接费包括（　　）。

　　A．人工费　　　　　　　　B．材料费
　　C．施工机械使用费　　　　D．冬雨期施工增加费
　　E．夜间施工增加费

3. 下列属于夜间施工增加费的有（　　）。

　　A．施工场地的照明费用　　B．照明线路工程费用
　　C．加工厂的照明费用　　　D．车间的照明费用
　　E．公用施工道路的照明费用

4. 企业管理费主要内容包括现场管理人员的（　　）。

　　A．基本工资　　　　　　　B．辅助工资

C．工资附加费 D．劳动保护费
E．医疗费

5．间接费包括（　　）。
A．企业管理费 B．规费
C．人员工资 D．劳动保护费
E．医疗费

6．水利工程施工成本包括（　　）。
A．直接费 B．间接费
C．材料补差 D．税金
E．现场经费

7．人工预算单价计算方法中将人工划分为（　　）等档次。
A．工长 B．高级工
C．中级工 D．初级工
E．学徒工

8．人工预算单价计算方法按工程分类有（　　）等计算方法和标准。
A．枢纽工程 B．引水工程
C．堤防工程 D．河道工程
E．除险加固工程

9．运杂费指材料由交货地点运至工地分仓库（或相当于工地分仓库的堆放场地）所发生的（　　）等费用。
A．运载车辆的运费 B．调车费
C．装卸费 D．运输人员工资
E．车辆损耗

10．税金等于（　　）等几项费用与税率的乘积。
A．直接费 B．间接费
C．企业利润 D．材料补差
E．现场经费

11．工程单价包括（　　）。
A．直接工程费 B．间接费
C．企业利润 D．直接费
E．税金

12．投标报价表的主表包括（　　）。
A．分类分项工程量清单计价表 B．措施项目清单计价表
C．其他项目清单计价表 D．零星工作项目清单计价表
E．工程单价汇总表

13．下列关于投标报价表填写的说法，正确的有（　　）。
A．未写入招标文件工程量清单中但必须发生的工程项目，投标人可根据具体情况增加在招标文件工程量清单的最下行
B．工程量清单中的工程单价是完成工程量清单中一个质量合格的规定计量单

位项目所需的直接费、施工管理费、企业利润和税金
C. 投标总价应按工程项目总价表合计金额填写
D. 分类分项工程量清单计价表中应填写相应项目的单价和合价
E. 零星工作项目清单计价表应填写相应项目单价和合价

14. 下列情形中，可以将投标报价高报的有（　　）。
 A. 施工条件差的工程
 B. 专业要求高且公司有专长的技术密集型工程
 C. 合同估算价低，自己不愿做、又不方便不投标的工程
 D. 风险较大的特殊工程
 E. 投标竞争对手多的工程

15. 下列情形中，可以将投标报价低报的有（　　）。
 A. 施工条件好的工程　　　　B. 有策略开拓某一地区市场
 C. 工期宽松工程　　　　　　D. 风险较大的特殊工程
 E. 投标竞争对手多的工程

16. 水利定额使用要求有（　　）。
 A. 材料定额中，未列明品种、规格的，可根据设计选定的品种、规格计算，定额数量应根据实际调整
 B. 土方定额的计量单位，除注明外，均按自然方计算
 C. 挖掘机、装载机挖土定额系按挖装自然方拟定的，如挖装松土时，人工及挖装机械乘0.85调整系数
 D. 现浇混凝土定额已包含模板制作、安装、拆除、修整
 E. 钢筋制作安装定额，不分部位、规格型号综合计算

【答案】

一、单项选择题
1. A；　2. A；　3. D；　4. C；　5. D；　6. B；　7. D；　8. D；
9. A；　10. D；　11. B

二、多项选择题
1. A、D；　　　　2. A、B、C；　　　3. A、E；　　　　4. A、B、C、D；
5. A、B；　　　　6. A、B；　　　　　7. A、B、C、D；　8. A、B、D；
9. A、B、C；　　 10. A、B、C、D；　 11. B、C、D、E；　12. A、B、C、D；
13. B、C、D；　　14. A、B、C、D；　 15. A、B、C、E；　16. B、C、E

第 14 章 施工安全管理

14.1 水利水电工程建设安全生产职责

微信扫一扫
在线做题+答疑

复习要点

1. 水利工程项目法人的安全生产责任
2. 水利工程施工单位的安全生产责任
3. 水利工程勘察设计与监理单位的安全生产责任
4. 水利工程安全生产监督管理的内容
5. 水力发电工程建设各方安全生产责任
6. 水利行业与能源行业有关安全管理方面的要求不一样
7. 部分练习题需要用到水利水电工程建设风险管控的内容

一 单项选择题

1. 安全标志分为（　　）种。
   A. 2　　　　　　　　　　B. 3
   C. 4　　　　　　　　　　D. 5

2. 根据《水利工程建设安全生产管理规定》（中华人民共和国水利部令第26号），项目法人在对施工投标单位进行资格审查时，应对投标单位的主要负责人、项目负责人以及专职安全生产管理人员是否经（　　）安全生产考核合格进行审查。
   A. 水行政主管部门　　　　B. 劳动监察部门
   C. 质量监督部门　　　　　D. 建筑工程协会

3. 根据《水利工程施工安全管理导则》SL 721—2015，安全生产管理制度基本内容不包括（　　）。
   A. 工作内容　　　　　　　B. 责任人（部门）的职责与权限
   C. 基本工作程序及标准　　D. 安全生产监督

4. 项目法人应当在拆除工程施工（　　）日前，将有关资料报送水行政主管部门备案。
   A. 7　　　　　　　　　　B. 14
   C. 15　　　　　　　　　 D. 30

5. 对达到一定规模的危险性较大的工程应当编制专项施工方案，经施工单位技术负责人签字以及（　　）核签后实施。
   A. 项目经理　　　　　　　B. 总监理工程师
   C. 项目法人　　　　　　　D. 国家一级注册安全工程师

6. 施工单位使用承租的机械设备和施工机具及配件的，由施工总承包单位、出租单位、安装单位和（　　）共同进行验收。

A. 监理单位 B. 设计单位
C. 项目法人 D. 分包单位

7. 施工单位应当对管理人员和作业人员每年至少进行（　　）次安全生产教育培训。

A. 1 B. 2
C. 3 D. 4

8. 施工单位从事水利工程的新建、扩建、改建、加固和拆除等活动，应依法取得相应等级的（　　）。

A. 合格证书 B. 岗位证书
C. 营业执照 D. 资质证书

9. 项目法人根据项目所在地（　　）以上人民政府编制的防御洪水方案结合工程建设情况编制工程度汛方案。

A. 乡级 B. 县级
C. 市级 D. 省级

10. 根据《水利工程施工安全管理导则》SL 721—2015，下述内容中，属于施工单位一级安全教育的是（　　）。

A. 现场规章制度教育 B. 安全操作规程
C. 班组安全制度教育 D. 安全法规、法制教育

11. 采用新结构、新材料、新工艺以及特殊结构的水利工程，（　　）应当提出保障施工作业人员安全和预防生产安全事故的措施建议。

A. 设计单位 B. 监理单位
C. 项目法人 D. 施工单位

12. 启闭机控制开关的端子接线不多于（　　）个导线端子。

A. 2 B. 3
C. 4 D. 5

13. 水利工程建设项目安全设施"三同时"是（　　）。

A. 同时设计、同时施工、同时投入生产和使用
B. 同时招标、同时施工、同时验收
C. 同时施工、同时质量检测、同时验收
D. 同时列入概算、同时施工、同时投入生产和使用

14. 安全色分为（　　）种。

A. 2 B. 3
C. 4 D. 5

15. 水利水电工程施工企业管理人员安全生产考核合格证书有效期为（　　）年。

A. 1 B. 2
C. 3 D. 5

16. 多个安全标志牌设置在一起时，从左到右的顺序是（　　）。

A. 警告、禁止、指令、提示 B. 禁止、警告、指令、提示
C. 指令、警告、禁止、提示 D. 提示、指令、警告、禁止

17. 根据《水利水电工程施工企业主要负责人、项目负责人和专职安全生产管理人员安全生产考核管理办法》（水监督〔2022〕326号），水利水电工程施工企业主要负责人安全生产考核合格证书有效期为（　　）年。
    A．3   B．4
    C．5   D．6

18. 电气产品上的"CCC"标志是指（　　）。
    A．中国强制性产品认证   B．生产许可证
    C．产品使用许可证   D．符合强制性标准

19. 设备上的"QS"标志是指（　　）。
    A．中国强制性产品认证   B．生产许可证
    C．产品使用许可证   D．符合强制性标准

20. 几何图形是带斜杠的圆环，其中圆环与斜杠相连，用红色，图形符号用黑色，背景用白色的是（　　）标志。
    A．禁止   B．警告
    C．指令   D．提示

21. 项目法人应当在爆破工程施工（　　）日前，将有关资料报送水行政主管部门的安全生产监督机构备案。
    A．7   B．14
    C．15   D．30

22. 项目法人工程度汛方案须每（　　）月编制一次。
    A．6   B．12
    C．18   D．24

23. 企业管理人员安全生产考核合格证书有效期满需要延期的，应当于期满前（　　）个月内向原发证机关申请办理延期手续。
    A．1   B．2
    C．3   D．4

24. 施工单位根据（　　）的编制度汛方案编制施工单位的度汛方案。
    A．县级以上水行政主管部门   B．设计单位
    C．安全监理单位   D．项目法人

25. 建设单位、施工企业和设计院应组成工程施工安全领导小组，负责工程（　　）工作的监督、协调。
    A．施工质量   B．施工进度
    C．施工安全   D．领导责任制

26. 水电建设工程施工安全管理工作贯彻的原则是（　　）。
    A．安全第一、预防为主   B．安全生产、人人有责
    C．质量第一、预防为主   D．安全第一、人人有责

27. 施工企业的行政正职，对建设项目或本单位的安全工作负（　　）。
    A．技术责任   B．主要责任
    C．全部责任   D．领导责任

28． 水电建设工程施工企业应建立、健全以（　　）为核心的安全管理制度。
　　A．安全工作体系　　　　　　B．安全管理机构
　　C．安全生产责任制　　　　　D．领导责任制

29． 根据《水电建设工程施工安全管理暂行办法》，施工企业组织对本企业（　　）的调查处理。
　　A．一般事故、较大事故和重大事故
　　B．重大事故和特大事故
　　C．一般事故和较大事故
　　D．一般事故和重大事故

30． 建设项目的主要施工单位，应委派（　　）参加工程施工安全领导小组。
　　A．项目负责人　　　　　　　B．项目安全小组组长
　　C．单位行政正职　　　　　　D．单位专职安全员

31． 对项目建设全过程的安全生产负总责的单位是（　　）。
　　A．项目法人　　　　　　　　B．监理单位
　　C．质量监督单位　　　　　　D．施工单位

32． 建设项目设立由（　　）牵头组建的安全生产委员会。
　　A．施工单位　　　　　　　　B．监理单位
　　C．设计单位　　　　　　　　D．项目法人

33． 根据《国家电网公司水电建设项目法人单位安全生产管理规定》，项目安全生产委员会每（　　）召开一次全体会议。
　　A．年　　　　　　　　　　　B．季度
　　C．月　　　　　　　　　　　D．周

34． 项目法人设立项目安全措施补助费的计列标准按建安工程量造价的（　　）控制。
　　A．3%～7%　　　　　　　　　B．3‰～5‰
　　C．5%～7%　　　　　　　　　D．5‰～7‰

35． 安全措施补助费应由（　　）批准使用。
　　A．监理单位　　　　　　　　B．施工单位
　　C．项目法人　　　　　　　　D．质量监督单位

36．《电力项目安全管理和质量管控事项告知书》的被告知单位是（　　）。
　　A．施工单位　　　　　　　　B．设计单位
　　C．监理机构　　　　　　　　D．建设单位

37． 根据《国家能源局关于进一步明确电力建设工程安全管理有关要求的通知》（国能发安全〔2021〕68号），能源主管部门向项目建设单位下达（　　）。
　　A．电力项目安全管理和质量管控事项告知书
　　B．电力项目安全管理和质量管理事项告知书
　　C．电力项目安全管控和质量管理事项告知书
　　D．电力项目安全管控和质量管控事项告知书

38．《电力项目安全管理和质量管控事项告知书》一式（　　）份。

A. 二　　　　　　　　　　B. 三
C. 四　　　　　　　　　　D. 五

39. 电力建设工程开工报告批准之日起（　　）日内，将保证安全施工的措施向建设工程所在地国家能源局派出机构备案。

A. 5　　　　　　　　　　B. 10
C. 15　　　　　　　　　 D. 20

40. 根据《国家能源局综合司关于做好电力安全信息报送工作的通知》（国能综安全〔2014〕198号），电力事故是指造成直接经济损失达到（　　）万元以上。

A. 25　　　　　　　　　 B. 50
C. 75　　　　　　　　　 D. 100

二　多项选择题

1. 在拆除工程或者爆破工程施工前，项目法人需向水行政主管部门、流域管理机构或者其委托的安全生产监督机构报送的备案资料有（　　）。

A. 拟拆除或拟爆破的工程及可能危及毗邻建筑物的说明
B. 监理单位资质等级证明
C. 生产安全事故的应急救援预案
D. 施工进度计划方案
E. 堆放、清除废弃物的措施

2. 下列关于施工场地安全标志设置的说法，正确的有（　　）。

A. 提示目标位置的提示性标志应在下方加方向辅助标志
B. 文字辅助标志为矩形
C. 安全标志可以设立在门页上
D. 安全标志可以设立在移动的三轮车上
E. 禁止标志的几何图形是圆形

3. 下列关于安全标志的说法，正确的有（　　）。

A. 指令标志使用蓝色背景　　　B. 指令标志不是强制性的
C. 警告标志的几何图形是三角形　D. 警告标志使用红色背景
E. 提示标志的几何图形通常是方形

4. 下列关于工程中管路着色的说法，正确的有（　　）。

A. 排水管为绿色　　　　　　　B. 供油管为红色
C. 消防水管为红色　　　　　　D. 压缩空气管为白色
E. 排油管为红色

5. 参与水利工程投标的施工单位，需具备经水行政主管部门安全生产考核合格的人员有（　　）。

A. 主要负责人　　　　　　　　B. 项目负责人
C. 专职安全生产管理人员　　　D. 技术负责人
E. 兼职安全生产管理人员

6. 根据《水利工程建设安全生产管理规定》(中华人民共和国水利部令第26号),对工程建设监理单位安全责任的规定包括(   )。

   A. 应当严格按照国家的法律法规和技术标准进行工程的监理
   B. 施工前应当履行有关文件的审查义务
   C. 应当履行代表项目法人对施工过程中的安全生产情况进行监督检查义务
   D. 采用新结构、新材料、新工艺以及特殊结构的水利工程,应当提出保障施工作业人员安全和预防生产安全事故的措施建议
   E. 应当严格执行操作规程,采取措施保证各类管线、设施和周边建筑物、构筑物的安全

7. 根据《水利工程建设安全生产管理规定》(中华人民共和国水利部令第26号)规定,须取得特种作业操作资格证书的人员有(   )。

   A. 运输作业人员   B. 安装拆卸工
   C. 爆破作业人员   D. 起重信号工
   E. 登高架设作业人员

8. 根据《大中型水电工程建设风险管理规范》GB/T 50927—2013,风险处置的具体方法包括(   )等。

   A. 风险规避   B. 风险释放
   C. 风险转移   D. 风险自留
   E. 风险利用

9. 达到一定规模的危险性较大的工程应当编制专项施工方案,经(   )签字或核签后实施。

   A. 施工单位技术负责人   B. 总监理工程师
   C. 项目法人   D. 国家一级注册安全工程师
   E. 项目经理

10. 使用承租的机械设备和施工机具及配件的,由(   )共同进行验收。验收合格后方可使用。

    A. 施工总承包单位   B. 监理单位
    C. 安装单位   D. 分包单位
    E. 出租单位

11. 达到一定规模的危险性较大的工程所编制的专项施工方案,应当满足(   )等条件后,方可实施。

    A. 附具安全验算结果
    B. 经施工单位技术负责人签字
    C. 总监理工程师核签
    D. 专职安全生产管理人员进行现场监督
    E. 注册安全工程师批准

12. 当质量事故危及施工安全,或不立即采取措施会使事故进一步扩大甚至危及工程安全时,应(   )。

    A. 立即停止施工   B. 暂时放慢施工进度

C．立即上报　　　　　　　　D．边整改边施工

E．整改后上报

13．根据《水电建设工程质量管理暂行办法》，下列关于事故调查权限原则的说法，正确的有（　　）。

A．一般事故由监理单位负责调查

B．一般事故由项目法人或监理单位负责调查

C．较大事故由项目法人负责组织专家组进行调查

D．重大事故由省级以上水行政主管部门负责组织专家组进行调查

E．特大质量事故由质监总站负责组织专家组进行调查

14．水电建设工程施工安全必须坚持的方针是（　　）。

A．安全第一　　　　　　　　B．预防为主

C．安全生产　　　　　　　　D．综合治理

E．质量重于泰山

15．根据《国家电网公司水电建设项目法人单位安全生产管理规定》，项目法人安全生产管理的主要职责有（　　）。

A．工程项目法人单位是工程建设安全管理第一责任者，对项目建设全过程的安全生产负总责

B．工程项目法人单位要根据施工安全的需要，建立、健全项目的安全管理制度

C．项目法人单位根据施工安全的需要设立独立的安全监督机构

D．项目法人单位或其所属人员不得向承包商指定分包单位

E．安监机构是项目法人单位的安全管理职能机构，同时也是安全生产委员会的办事机构

【答案】

一、单项选择题

1．C；　2．A；　3．D；　4．C；　5．B；　6．D；　7．A；　8．D；
9．B；　10．D；　11．A；　12．A；　13．A；　14．C；　15．C；　16．A；
17．A；　18．A；　19．B；　20．A；　21．C；　22．B；　23．C；　24．D；
25．C；　26．A；　27．D；　28．C；　29．C；　30．A；　31．A；　32．D；
33．B；　34．D；　35．C；　36．D；　37．A；　38．A；　39．C；　40．D

二、多项选择题

1．A、C、E；　2．B、E；　3．A、E；　4．A、B、C、D；
5．A、B、C；　6．A、B、C；　7．B、C、D、E；　8．A、C、D、E；
9．A、B；　10．A、C、D、E；　11．A、B、C、D；　12．A、C；
13．B、C、E；　14．A、B、D；　15．A、B、D、E

14.2 水利水电工程建设风险管控

复习要点

1. 水利水电工程建设项目风险管理
2. 安全事故应急管理
3. 安全生产标准化
4. 部分练习题需要用到水利水电工程建设安全生产职责的知识

一 单项选择题

1. 根据《水利水电工程施工危险源辨识与风险评价导则（试行）》（办监督函〔2018〕1693号），依据事故可能造成的人员伤亡数量及财产损失情况，重大危险源共划分为（　　）级。
   A. 二　　　　　　　　　B. 三
   C. 四　　　　　　　　　D. 五

2. 按事故的严重程度和影响范围，将水利工程建设质量与安全事故分为（　　）级。
   A. 二　　　　　　　　　B. 三
   C. 四　　　　　　　　　D. 五

3. 根据《水利安全生产标准化评审管理暂行办法》，某水利生产经营单位水利安全生产标准化评审得分85分，各一级评审项目得分占应得分的65%，则该企业的安全生产标准化等级为（　　）
   A. 一级　　　　　　　　B. 二级
   C. 三级　　　　　　　　D. 不合格

4. 被撤销水利安全生产标准化等级的单位，自撤销之日起，须按降低至少一个等级重新申请评审；且自撤销之日起满（　　）个月后，方可申请被降低前的等级评审。
   A. 3　　　　　　　　　　B. 6
   C. 9　　　　　　　　　　D. 12

5. 根据《水利部生产安全事故应急预案（试行）》（水安监〔2016〕443号），某次事故查明死亡人数为4人，直接经济损失约5000万元以上，则该次事故为（　　）。
   A. 特别重大事故　　　　B. 重大事故
   C. 较大事故　　　　　　D. 一般事故

6. 根据《水利部生产安全事故应急预案（试行）》（水安监〔2016〕443号），特别重大事故是指一次死亡人数为（　　）人。
   A. 10　　　　　　　　　B. 20
   C. 30　　　　　　　　　D. 40

7. 水利水电施工企业安全生产评审标准的核心内容是（　　）。
   A.《水利水电施工企业安全生产标准化评审标准（试行）》
   B.《水利工程管理单位安全生产标准化评审标准（试行）》

C.《水利安全生产标准化评审管理暂行办法》

D.《企业安全生产标准化基本规范》GB/T 33000—2016

8. 根据《水利安全生产标准化评审管理暂行办法》，某施工企业水利安全生产标准化评审得分85分，且各一级评审项目得分占应得分的70%，则该企业的安全生产标准化等级为（　　）。

　　A. 一级　　　　　　　　　　B. 二级
　　C. 三级　　　　　　　　　　D. 不合格

9. 根据《水利安全生产标准化评审管理暂行办法》，某项目法人水利安全生产标准化评审得分90分，且各一级评审项目得分占应得分的70%，则该项目法人的安全生产标准化等级为（　　）。

　　A. 一级　　　　　　　　　　B. 二级
　　C. 三级　　　　　　　　　　D. 不合格

10. 水利水电工程建设风险分为（　　）类。

　　A. 2　　　　　　　　　　　　B. 3
　　C. 4　　　　　　　　　　　　D. 5

11. 水利水电工程建设风险从（　　）个方面进行风险评估。

　　A. 2　　　　　　　　　　　　B. 3
　　C. 4　　　　　　　　　　　　D. 5

12. 根据《水利部生产安全事故应急预案（试行）》（水安监〔2016〕443号），重大事故是指一次死亡人数为（　　）人。

　　A. 10　　　　　　　　　　　　B. 20
　　C. 30　　　　　　　　　　　　D. 40

13. 根据《水利部生产安全事故应急预案（试行）》（水安监〔2016〕443号），较大事故是指一次死亡人数为（　　）人。

　　A. 2　　　　　　　　　　　　B. 3
　　C. 4　　　　　　　　　　　　D. 5

14. 根据《水利部生产安全事故应急预案（试行）》（水安监〔2016〕443号），特别重大事故是指一次重伤人数为（　　）人以上。

　　A. 50　　　　　　　　　　　　B. 100
　　C. 150　　　　　　　　　　　 D. 200

15. 根据《水利部生产安全事故应急预案（试行）》（水安监〔2016〕443号），较大涉险事故是指发生涉险人数为（　　）人以上。

　　A. 3　　　　　　　　　　　　B. 5
　　C. 10　　　　　　　　　　　　D. 20

16. 根据《水利部生产安全事故应急预案（试行）》（水安监〔2016〕443号），较大涉险事故是指需要紧急疏散（　　）人以上。

　　A. 200　　　　　　　　　　　B. 300
　　C. 400　　　　　　　　　　　D. 500

17. 根据《水利部生产安全事故应急预案（试行）》（水安监〔2016〕443号），可以采取的先期应急处置措施有（　　）项。

A．7 B．8
C．9 D．10

18． 根据《水利部生产安全事故应急预案（试行）》（水安监〔2016〕443号），发生重特大生产安全事故，快报时间力争在（　　）min内。

A．5 B．10
C．15 D．20

19． 根据《水利部生产安全事故应急预案（试行）》（水安监〔2016〕443号），发生重特大生产安全事故，书面报告时间力争在（　　）min内。

A．10 B．20
C．30 D．40

20． 根据《水利部生产安全事故应急预案（试行）》（水安监〔2016〕443号），地方水利工程发生较大生产安全事故，书面报告时间为（　　）min内。

A．30 B．60
C．90 D．120

21． 根据《水利部生产安全事故应急预案（试行）》（水安监〔2016〕443号），地方水利工程发生较大生产安全事故，快报时间为（　　）min内。

A．30 B．60
C．90 D．120

22． 根据《水利部生产安全事故应急预案（试行）》（水安监〔2016〕443号），有关单位接到水利部要求核报的信息时，电话反馈时间不得超过（　　）min。

A．20 B．30
C．50 D．60

23． 根据《水利部生产安全事故应急预案（试行）》（水安监〔2016〕443号），有关单位接到水利部要求核报的信息时，书面反馈时间不得超过（　　）min。

A．20 B．30
C．40 D．60

24． 根据《水利部生产安全事故应急预案（试行）》（水安监〔2016〕443号），水利部应对地方水利工程生产安全事故应急响应设定为（　　）个等级。

A．2 B．3
C．4 D．5

25． 根据《水利部生产安全事故应急预案（试行）》（水安监〔2016〕443号），水利部应对部直属单位（工程）生产安全事故应急响应设定为（　　）个等级。

A．3 B．4
C．5 D．6

26． 根据《水利部生产安全事故应急预案（试行）》（水安监〔2016〕443号），水利部受理水利工程建设事故信息报告的部门是（　　）。

A．建设司 B．监督司
C．水旱灾害防御司 D．应急办公室

27. 对于排查出的事故隐患，有关责任单位不能立即整改的，要做到"（　　）落实"。
    A．三 B．四
    C．五 D．六

28. 根据水利部要求，水利行业要构建水利安全生产风险管控"（　　）项机制"。
    A．三 B．四
    C．五 D．六

29. 危险源辨识与风险评价按阶段划分为（　　）个阶段。工作原则上（　　）个月至少组织开展1次。
    A．2 B．3
    C．4 D．5

30. 标示危险源的风险等级颜色有（　　）种。
    A．2 B．3
    C．4 D．5

31. 根据《水利工程生产安全重大事故隐患清单指南（2023年版）》，将隐患分为（　　）个类别。
    A．2 B．3
    C．4 D．5

32. 根据《水利工程生产安全重大事故隐患清单指南（2023年版）》，基础管理重大事故隐患分为（　　）个管理环节。
    A．2 B．3
    C．4 D．5

33. 根据《水利工程生产安全重大事故隐患清单指南（2023年版）》，临时工程重大事故隐患分为（　　）个管理环节。
    A．2 B．3
    C．4 D．5

34. 按照《电力建设企业应急预案编制导则》DL/T 2519—2022，施工单位项目部应当编制（　　）种应急预案。
    A．2 B．3
    C．4 D．5

35. 按照《电力建设企业应急预案编制导则》DL/T 2519—2022，专项应急预案包括（　　）类。
    A．2 B．3
    C．4 D．5

36. 按照《电力建设企业应急预案编制导则》DL/T 2519—2022，现场处置方案中注意事项有（　　）项。
    A．4 B．5
    C．6 D．7

37. 水利生产经营单位取得水利安全生产标准化等级证书后，每年应对本单位安全生产标准化的情况至少进行（　　）次自我评审。

A．1　　　　　　　　　　　　B．2
C．3　　　　　　　　　　　　D．4

38． 水利生产经营单位取得水利安全生产标准化等级证书后，每（　　）个月应对本单位安全生产标准化的情况进行一次自我评审。

A．3　　　　　　　　　　　　B．6
C．12　　　　　　　　　　　 D．24

二 多项选择题

1．取得水利安全生产标准化等级证书的单位，在证书有效期内发生（　　）行为后，水利部可撤销其安全生产标准化等级。

A．在评审过程中弄虚作假、申请材料不真实的
B．不接受检查的
C．迟报、漏报、谎报、瞒报生产安全事故的
D．施工企业发生较大及以上生产安全事故后，在3个月内申请复评不合格的
E．水利工程管理单位发生造成经济损失超过10万元以上的生产安全事故后，在半年内申请复评不合格的

2．根据《大中型水电工程建设风险管理规范》GB/T 50927—2013，水利水电工程建设风险包括（　　）等类型。

A．人员伤亡风险　　　　　　B．工程质量风险
C．工期延误风险　　　　　　D．环境影响风险
E．社会影响风险

3．根据《水利部生产安全事故应急预案（试行）》（水安监〔2016〕443号），应急管理工作原则包括（　　）。

A．预防为主，综合治理　　　B．以人为本，安全第一
C．属地为主，部门协调　　　D．专业指导，技术支撑
E．预测预警，平战结合

4．根据《水利部生产安全事故应急预案（试行）》（水安监〔2016〕443号），下列说法正确的有（　　）。

A．事故快报需要通过电话确认　　B．事故快报应初步估计直接经济损失
C．事故快报不得采用手机短信　　D．事故书面报告时间最长不得超过2h
E．事故快报时间最长不得超过30min

5．事故快报的形式包括（　　）。

A．电话　　　　　　　　　　B．手机短信
C．微信　　　　　　　　　　D．电子邮件
E．书面报告

6．事故应急救援预案的核心内容是（　　）。

A．及时进行救援处理　　　　B．进行单位内部、外部联系

C．减少事故造成的损失　　　　D．保护事故现场

E．主要指挥人员到场

7．根据《安全生产许可证条例》，施工单位使用承租的机械设备和施工机具及配件的，应由（　　）共同验收合格后方可使用。

A．施工总承包单位　　　　　　B．设备的制造单位

C．出租单位　　　　　　　　　D．安装单位

E．质量监督机构

8．属于水利安全生产风险管控"六项机制"的有（　　）。

A．查找　　　　　　　　　　　B．研判

C．处置　　　　　　　　　　　D．责任

E．约谈

9．申请水利安全生产标准化评审的单位应具备的条件有（　　）。

A．设立有安全生产行政许可的，应依法取得国家规定的相应安全生产行政许可

B．水利工程项目法人所管辖的建设项目、水利水电施工企业在评审期内，未发生较大及以上生产安全事故

C．水利工程项目法人所管辖的建设项目、水利水电施工企业在评审期内，重大事故隐患已治理达到安全生产要求

D．水利工程管理单位在评审期内，未发生造成人员死亡、重伤3人以上安全事故

E．水利工程管理单位在评审期内，未发生直接经济损失超过1000万元以上的生产安全事故

10．按照《电力建设企业应急预案编制导则》DL/T 2519—2022，施工单位项目部应当编制（　　）等应急预案，构成项目部应急预案体系。

A．现场处置方案　　　　　　　B．专项应急预案

C．环境污染应急预案　　　　　D．特种应急预案

E．综合应急预案

11．按照《电力建设企业应急预案编制导则》DL/T 2519—2022，专项应急预案包括（　　）类型。

A．自然灾害类　　　　　　　　B．治安管理类

C．事故灾害类　　　　　　　　D．公共卫生事件类

E．社会安全事件类

12．下列关于水利安全生产标准化达标动态管理的说法，正确的有（　　）。

A．动态管理实行累积记分制

B．记分周期按年度计算

C．累计记分达到10分，实施黄牌警示

D．累计记分达到25分，撤销证书

E．同一安全生产相关违法违规行为同时受到2类及以上行政处罚的，累计记分

13. 应急管理工作原则包括（　　）。
    A．以人为本，安全第一 B．属地为主，部门协调
    C．讲究实效，控制费用 D．分工负责，协同应对
    E．预防为主，平战结合

14. 预警管理包括（　　）。
    A．发布预警 B．预警行动
    C．预警终止 D．应急处置
    E．信息发布

15. 生产安全事故的应急资源包括（　　）。
    A．应急专家 B．专业救援队伍
    C．应急经费 D．应急物资、器材
    E．应急宣传

16. 危险源分为（　　）。
    A．一般危险源 B．较大危险源
    C．重大危险源 D．特大危险源
    E．特别重大危险源

17. 危险源的风险等级分为（　　）。
    A．一般风险 B．低风险
    C．较大风险 D．重大风险
    E．特大风险

18. 下列关于构建水利安全生产风险管控"六项机制"的说法，正确的有（　　）。
    A．危险源辨识执行"横向到边、纵向到底"的原则
    B．水利生产经营单位原则上每半年至少组织开展1次危险源辨识工作
    C．重大风险采用红色标示
    D．单位实际控制人是单位风险管控工作的第一责任人
    E．危险源要做到"一源一案（应急预案）"

19. 根据《水利工程生产安全重大事故隐患清单指南（2023年版）》，下列说法正确的有（　　）。
    A．工程建设各参建单位是事故隐患判定工作的主体
    B．水行政主管部门承担事故隐患判定后核定工作
    C．事故隐患判定采用直接判定法
    D．工程存在重大事故隐患应全部停产停业
    E．监理单位负责重大事故隐患治理督办工作

20. 水利部对取得水利安全生产标准化等级证书的单位，实施分类指导和督促检查，主要有（　　）。
    A．一级单位抓巩固 B．二级单位抓提升
    C．三级单位抓改进 D．无级单位促申报
    E．有级单位看落实

【答案】

一、单项选择题

1. C;   2. C;   3. C;   4. D;   5. B;   6. C;   7. D;   8. B;
9. A;   10. D; 11. A; 12. A; 13. B; 14. B; 15. C; 16. D;
17. A; 18. D; 19. D; 20. D; 21. B; 22. A; 23. C; 24. B;
25. A; 26. B; 27. C; 28. D; 29. A; 30. C; 31. C; 32. A;
33. B; 34. B; 35. C; 36. D; 37. A; 38. C

二、多项选择题

1. A、B、C;   2. A、C、D、E;   3. B、C、D;   4. A、D;
5. A、B、C、D;   6. A、C;   7. A、C、D;   8. A、B、C、D;
9. A、B、C、D;   10. A、B、E;   11. A、C、D、E;   12. A、C;
13. A、B、D、E;   14. A、B、C;   15. A、B、D;   16. A、C;
17. A、B、C、D;   18. A、C、D;   19. A、C;   20. A、B、C

第15章 绿色建造及施工现场环境管理

15.1 绿色建造

微信扫一扫
在线做题+答疑

复习要点

1. 绿色建造基本要求
2. 废水、废物、噪声、粉尘和废气、危险品控制
3. 节能减排与生态保护

一 单项选择题

1. 根据《污水综合排放标准》GB 8978—1996，废水（污水）处理率在当地政府无规定时，不应低于（ ）。
   A．50%   B．60%
   C．70%   D．80%

2. 废水控制不包括（ ）。
   A．工程废水控制   B．商业废水控制
   C．生活污水控制   D．地表降水防护

3. 工程废水控制中，主要污染物为石油类污染物时，宜采取（ ）。
   A．自然沉淀法   B．综合法
   C．水力旋流法   D．絮凝除油剂消除

4. 下列处理方式，不属于对危险废弃物处理的是（ ）。
   A．中和措施   B．掩埋
   C．焚烧   D．上交有关部门

5. 3类声环境功能区昼间噪声限值为（ ）dB（A）。
   A．50   B．55
   C．60   D．65

6. 对通风管道进行降噪处理时，可采取（ ）的方式。
   A．设置隔声间封闭噪声   B．加装消声装置
   C．设置隔声屏障   D．采用隔声罩将噪声源封闭

7. 不属于节能减排目标考核项目的是（ ）。
   A．电力消耗量   B．人力消耗量
   C．染料消耗量   D．材料消耗量

8. 声环境功能区分为（ ）类。
   A．五   B．六
   C．七   D．八

9. 在施工场界处，夜间突发噪声的最大声级超过场界噪声限值的幅度不得大于

（　　）dB（A）。
A．5　　B．10
C．15　　D．20

10．当施工场界没有明确界线时，以施工方和外界最近建（构）筑物距离的（　　）处为界。
A．1/3　　B．1/2
C．2/3　　D．1/4

11．节能减排目标的考核项目一般包括（　　）项。
A．三　　B．四
C．五　　D．六

12．按照绿色施工的要求，0.4kV供电系统输电距离宜控制在（　　）km之内。
A．0.4　　B．0.5
C．0.6　　D．1.0

13．绿色交付的核心是采用（　　）同步交付。
A．实体与档案　　B．电子档案与纸质档案
C．实体与电子体　　D．实体与数字化

14．建筑信息模型简称（　　）。
A．BIM　　B．BCM
C．BUM　　D．BNM

15．绿色施工的核心目的是最大限度地（　　）。
A．采用信息技术　　B．节约资源
C．降低施工成本　　D．使用绿色建材

16．绿色建材的特征之一是（　　）。
A．可再生　　B．可降解
C．可循环　　D．可共享

17．宜采用对接焊代替搭接焊、帮条焊的钢筋直径为大于（　　）mm。
A．10　　B．12
C．14　　D．16

18．陆生植物恢复包括（　　）。
A．迁徙恢复　　B．异地选址恢复
C．物种保护　　D．施工避让

19．施工中生态保护是指陆生植物保护等（　　）种保护。
A．3　　B．4
C．5　　D．6

20．陆生植物恢复包括原址恢复等（　　）种恢复。
A．3　　B．4
C．5　　D．6

21．当没有明确界线时，施工场界高施工方区域最远不超过（　　）m。
A．20　　B．30

C. 40　　　　　　　　　　　D. 50

22. 当没有明确界线时，施工场界以施工方和外界最近建（构）筑物距离的（　　）处为界。
    A. 1/3　　　　　　　　　　B. 1/4
    C. 3/4　　　　　　　　　　D. 1/2

23. 0类声环境功能区的施工场界噪声限值为（　　）dB（A）。
    A. 40～50　　　　　　　　B. 45～55
    C. 50～60　　　　　　　　D. 55～65

24. 1类声环境功能区的施工场界噪声限值为（　　）dB（A）。
    A. 40～50　　　　　　　　B. 45～55
    C. 50～60　　　　　　　　D. 55～65

25. 2类声环境功能区的施工场界噪声限值为（　　）dB（A）。
    A. 40～50　　　　　　　　B. 45～55
    C. 50～60　　　　　　　　D. 55～65

26. 3类声环境功能区的施工场界噪声限值为（　　）dB（A）。
    A. 40～50　　　　　　　　B. 45～55
    C. 50～60　　　　　　　　D. 55～65

27. 当噪声敏感区无法避开时，可设置（　　）。
    A. 隔声间　　　　　　　　B. 消声装置
    C. 隔声罩　　　　　　　　D. 隔声屏障

二、多项选择题

1. 湿地生态保护，根据保护对象的影响程度采取（　　）的措施。
   A. 生态环境保护　　　　　B. 水源地保护
   C. 控制生态流量　　　　　D. 灌溉
   E. 物种保护

2. 工程施工中，可降低土石方挖填及装卸作业粉尘污染的措施有（　　）。
   A. 挖填和装卸作业应避免随意甩渣
   B. 干燥区域作业，应洒水降尘
   C. 堆渣宜采取挡护措施
   D. 永久开挖坡面宜及时封闭
   E. 散装水泥、粉煤灰应密闭输送

3. 基坑废水是指（　　）。
   A. 混凝土冲毛废水　　　　B. 冲仓废水
   C. 水泥灌浆废水　　　　　D. 养护废水
   E. 基础造孔废水

4. 废水中主要污染物为悬浮物时，可分别采用（　　）进行处理。
   A. 自然沉淀法　　　　　　B. 絮凝沉淀法

C．曝气 D．中和措施
D．水力旋流法
5. 工程中使用的可溶或遇水改变性质的物品有（　　）。
   A．河沙 B．水泥
   C．外加剂 D．降阻剂
   E．电石
6. 固体废物处置应做到（　　）。
   A．减量化 B．无害化
   C．深埋化 D．拦挡化
   E．资源化
7. 按照绿色施工的要求，下列说法合理的有（　　）。
   A．工程弃渣应先拦后弃
   B．危险废弃物应进行掩埋
   C．弃渣场应有通畅的排水系统
   D．生活区的排水主干渠应硬化
   E．工程废弃物应上交有关部门
8. 按照绿色施工的要求，下列说法合理的有（　　）。
   A．噪声控制可采取噪声源控制
   B．噪声控制可采取噪声传播途径控制
   C．交通噪声可采取设置隔声屏障控制
   D．雷管可采用压沙袋措施减小爆破噪声
   E．台阶爆破改为光面爆破可减小爆破噪声
9. 按照绿色施工的要求，下列说法合理的有（　　）。
   A．露天爆破作业宜采用松动爆破
   B．钻爆作业优先采用干钻
   C．地下工程应采用洒水喷雾措施
   D．集料生产宜优先采用湿式生产工艺
   E．集料生产宜优先采用半干式生产工艺
10. 按照绿色施工的要求，生态保护包括（　　）。
    A．陆生植物保护与恢复 B．陆生动物保护
    C．水生生态保护 D．湿地生态保护
    E．天空飞鸟保护
11. 按照绿色施工的要求，环境监测方法包括（　　）。
    A．人工巡视 B．仪器采样
    C．调查访问 D．政府监督
    E．社会监督
12. 绿色策划包括绿色（　　）策划。
    A．材料 B．设计
    C．施工 D．交付

E. 运行

13. 智慧工地是指具备信息实时采集、互通共享以及（　　）等功能的数字化施工管理模式。

　　A. 工作协同　　　　　　　　B. 绿色材料
　　C. 智能决策分析　　　　　　D. 风险预控
　　E. 高度集约

14. 绿色建材是指具有节能、减排、安全以及（　　）等特征的建材产品。

　　A. 低成本　　　　　　　　　B. 健康
　　C. 高强度　　　　　　　　　D. 便利
　　E. 可循环

15. 绿色建造是指采用有利于节约资源、保护环境以及（　　）的建造方式。

　　A. 低成本　　　　　　　　　B. 健康
　　C. 减少排放　　　　　　　　D. 提高效率
　　E. 保障品质

16. 数字化交付内容包含（　　）等。

　　A. 数字化工程质量验收文件　　B. 建筑信息模型
　　C. 施工影像资料　　　　　　D. 环境保护资料
　　E. 绿色施工资料

17. 下列关于工程废水控制措施的说法，正确的有（　　）。

　　A. 粪便应经化粪池发酵、分解后排放
　　B. 石油类污染物时宜采用絮凝除油剂消除
　　C. 污染物为化学需氧量（COD）时宜采用曝气处理
　　D. 污染物为碱性时宜采取除碱措施
　　E. 砂石加工厂生产废水处理宜结合石粉回收需求一并考虑回水再用

18. 不能回收的建筑垃圾，可采用（　　）处理。

　　A. 回填　　　　　　　　　　B. 再利用
　　C. 焚烧　　　　　　　　　　D. 倒入河道
　　E. 填埋

19. 施工噪声控制时，噪声敏感区是指（　　）。

　　A. 医院　　　　　　　　　　B. 施工生活区
　　C. 居民集中居住区　　　　　D. 学校
　　E. 办公营地

20. 施工节能减排措施包括（　　）等。

　　A. 天然气宜采用燃油替代
　　B. 选用获得绿色建材评价认证标识的建筑材料
　　C. 无功补偿设备置换成有功补偿设备
　　D. 焊接切割用燃气替代乙炔气
　　E. 材料宜等强代换

21. 属于 0 类声环境功能区的有（　　）。

A．康复疗养院　　　　　B．学校
C．居民集中居住区　　　D．医院
E．敬老院

22．属于1类声环境功能区的有（　　）。
A．康复疗养院　　　　　B．学校
C．居民集中居住区　　　D．医院
E．敬老院

23．属于2类声环境功能区的有（　　）。
A．商业贸易　　　　　　B．学校
C．居民集中居住区　　　D．集镇
E．养殖场

24．属于3类声环境功能区的有（　　）。
A．分散居民居住　　　　B．学校
C．居民集中居住区　　　D．医院
E．工业生产企业

【答案】

一、单项选择题

1．D；　2．B；　3．D；　4．A；　5．D；　6．B；　7．B；　8．A；
9．C；　10．B；　11．A；　12．C；　13．D；　14．A；　15．B；　16．C；
17．D；　18．B；　19．B；　20．A；　21．D；　22．D；　23．A；　24．B；
25．C；　26．D；　27．D

二、多项选择题

1．B、C、D；　　2．A、B、C、D；　　3．A、B、D；　　4．A、B、D；
5．B、C、D、E；　6．A、B、E；　　7．A、C、D；　　8．A、B、C、D；
9．A、C、D、E；　10．A、B、C、D；　11．A、B、C；　12．B、C、D；
13．A、C、D；　　14．B、D、E；　　15．C、D、E；　16．A、B、C；
17．A、B、C、E；　18．A、E；　　　19．A、C、D；　20．B、D、E；
21．A、E；　　　22．B、C、D；　　23．A、D、E；　24．A、E

15.2　施工现场环境管理

复习要点

1．健康保护与环境监测
2．绿色施工评价

一、单项选择题

1. 环境监测不包括（　　）。
   A. 人工巡视　　　　　　　B. 人工采样
   C. 仪器采样　　　　　　　D. 调查访问

2. 对于工程废水，监测时机在生产试运行时，为（　　）次。
   A. 1　　　　　　　　　　B. 2
   C. 3　　　　　　　　　　D. 4

3. 对人体健康有害区域的周边应设置（　　）标识。
   A. 禁止　　　　　　　　　B. 提示
   C. 指令　　　　　　　　　D. 警告

4. 对于工程废水，监测时机在生产高峰期时，为（　　）次。
   A. 1　　　　　　　　　　B. 2
   C. 3　　　　　　　　　　D. 4

5. 对于工程废水，监测时机在料源、工艺发生变化时，为（　　）次。
   A. 1　　　　　　　　　　B. 2
   C. 3　　　　　　　　　　D. 4

6. 对于生活污水，监测时机在初期时，为（　　）次。
   A. 1　　　　　　　　　　B. 2
   C. 3　　　　　　　　　　D. 4

7. 工程弃渣的渣堆稳定性监测次数为每月（　　）次。
   A. 1　　　　　　　　　　B. 2
   C. 3　　　　　　　　　　D. 4

8. 工程弃渣的渣堆稳定性监测，在雨季为（　　）1次。
   A. 每月　　　　　　　　　B. 每10天
   C. 每15天　　　　　　　　D. 每周

9. 对于固体废弃物监测，在露天堆放处为（　　）1次。
   A. 每周　　　　　　　　　B. 每10天
   C. 每15天　　　　　　　　D. 每月

10. 雨季对固体废弃物监测，在露天堆放处为每月（　　）次。
    A. 4　　　　　　　　　　B. 3
    C. 2　　　　　　　　　　D. 1

11. 绿色施工示范工地评价指标分为（　　）项。
    A. 2　　　　　　　　　　B. 3
    C. 4　　　　　　　　　　D. 5

12. 绿色施工示范工程按绿色施工水平高低分为（　　）个等级。
    A. 3　　　　　　　　　　B. 4
    C. 5　　　　　　　　　　D. 6

13. 绿色施工示范工地评价指标中，必须达到的指标是（   ），否则为非绿色施工项目。

    A．一般项   B．控制项

    C．优选项   D．保证项

14．绿色施工示范工地评价指标中，较难达到的指标是（   ）。

    A．一般项   B．控制项

    C．优选项   D．保证项

15．绿色施工示范工地评价中，绿色施工管理评价占评价分值的（   ）。

    A．30%   B．40%

    C．50%   D．60%

16．绿色施工示范工地评价中，绿色施工管理评价分为（   ）大要素。

    A．四   B．五

    C．六   D．七

17．根据《电力建设绿色施工专项评价办法》，"模板平均周转次数"控制指标为（   ）次。

    A．35   B．45

    C．55   D．65

18．根据《电力建设绿色施工专项评价办法》，"节电设备（设施）配置率"控制指标为不小于（   ）。

    A．60%   B．70%

    C．80%   D．90%

19．根据《电力建设绿色施工专项评价办法》，"施工废弃物回收利用"控制指标为大于（   ）。

    A．55%   B．65%

    C．75%   D．85%

20．根据《电力建设绿色施工专项评价办法》，"临时围挡重复使用率"控制指标为（   ）。

    A．50%   B．60%

    C．70%   D．80%

二、多项选择题

1．下列措施属于现场环境管理中健康保护应做的是（   ）。

    A．应为员工发放必要的劳动防护用具

    B．员工宿舍应保证适宜的通风、避光

    C．垃圾存放处应定期进行卫生防疫消毒

    D．应协同当地卫生防疫部门实施疫情监控

    E．应按规定安排员工进行体检

2．下列关于环境监测点布置合理的有（   ）。

A．生活饮用水在配水管网末梢　　B．工程废水在排污口
C．生活污水在排污口　　　　　　D．粉尘在产生粉尘的场所
E．洞内爆破废气在洞口

3．绿色施工示范工地评价指标分为（　　）。
A．保证项　　　　　　　　　　　B．检查项
C．控制项　　　　　　　　　　　D．一般项
E．优选项

4．绿色施工示范工地评价中，绿色施工管理评价要素，除环境保护外，还有（　　）。
A．节材和材料资源利用　　　　　B．节水和水资源利用
C．节能和能源利用　　　　　　　D．节地和土地资源爱护
E．BIM和数字化

5．根据《电力建设绿色施工专项评价办法》，"四节一环保"包括（　　）。
A．节地　　　　　　　　　　　　B．节水
C．节约　　　　　　　　　　　　D．环境保护
E．生态保护

6．根据《电力建设绿色施工专项评价办法》，评价内容有（　　）。
A．绿色施工管控水平　　　　　　B．节能减排效果
C．资源节约效果　　　　　　　　D．环境保护效果
E．量化限额控制指标

7．废水禁止采用（　　）等手段排放。
A．排污口　　　　　　　　　　　B．溢流
C．渗井　　　　　　　　　　　　D．渗坑
E．稀释

8．根据《电力建设绿色施工专项评价办法》，节材与材料资源利用方面做到（　　）。
A．计划备料　　　　　　　　　　B．充足储料
C．限额领料　　　　　　　　　　D．杜绝废料
E．合理下料

9．根据《电力建设绿色施工专项评价办法》，节水与水资源利用方面做到（　　）。
A．充分利用地下水　　　　　　　B．减少地表水利用
C．减少中水利用　　　　　　　　D．采用雨水回收利用
E．减少污水排放

10．绿色施工示范工程按绿色施工水平高低分为（　　）。
A．不合格　　　　　　　　　　　B．基本合格
C．合格　　　　　　　　　　　　D．良好
E．优良

【答案】

一、单项选择题

1. B; 2. B; 3. D; 4. A; 5. A; 6. B; 7. A; 8. D;
9. D; 10. C; 11. B; 12. A; 13. B; 14. C; 15. D; 16. B;
17. A; 18. C; 19. D; 20. C

二、多项选择题

1. A、C、D、E; 2. A、B、C; 3. C、D、E; 4. A、B、C、D;
5. A、B、D; 6. A、C、D、E; 7. B、C、D、E; 8. A、C、E;
9. B、D; 10. A、C、E

第16章 实务操作和案例分析题

【案例1】

背景资料：

某碾压混凝土拦河大坝。承包商在编制施工组织设计时，根据有关资料，结合现场地形地貌等条件，重点对下列几个方面进行分析和考虑：

（1）料场的选择与布置。

（2）导流、截流技术方案。

（3）施工机械的选择。

（4）混凝土坝施工分缝分块。

（5）混凝土的生产与运输方案。

（6）混凝土的浇筑与养护方案。

（7）碾压混凝土施工工艺等。

问题：

1. 下列文件中，哪些应作为编制施工组织设计文件的依据？

（1）法律法规。

（2）技术标准。

（3）批准的建设文件。

（4）建设工程合同。

（5）建设监理合同。

2. 水利水电工程施工组织设计文件的内容除施工条件、施工交通运输、施工总布置、施工总进度、主要技术供应及附图等方面外，还应包括下列哪些内容？

（1）施工导流。

（2）料场的选择与开采。

（3）主体工程施工。

（4）机电设备安装。

（5）施工工厂设施。

3. 承包商制定的碾压混凝土施工工艺有下列内容，该施工工艺正确的施工顺序是什么？

（1）混凝土运输入仓。

（2）平仓机平仓。

（3）振动切缝机切缝。

（4）沿缝无振碾压两遍。

（5）振动压实机压实。

4. 在下列技术措施中，哪些体现了碾压混凝土坝施工的主要特点？

（1）采用土工织物，减少钢筋用量。

（2）大量掺加粉煤灰，以减少水泥用量。

（3）采用通仓薄层浇筑。
（4）采取温度控制和表面防裂措施。

5．下列运输方案中，适用于本工程的混凝土运输方案有哪些？
（1）门、塔机栈桥运输方案。
（2）缆机运输方案。
（3）履带式起重机浇筑方案。
（4）门、塔机无栈桥运输方案。
（5）履带式推土机浇筑方案。

6．该工程采用全段围堰法导流，可采用下列导流泄水建筑物中的哪几种？
（1）明渠导流。
（2）束窄河床导流。
（3）隧洞导流。
（4）涵管导流。

7．下列施工导流作业中，承包商进行施工导流作业的合理程序（顺序）是什么？
（1）修建导流泄水建筑物。
（2）封堵导流泄水建筑物。
（3）施工过程中的基坑排水。
（4）河道截流修建围堰。

8．该工程采用抛投块料截流方法进行截流，可选用下列抛投合龙方法中的哪几种？
（1）平堵。
（2）下闸截流。
（3）立堵。
（4）混合堵。

9．进行集料加工厂布置时，下列因素中应考虑的有哪些？
（1）有利于及时供料，减少弃料。
（2）集料堆场形式，以便供料。
（3）能充分利用地形，减少基建工程量。
（4）加工厂尽量靠近混凝土系统，以便共用成品堆料场。

【案例 2】

背景资料：

某土石坝分部工程的网络计划如图 16-1 所示，计算工期为 44d。根据技术方案，确定 A、D、I 三项工作使用一台机械顺序施工。

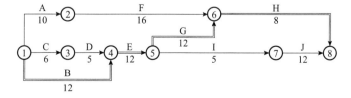

图 16-1　某土石坝分部工程的网络计划

问题：

1. 按 A→D→I 顺序组织施工，则网络计划变为如图 16-2 所示。

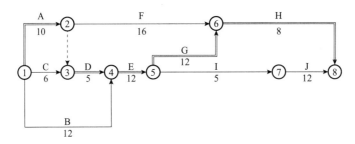

图 16-2　按 A→D→I 顺序组织施工的网络计划

（1）计算工期是多少天。
（2）机械在现场的使用和闲置时间各是多少天。

2. 如按 D→A→I 顺序组织施工，则网络计划变为如图 16-3 所示。
（1）计算工期是多少天。
（2）机械在现场的使用和闲置时间各是多少天。

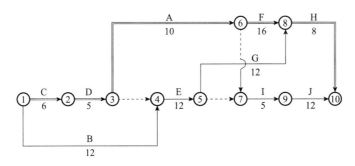

图 16-3　按 D→A→I 顺序组织施工的网络计划

3. 比较以上两个方案，判断哪个方案更好。

4. 若监理批准 D→A→I 顺序施工，施工中由于项目法人原因，B 项工作时间延长 5d，承包商提出要求延长 5d 工期。网络计划如图 16-4 所示。

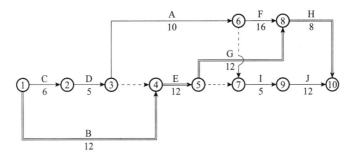

图 16-4　延长工期后的网络计划

（1）说明工期延长几天合理。为什么？
（2）承包商可索赔的机械闲置时间为多少天？

【案例 3】

背景资料：

某水利工程项目分解后，根据工作间的逻辑关系绘制的双代号网络计划如图 16-5 所示。工程实施到第 12 天末进行检查时各工作进展如下：

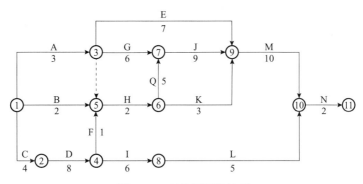

图 16-5 双代号网络计划

A、B、C 三项工作已经完成，D 与 G 工作分别已完成 5d 的工作量，E 工作完成 4d 的工作量。

问题：

1. 该网络计划的计划工期为多少天？
2. 哪些工作是关键工作？
3. 按计划的最早进度，D、E、G 三项工作是否已推迟？推迟的时间是否影响计划工期？

【案例 4】

背景资料：

某水利水电工程项目的原施工进度网络计划（双代号）如图 16-6 所示。该工程总工期为 18 个月。在网络计划中，C、F、J 三项工作均为土方工程，工程量分别为 7000m^3、10000m^3、6000m^3，共计 23000m^3，土方单价为 15 元/m^3。合同约定，土方工程量增加超出合同估算工程量 25% 时，超出部分的土方结算单价按 13 元/m^3。

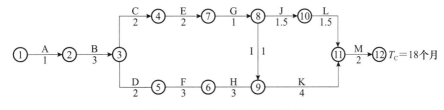

图 16-6 原施工进度网络计划

合同约定机械每台 1d 的闲置费用为 800 元，每月以 30d 计；C、F、J 三项工作实际工作量与计划工作量相同。

施工中发生如下事件：

事件1：施工中，由于施工单位施工设备调度原因，C、F、J三项工作需使用同1台挖土机先后施工。

事件2：在工程按计划进行4个月后（已完成A、B两项工作的施工），项目法人提出增加一项新的土方工程N，N工作要求在F工作结束以后开始，并在G工作开始前完成，以保证G工作在E、N工作完成后开始施工。根据施工单位提出并经监理机构审核批复，该N工作的工程量约为9000m³，施工时间需要3个月。

事件3：经监理机构批准，新增加的土方工程N工作使用与C、F、J三项工作同1台挖土机施工。

问题：

1．在不改变各工作历时的情况下，发生事件1后，施工单位应如何调整计划，使设备闲置时间最少，且满足计划工期要求？

2．按事件2新增加一项新的土方工程N工作后，土方工程的总费用应为多少？

3．土方工程N工作完成后，施工单位提出如下索赔：

（1）增加土方工程施工费用13.5万元。

（2）由于增加土方工程N工作后，使租用的挖土机增加了闲置时间，要求补偿挖土机的闲置费用2.4万元。

（3）延长工期3个月。

施工单位上述索赔是否合理？说明理由。

【案例5】

背景资料：

某工程项目施工采用《水利水电工程标准施工招标文件》（2009年版），招标文件工期为15个月。承包方投标所报工期为13个月。合同总价确定为8000万元。合同约定：实际完成工程量超过估计工程量25%以上时允许调整单价；拖延工期赔偿金每天为合同总价的1‰，最高拖延工期赔偿限额为合同总价的10%；若能提前竣工，每提前1d的奖金按合同总价的1‰计算。

承包方开工前编制并经总监理工程师认可的施工进度计划如图16-7所示。

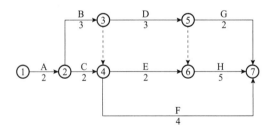

图16-7 施工进度计划

施工过程中发生了下列事件，致使承包方完成该工程项目施工实际用了15个月。

事件1：A、C两项工作为土方工程，工程量均为16万m³，土方工程的合同单价为16元/m³。实际工程量与估计工程量相等。施工按计划进行4个月后，总监理工程师以设计变更通知发布新增土方工程N工作的指示。N工作的性质和施工难度与A、C两项工作相同，工程量为32万m³。N工作在B、C两项工作完成后开始施工，且为H、G两项工作的紧前工作。依据合同约定，总监理工程师与承包方协商后的土方变更单价为14元/m³，用4个月完成。三项土方工程均租用1台机械开挖，机械租赁费为1万元/（月·台）。N工作实际用了4.5个月。

事件2：F工作，因设计变更等待新图纸延误1个月。

事件3：G工作由于连续降雨累计1个月导致实际施工3个月完成，其中0.5个月的日降雨量超过当地30年气象资料记载的最大强度，按合同专用条款的界定为风险事件。

事件4：H工作由于分包单位施工的工程质量不合格造成返工，实际5.5个月完成。

由于以上事件，承包方提出以下索赔要求：

（1）顺延工期6个月。理由是：完成N工作4个月；变更设计图纸延误1个月；连续降雨属于不利的条件和障碍影响0.5个月；监理工程师未能很好地控制分包单位的施工质量，应补偿工期0.5个月。

（2）N工作的费用补偿＝16×32＝512万元。

（3）由于第5个月后才能开始N工作的施工，要求补偿5个月的机械闲置费：$5 \times 1 \times 1 = 5$万元。

问题：

1. 请对以上施工过程中发生的上述4个事件进行合同责任分析。

2. 根据总监理工程师认可的施工进度计划，应给承包方顺延的工期是多少？说明理由。

3. 确定应补偿承包方的费用，并说明理由。

4. 分析承包方应获得工期提前奖励还是承担拖延工期违约赔偿责任，并计算其金额。

【案例6】

背景资料：

某水库枢纽工程主要由大坝及泄水闸等组成。大坝为壤土均质坝，最大坝高15.5m，坝长1135m。该大坝施工承包商首先根据设计要求就近选择某一料场，该料场土料黏粒含量较高，含水量较适中。

在施工过程中，料场土料含水量因天气等各种原因发生变化，比施工最优含水量偏高，承包商及时采取了一些措施，使其满足上坝要求。

坝面作业共安排了A、B、C三个工作班组进行填筑碾压施工。在统计一个分部工程质量检测结果中，发现在90个检测点中，有25个点不合格。其中检测A班组30个点，有5个不合格点；检测B班组30个点，有13个不合格点；检测C班组30个点，有7个不合格点。

问题：

1. 下列压实机械中，适用于该大坝填筑作业的压实机械有哪些？

（1）羊足碾。

（2）振动平碾。

（3）气胎碾。

（4）夯板。

（5）振动羊足碾。

2. 该大坝填筑压实标准应采用什么控制？填筑压实参数主要包括哪些？

3. 料场土料含水量偏高，为满足上坝要求，此时可采取哪些措施？

4. 根据质量检测统计结果，试采用分层法分析，指出哪个班组施工质量对总体质量水平影响最大。

【案例 7】

背景资料：

通过对若干个水利工程大坝出现事故的情况进行分析后得知，产生事故的原因有以下几方面（详见表 16-1）。

表 16-1　水利工程大坝事故产生原因分析表

产生事故的原因	库岸滑坡	坝体严重裂缝	施工围堰漫水冲毁	泄洪建筑物空蚀破坏	防渗帷幕设计有误	消力池冲刷
破坏大坝发生事故的个数	13	7	2	9	2	3

问题：

1. 试绘制出事故排列图。

2. 分析大坝产生事故的主要原因、次要原因与一般原因。

【案例 8】

背景资料：

某综合利用水利枢纽工程位于我国西北某省，坝型为土石坝，黏土心墙防渗；坝址处河道较窄，岸坡平缓；河道枯水期流量很小。

工程中的某分部工程包括坝基开挖、坝基防渗及坝体填筑，该分部工程验收结论为"本分部工程划分为 60 个单元工程，其中合格 24 个，优良 36 个。主要单元工程、重要隐蔽工程及关键部位的单元工程质量优良，且未发生过质量事故；中间产品质量全部合格，其中混凝土拌合物质量达到优良，故本分部工程优良。"

问题：

1. 根据该工程的环境条件，提出合理的施工导流方式及其泄水建筑物类型。

2. 大坝拟采用碾压式填筑，其压实机械主要有哪几种类型？

3. 大坝施工前碾压试验主要确定哪些压实参数？施工中坝体与混凝土泄洪闸连接部位的填筑，应采取哪些措施保证填筑质量？

4. 根据水利水电工程有关质量检验与评定规程，质量评定时项目划分为哪几级？

5. 根据水利水电工程有关质量评定与评定规程，上述验收结论应如何修改？

【案例9】

背景资料：

某承包商在混凝土重力坝施工过程中，采用分缝分块常规混凝土浇筑方法。由于工期紧，浇筑过程中气温较高，为保证混凝土浇筑质量，承包商积极采取了降低混凝土的入仓温度等措施。

在某分部工程施工过程中，发现某个单元工程混凝土强度不合格，承包商及时组织人员全部进行了返工处理，造成直接经济损失20万元，构成了一般质量事故。返工处理后经检验，该单元工程质量符合优良标准，自评为优良。

在该分部工程施工过程中，由于养护不及时等原因，造成另一个单元工程坝体混凝土出现龟裂缝、渗漏裂缝以及沉降缝等问题。在发现问题后，承包商都及时采取了相应的措施进行处理。

在该分部工程施工过程中，5号坝段混凝土编号351单元工程质量检查结论是"各工序施工质量全部合格，其中优良工序达到65%且主要工序优良"。

分部工程施工完成后，质检部门及时统计了该分部工程的单元工程施工质量评定情况：20个单元工程质量全部合格，其中14个单元工程被评为优良，优良率70%；关键部位单元工程质量优良；原材料、中间产品质量全部合格，其中混凝土拌和质量优良。该分部工程自评结果为优良。

问题：

1. 在大体积混凝土浇筑过程中，可采取哪些具体措施降低混凝土的入仓温度？
2. 针对上述混凝土出现的不同裂缝，可采取哪些针对性的处理措施？
3. 上述经承包商返工处理的单元工程质量能否自评为优良？说明理由。
4. 提出编号351单元工程施工质量等级并说明理由。
5. 提出分部工程质量等级并说明理由。

【案例10】

背景资料：

某水闸建筑在砂质壤土地基上，水闸每孔净宽8m，共3孔，采用平板闸门，闸门采用一台门式启闭机启闭，闸墩厚度为2m，因闸室的总宽度较小，故不分缝。闸底板的总宽度为30m，底板顺水流方向长度为20m。施工中发现由于平板闸门主轨、侧轨安装出现严重偏差，产生了质量事故。

问题：

1. 根据水利部颁布的《水利工程质量事故处理暂行规定》（中华人民共和国水利部令第9号），进行质量事故处理的基本要求是什么？
2. 根据水利部颁布的《水利工程质量事故处理暂行规定》（中华人民共和国水利部令第9号），工程质量事故分类的依据是什么？工程质量事故分为哪几类？
3. 工程采用的是门式启闭机，安装时应注意哪些方面？
4. 平板闸门的安装工艺有哪几种？

【案例 11】

背景资料：

某水利水电枢纽工程，主要工程项目有大坝、泄洪闸、引水洞、发电站等，2003年2月开工，2004年6月申报文明建设工地，此时已完成全部建安工程量的25%。有关主管部门为加强质量管理，在工地现场成立了由省水利工程质量监督中心站以及工程项目法人、设计单位和监理单位人员组成的工程质量监督项目站。

问题：

1. 工地工程质量监督项目站的组成形式是否妥当？并说明理由。
2. 根据水利水电工程有关建设管理的规定，简述工程现场项目法人、设计、施工、监理、质量监督各单位之间在建设管理上的相互关系。
3. 根据水利建设工程文明工地创建有关办法，文明工地创建有几项考核标准？并列出其中两项。
4. 根据《大中型水电工程建设风险管理规范》GB/T 50927—2013，风险损失严重性程度等级划为几个等级？工地基坑开挖时曾塌方并造成3名工人重伤，属于风险损失严重性程度等级的哪一级？

【案例 12】

背景资料：

某高土石坝坝体施工项目，建设单位（发包人）与施工总承包单位签订了施工总承包合同，并委托了工程监理单位实施监理。

施工总承包完成桩基工程后，将深基坑支护工程的设计委托给了专业设计单位，并自行决定将基坑的支护和土方开挖工程分包给了一家专业分包单位施工。专业设计单位根据业主提供的勘察报告完成了基坑支护设计后，即将设计文件直接给了专业分包单位；专业分包单位在收到设计文件后编制了基坑支护工程和降水工程专项施工组织方案，施工组织方案经施工总承包单位项目经理签字后即由专业分包单位组织了施工。

专业分包单位在施工过程中，由负责质量管理工作的施工人员兼任现场安全生产监督工作。土方开挖到接近基坑设计标高时，总监理工程师发现基坑四周地表出现裂缝，即向施工总承包单位发出书面通知，要求停止施工，并要求现场施工人员立即撤离，查明原因后再恢复施工，但总承包单位认为地表裂缝属正常现象没有予以理睬。不久基坑发生严重坍塌，并造成4名施工人员被掩埋，其中3人死亡，1人重伤。

事故发生后，专业分包单位立即向有关应急管理部门上报了事故情况。经事故调查组调查，造成坍塌事故的主要原因是由于地质勘察资料中未标明地下存在古河道，基坑支护设计中未能考虑这一因素造成的。事故中直接经济损失80万元，于是专业分包单位要求设计单位赔偿事故损失80万元。

问题：

1. 请指出上述整个事件中有哪些做法不妥，并写出正确的做法。
2. 根据《水利工程建设安全生产管理规定》，施工单位应对哪些达到一定规模的危险性较大的工程编制专项施工方案？

3．本事故应定为哪种等级的事故？
4．这起事故的主要责任单位是谁？并说明理由。

【案例 13】

背景资料：

某拦河大坝主坝为混凝土重力坝，最大坝高75m。为加强工程施工的质量与安全控制，项目法人组织成立了质量与安全应急处置指挥部，施工单位项目经理任指挥，项目监理部、设计代表处的安全分管人员为副指挥，同时施工单位制定了应急救援预案。

在施工过程中，额定起重量为1t的升降机中的预制件突然坠落，致使1人当场死亡，2人重伤，1人轻伤。项目经理立即向项目法人做了报告。在事故调查中发现，升降机操作员没有相应的资格证书。

问题：

1．根据水利工程建设项目有关管理制度，指出质量与安全应急处置指挥部组成上的不妥之处，并提出正确做法。
2．施工单位的应急救援预案应包括哪些主要内容？
3．该工程发生上述安全事故后，项目经理还应立即向哪些部门或机构报告？
4．根据《水利工程建设安全生产管理规定》，哪些人员应取得特种设备操作资格证书？

【案例 14】

背景资料：

某混凝土大坝主体工程，项目法人将土建工程、安装工程分别发包给甲、乙两家施工单位。在合同履行过程中发生了如下事件：

事件1：项目监理机构在审查土建工程施工组织设计时，认为脚手架工程危险性较大，要求甲施工单位编制脚手架工程专项施工方案。甲施工单位项目经理部编制了专项施工方案，凭以往经验进行了安全估算，认为方案可行，并安排质量检查员兼任施工现场安全员工作，遂将方案报送总监理工程师签认。

事件2：开工前，专业监理工程师复核甲施工单位报验的测量成果时，发现对测量控制点的保护措施不当，造成建立的施工测量控制网失效，随即向甲施工单位发出了《监理通知单》。

事件3：专业监理工程师在检查甲施工单位投入的施工机械设备时，发现数量偏少，即向甲施工单位发出了《监理通知单》要求整改；在巡视时发现乙施工单位已安装的管道存在严重质量隐患，即向乙施工单位签发了《暂停施工通知》，要求对该分部工程停工整改。

事件4：甲施工单位施工时不慎将乙施工单位正在安装的一台设备损坏，甲施工单位向乙施工单位做出了赔偿。因修复损坏的设备导致工期延误，乙施工单位向项目监理机构提出延长工期申请。

问题：

1．事件1中，指出甲施工单位的不妥之处，写出正确做法。

2. 事件2中，专业监理工程师的做法是否妥当？《监理通知单》中对甲施工单位的要求应包括哪些主要内容？

3. 事件3中，专业监理工程师做法是否妥当？不妥之处，说明理由并写出正确做法。

4. 在施工单位申请工程复工后，监理单位应该进行哪些方面的工作？

5. 乙施工单位向项目监理机构提出延长工期申请是否正确？说明理由。

【案例15】

背景资料：

某大型水电站工地，施工单位在重力坝浇筑过程中，管理人员只在作业现场的危险区悬挂了警示牌，夜间施工时，不幸发生了高空坠落，导致死亡3人。当工程某隐蔽部位的一道工序施工结束，在未通知监理人员到场检验的情况下，为赶施工进度，项目经理就紧接着指挥完成下道工序的浇筑。工程建设期间，还时常发生当地群众到建设管理单位及施工工地聚集阻挠施工的事件。

问题：

1. 根据水利建设工程文明工地创建有关办法，文明工地创建考核标准包括哪些主要方面？

2. 按照《水利部关于水利安全生产标准化达标动态管理的实施意见》（水监督〔2021〕143号），该施工单位在安全生产标准化等级证书有效期内，发生上述事故一次记多少分？安全生产标准化方面面临什么处罚？

3. 施工单位在完成隐蔽工程后，在未通知监理人员到场检查的情况下，能否将隐蔽部位进行覆盖并进行下一道工序的施工？为什么？

4. 该工地能否被评为文明建设工地？为什么？

5. 群众到施工现场阻挠施工时，施工单位应向哪个单位或部门寻求解决？

【案例16】

背景资料：

某施工单位分别在某省会城市远郊和城区承接了两个标段的堤防工程施工项目，其中防渗墙采用钢板桩技术进行施工。施工安排均为夜间插打钢板桩，白天进行钢板桩防渗墙顶部的混凝土圈梁浇筑、铺土工膜、植草皮等施工。施工期间由多台重型运输车辆将施工材料及钢板桩运抵作业现场，临时散乱进行堆放。由于工程任务量大，施工工期紧，施工单位调度大量运输车辆频繁来往于城郊之间，并且土料运输均出现超载，同时又正值酷暑季节，气候干燥，因此，运输过程中产生大量泥土和灰尘。

问题：

1. 按绿色施工要求，钢板桩施工需要做好什么控制？

2. 远郊施工环境布置应重点注意哪些方面？

3. 城区施工环境布置应如何考虑？

4. 分析本案例施工期间环境保护存在的主要问题。如何改进？

【案例 17】

背景资料:

某混凝土工程,目标成本为 364000 元,实际成本为 383760 元。根据表 16-2 相关资料进行项目成本分析。

表 16-2 某混凝土工程相关资料

项目	单位	计划	实际	差额
产量	m^3	500	520	+20
单价	元	700	720	+20
损耗率	%	4	2.5	−1.5
成本	元	364000	383760	+19760

问题:

1. 施工成本分析的方法有哪几种?
2. 该工程施工项目成本差异是多少?
3. 试用因素分析法分析该工程成本差异的原因。

【案例 18】

背景资料:

某水电建筑公司承建坝后厂房工程建筑面积 18000m^2,根据类似工程成本估算该工程固定总成本 516.67 万元,单位变动成本 722.26 元/m^2,单位报价 1083.83 元/m^2(销售税金及附加不计)。

问题:

1. 用公式法计算该工程项目的保本规模及相应报价。
2. 绘制该项目的线性盈亏分析图,并标出亏损区和盈利区。
3. 请说明盈亏平衡点的高低与项目抗风险能力的关系。

【案例 19】

背景资料:

某项目法人与承包商签订了堤防工程施工承包合同。合同中砌石估算工程量为 5300m^3,单价为 180 元/m^3。合同工期为 6 个月。有关付款条款如下:

(1)开工前项目法人应向承包商支付签约合同总价 20% 的工程预付款。

(2)当累计实际完成工程量超过估算工程量的 10% 时,可对超出 10% 部分进行调价,调价系数为 0.9。

(3)每月签发付款最低金额为 15 万元。

(4)工程预付款从乙方获得累计工程款超过签约合同价的 30% 以后的下 1 个月算起,至第 5 个月均匀扣除。

(5)本工程质量保证金在合同工程完工验收后,通过延长履约保函 1 年担保。

承包商每月实际完成并经签证确认的工程量见表16-3。

表16-3　承包商每月实际完成并经签证确认的工程量

月份	1	2	3	4	5	6
完成工程量（m³）	800	1000	1200	1200	1200	500
累计完成工程量（m³）	800	1800	3000	4200	5400	5900

问题：

1. 签约合同总价为多少？
2. 工程预付款为多少？工程预付款从哪个月起扣留？每月应扣工程预付款为多少？
3. 每月工程量价款为多少？应签证的工程款为多少？应签发的付款凭证金额为多少？

【案例20】

背景资料：

某工程合同价为1500万元，分两个区段，合同约定有关情况见表16-4。

表16-4　合同约定有关情况

区段	工程价（万元）	合同规定完工日期	实际完工日期（已在移交证书上写明）	索赔允许延长工期（d）	签发移交证书日期	扣工程质量保证金总额（万元）	缺陷责任期内业主已动用工程质量保证金赔偿（万元）	误期违约金计算方法（万元）
Ⅰ	1000	1996.3.1	1996.3.1	0	1996.3.10	50	15	2‰×1000/天
Ⅱ	500	1996.8.31	1996.10.10	10	1996.10.15	25	0	3‰×500/天
合计	1500	1996.8.31	1996.10.10	10		75	15	

（1）工程质量保证金在合同工程完工验收后和缺陷责任期满后分两次支付，各50%。

（2）误期违约金限额为合同价的5%，缺陷责任期为1年。

问题：

1. 该工程误期违约金为多少？
2. 所扣工程质量保证金应何时退还？应给承包商退还多少？

【案例21】

背景资料：

某水利工程，施工单位按招标文件中提供的工程量清单做出报价（表16-5）。施工合同约定：

工程预付款为合同总价的20%，单独支付；从工程款累计总额达到合同总价10%的月份开始，按当月工程进度款的30%扣回，扣完为止；施工过程中发生的设计变更，采用以直接费为计算基础的全费用综合单价计价，间接费费率5%，利润率5%，税率

11%。经项目监理机构批准的施工进度计划如图 16-8 所示（时间单位：月）。

表 16-5 工程量清单报价表

工作	估计工程量（m³）	综合单价（元/m³）	合计（万元）
A	3000	300	90
B	1250	200	25
C	4000	500	200
D	4000	600	240
E	3800	1000	380
F	8000	400	320
G	5000	200	100
H	300	800	240
I	2000	700	140

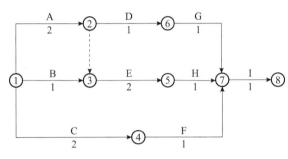

图 16-8 施工进度计划

施工开始后遇到季节性的阵雨，施工单位对已完工程采取了保护措施并发生了保护措施费；为了确保工程安全，施工单位提高了安全防护等级，产生了防护措施费。施工单位提出，上述两项费用应由建设单位另行支付。

施工至第 2 个月末，建设单位要求进行设计变更，该变更增加了一项新的分部工程工作，根据工艺要求，N 工作在 E 工作结束以后开始，在 H 工作开始前完成，持续时间 1 个月，N 工作的直接费为 400 元/m³，工程量为 3000m³。

问题：

1. 施工单位提出产生的保护措施费和防护措施费由建设单位另行支付是否合理？说明理由。

2. 新增分部工程 N 工作的全费用综合单价及工程变更后增加的款额是多少（计算结果保留 2 位小数）？

3. 该工程合同总价是多少？增加 N 工作后的工程造价是多少？该工程预付款是多少？

4. 若该工程的各项工作均按最早开始时间安排，各工作均按匀速完成，且各工作实际工程量与估计工程量无差异，在表 16-6 中填入除 A 工作外其余各项工作分月工程款及合计值。

表16-6 分月工程进度款表　　　　　　　　（单位：万元）

工作名称	时间							
	第1月	第2月	第3月	第4月	第5月	第6月	第7月	合计
A	45	45						90
B								
C								
D								
E								
F								
G								
H								
I								
N								
合计								

5. 计算第1个月至第4个月的工程结算款。

【案例22】

背景资料：

某水利水电工程项目，发包人与承包人依据《水利水电工程标准施工招标文件》（2009年版）签订了施工承包合同，合同价格4000万元（含临建固定总价承包项目200万元）。合同中规定：

（1）工程预付款的总额为合同价格的10%，开工前由发包人一次付清。工程预付款按合同条件中的下列公式扣还：

$$R = \frac{A}{(F_2 - F_1)S}(C - F_1 S)$$

其中 $F_1 = 20\%$，$F_2 = 90\%$。

式中　R——每次进度付款中累计扣回的金额；
　　　A——工程预付款总金额；
　　　S——合同价格；
　　　C——合同累计完成金额。

（2）发包人从第一次支付工程款起按10%的比例扣保留金，直至保留金总额达到合同价的5%为止。

（3）物价调整采用调价公式法。

（4）材料预付款按发票值的90%支付；材料预付款从付款的下1个月开始扣还，6个月内每月扣回六分之一。

（5）利润率为7%。

（6）招标人提供的工程量清单中，对施工设备的进场和撤回、人员遣返费用等，未单独列项报价。

合同执行过程中，由于发包人违约合同解除。合同解除时的情况为：

（1）承包人已完成工程量清单中合同额 2200 万元。

（2）临建项目已全部完成。

（3）合同履行期间价格调整差额系数为 0.02。

（4）承包人近期为工程合理订购某种材料 300 万元，入库已三个月；合同解除时，该种材料尚有库存 50 万元。

（5）承包人已为本工程永久设备签订了订货合同，合同价为 50 万元，并已支付合同定金 10 万元。

（6）承包人已完成一个合同内新增项目 100 万元（按当时市场价格计算值）。

（7）承包人按合同价格已完成计日工 10 万元。

（8）承包人的全部进场费为 32 万元。

（9）承包人的全部设备撤回承包人基地的费用为 20 万元；由于部分设备用到承包人承包的其他工程上使用（合同中未规定），增加撤回费用 5 万元。

（10）承包人人员遣返总费用为 10 万元。

（11）承包人已完成的各类工程款和计日工等，发包人均已按合同规定支付。

（12）解除合同时，发包人与承包人协商确定：由于解除合同造成的承包人的进场费、设备撤回、人员遣返等费用损失，按未完成合同工程价款占合同价格的比例计算。

问题：

1. 合同解除时，承包人已经得到多少工程款？

2. 合同解除时，发包人应总共支付承包人多少金额（包括已经支付的和还应支付的）？

3. 合同解除时，发包人应进一步支付承包人多少金额？

【案例 23】

背景资料：

某堤防工程，发包人与承包人依据《水利水电工程标准施工招标文件》（2009 年版）签订了施工承包合同，合同中的项目包括土方填筑和砌石护坡，其中土方填筑 200 万 m^3，单价为 10 元 /m^3；砌石 10 万 m^3，单价为 40 元 /m^3。

1. 合同中的有关情况为：

（1）合同开工日期为 9 月 20 日。

（2）工程量清单中单项工程量的变化超过 20% 按变更处理。

（3）发包人指定的采石场距工程现场 10km，开采条件可满足正常施工强度 500m^3/d 的需要。

（4）工程施工计划为先填筑，填筑全部完成后再进行砌石施工。

（5）合同约定每年 10 月 1—3 日为休息日，承包人不得安排施工。

2. 在合同执行过程中：

（1）在土方施工中，由于以下原因引起停工：

事件 1：合同规定发包人移交施工场地的时间为当年 10 月 3 日，由于发包人原因，实际移交时间延误到 10 月 8 日晚。

事件2：10月6—15日因不可抗力事件，工程全部暂停施工。

事件3：10月28日至11月2日，承包人的施工设备发生故障，主体施工发生施工暂停。承包人设备停产1天的损失为1万元，人工费需8000元。

（2）土方填筑实际完成300万 m^3，经合同双方协商，对超过合同规定百分比的工程量，单价增加了3元/m^3；土方填筑工程量的增加未延长填筑作业天数。

（3）工程施工中，承包人在发包人指定的采石场地开采了砌石5万 m^3 后，该采石场再无石材可采。监理人指示承包人自行寻找采石场。

承包人另寻采石场发生合理费用支出5000元。新采石场距工程现场30km，石料运输运距每增加1km，运费增加1元/m^3。采石场变更后，由于运距增加，运输能力有限，每天只能运输400m^3，监理人同意延长工期。采石场变更后，造成施工设备利用率不足并延长工作天数，合同双方协商从使用新料场开始，按照2000元/d补偿承包人的损失。

（4）工程延期中，承包人管理费、保险费、保函费等损失为5000元/d。

问题：

1. 试分析确定承包人应获准的工程延期天数。
2. 试分析确定承包人应获批准的由于变更引起的费用赔偿金额。

【案例24】

背景资料：

某泵站工程，业主与总承包商、监理单位分别签订了施工合同、监理合同。总承包商经业主同意将土方开挖、设备安装与防渗工程分别分包给专业性公司，并签订了分包合同。施工合同中约定：

建设工期278d，2004年9月1日开工，工程造价4357万元。结算方法：合同价款调整范围为业主认定的工程量增减、设计变更和洽商；安装配件、防渗工程的材料费调整依据为本地区工程造价管理部门公布的价格调整文件。

实施过程中，发生如下事件：

事件1：总承包商于8月25日进场，进行开工前的准备工作。原定9月1日开工，因业主办理伐树手续而延误至6日才开工，总承包商要求工期顺延5d。

事件2：土方公司在基础开挖中遇有地下文物，采取了必要的保护措施。为此，总承包商请土方公司向业主要求索赔。

事件3：在基础回填过程中，总承包商已按规定取土样，试验合格。监理工程师对填土质量表示异议，责成总承包商再次取样复验，结果合格。总承包商要求监理单位支付试验费。

事件4：总承包商对混凝土搅拌设备的加水计量器进行改进研究，在本公司试验室内进行试验，改进成功用于本工程，总承包商要求此项试验费由业主支付。

事件5：结构施工期间，总承包商经总监理工程师同意更换了原项目经理，组织管理一度失调，导致封顶时间延误8d。总承包商以总监理工程师同意为由，要求给予适当工期补偿。

事件6：监理工程师检查防渗工程，发现止水带安装不符合要求，记录并要求防渗公司整改。防渗公司整改后向监理工程师进行了口头汇报，监理工程师即签证认可。事后发现仍有部分有误，需进行返工。

事件 7：在做基础处理时，经中间检查发现施工不符合设计要求，防渗公司也自认为难以达到合同规定的质量要求，就向监理工程师提出终止合同的书面申请。

事件 8：在进行结算时，总承包商根据已标价的工程量清单，要求安装配件费用按发票价计取，业主认为应按合同条件中约定计取，为此发生争议。

问题：

1．在事件 1 中，总承包商的要求是否成立？理由是什么？
2．在事件 2 中，总承包商的做法是否正确？理由是什么？
3．在事件 3 中，总承包商的要求是否合理？理由是什么？
4．在事件 4 中，监理工程师是否应批准总承包商的支付申请？理由是什么？
5．在事件 5 中，总承包商是否可以得到工期补偿？理由是什么？
6．在事件 6 中，返修的经济损失由谁承担？理由是什么？监理工程师有什么不妥之处？
7．在事件 7 中，监理工程师应如何协调处理？
8．在事件 8 中，哪种意见正确？理由是什么？

【案例 25】

背景资料：

某承包商于某年承包某外资工程的施工，与业主签订的承包合同约定：

（1）工程合同价 2000 万元；若遇合同约定可以调整的费用或材料价格变动时，工程价款采用价格调整公式动态结算。

（2）该工程的人工费占工程价款的 35%，可以调整价格的材料中，水泥占 23%，钢材占 12%，石料占 8%，砂料占 7%，不调值费用占 15%。

（3）开工前业主向承包商支付合同价 20% 的工程预付款，当工程进度款达到合同价的 60% 时，开始从超过部分的工程结算款中按 60% 抵扣工程预付款，竣工前全部扣清。

（4）工程进度款逐月结算，每月月中预支半月工程款。

问题：

1．工程预付款和起扣点是多少？
2．当工程完成合同工程量的 70% 后，遇上物价变动，导致水泥、钢材涨价，其中，水泥价格增长 20%，钢材价格增长 15%，试问承包商可索赔价款多少？合同实际价款为多少？
3．若工程保留金按合同预算价格的 10% 计算，则工程结算款应为多少？

【案例 26】

背景资料：

某水闸工程施工招标投标及合同管理过程中，发生如下事件：

事件 1：该工程可行性研究报告批准后立即进行施工招标。

事件2：施工单位的投标文件所载工期超过招标文件规定的工期，评标委员会向其发出了要求补正的通知，施工单位按时递交了答复，修改了工期计划，满足了要求。评标委员会认可工期修改。

事件3：招标人在合同谈判时，要求施工单位提高混凝土强度等级，但不调整单价，否则不签合同。

事件4：合同约定，发包人的义务和责任有：

（1）提供施工用地。
（2）执行监理单位指示。
（3）保证工程施工人员安全。
（4）避免施工对公众利益的损害。
（5）提供测量基准。

承包人的义务和责任有：

（1）垫资100万元。
（2）为监理人提供工作和生活条件。
（3）组织工程验收。
（4）提交施工组织设计。
（5）为其他人提供施工方便。

事件5：合同部分条款如下：

（1）计划施工工期3个月，自合同签订次月起算。合同工程量及单价见表16-7。

表16-7　合同工程量及单价

项目	土方工程	混凝土工程	砌石工程	临时工程
工程量	10万 m^3	0.8万 m^3	0.2万 m^3	2项
综合单价	10元/m^3	400元/m^3	200元/m^3	40万元
开工及完工时间	第1月	第3月	第2月	第1月

（2）合同签订当月生效，发包人向承包人一次性支付合同总价的10%，作为工程预付款，施工期最后2个月等额扣回。

（3）质量保证金为合同总价的3%，在施工期内，按每月工程进度款3%的比例扣留。保修期满后退还，保修期1年。

问题：

1．根据水利水电工程招标投标有关规定，事件1、事件2、事件3的处理方式或要求是否合理？逐一说明理由。

2．根据《水利水电工程标准施工招标文件》（2009年版），分别指出事件4中有关发包人和承包人的义务和责任中的不妥之处。

3．按事件5所给的条件，合同金额为多少？发包人应支付的工程预付款为多少？应扣留的质量保证金总额为多少？

4．按事件5所给的条件，若施工单位按期完成各项工程，计算施工单位工期最后1个月的工程进度款、工程质量保证金扣留、工程预付款扣回、应收款。

【案例 27】

背景资料：

某省重点水利工程项目计划于 2004 年 12 月 28 日开工，由于坝肩施工标段工程复杂，技术难度高，一般施工队伍难以胜任，业主自行决定采取邀请招标方式。2004 年 9 月 8 日向通过资格预审的 A、B、C、D、E 五家施工承包企业发出了投标邀请书。该五家企业均接受了邀请，并于规定时间 9 月 20—22 日购买了招标文件。招标文件中规定，10 月 18 日下午 4 时是招标文件规定的投标截止时间，11 月 10 日发出中标通知书。

在投标截止时间之前，A、B、D、E 四家企业提交了投标文件，但 C 企业于 10 月 18 日下午 5 时才送达，原因是中途堵车；10 月 21 日下午由当地招标投标监督管理办公室主持进行了公开开标。

评标委员会成员共由 7 人组成，其中当地招标投标监督管理办公室 1 人，公证处 1 人，招标人 1 人，技术经济方面专家 4 人。评标时发现 E 企业投标文件虽无法定代表人签字和委托人授权书，但投标文件均已有项目经理签字并加盖了公章。评标委员会于 10 月 28 日提出了评标报告。B、A 企业分别综合得分第一名、第二名。由于 B 企业投标报价高于 A 企业，11 月 10 日招标人向 A 企业发出了中标通知书，并于 12 月 12 日签订了书面合同。

问题：

1. 业主自行决定采取邀请招标方式的做法是否妥当？说明理由。
2. 招标人对 C 企业和 E 企业投标文件应当如何处理？说明理由。
3. 指出开标工作的不妥之处，说明理由。
4. 指出评标委员会成员组成的不妥之处，说明理由。
5. 招标人确定 A 企业为中标人是否违规？说明理由。
6. 合同签订的日期是否违规？说明理由。

【案例 28】

背景资料：

某输水工程经监理工程师批准的网络计划如图 16-9 所示（图中工作持续时间以月为单位）。其中渡槽支撑为桁排架结构，共有 28 根柱子，最大高度为 38m。

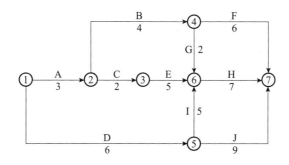

图 16-9　某输水工程网络计划

该工程施工合同工期为 18 个月，质量标准要求为优良。施工合同中规定，土方工程单价为 16 元/m³，土方估算工程量为 22000m³，混凝土工程单价为 320 元/m³，混凝土估算工程量为 1800m³。当土方工程和混凝土工程的实际完成工程量任何一项增加超出该项合同估算工程量的 15% 时，该项超出部分结算单价可进行调整，调整系数为 0.9。

在施工过程中监理工程师发现刚拆模的钢筋混凝土柱子中有 10 根存在工程质量问题，其中 6 根柱子蜂窝、露筋较严重，4 根柱子蜂窝、麻面轻微，且截面尺寸小于设计要求。截面尺寸小于设计要求的 4 根柱子经设计单位验算，可以满足结构安全和使用功能要求，可不加固补强。在监理工程师组织质量事故分析会上，承包方提出了如下处理方案：

方案一：6 根柱子加固补强，补强后不改变外形尺寸，不造成永久性缺陷；另外 4 根柱子不加固补强。

方案二：10 根柱子砸掉重做。

方案三：6 根柱子砸掉重做，另外 4 根柱子不加固补强。

在工程按计划进度进行到第 4 个月时，业主、监理工程师与承包方协商同意增加一项 K 工作，其持续时间为 2 个月，该工作安排在 C 工作结束后开始（K 是 C 的紧后工作），E 工作开始前结束（K 是 E 的紧前工作）。由于 K 工作的增加，增加了土方工程量 3500m³，增加了混凝土工程量 200m³。

工程竣工后，承包方组织了该单位工程的预验收，在组织正式竣工验收前，业主已经提出提前使用该工程。业主使用中发现房屋屋面漏水，要求承包方修理。

问题：

1．承包方要保证主体结构部分工程质量达到优良标准，以上对柱子的工程质量问题的三个处理方案中，哪种方案能够满足要求？说明理由。

2．由于增加了 K 工作，承包方提出了顺延工期 2 个月的要求，该要求是否合理？监理工程师应该签证批准的顺延工期是多少？

3．由于增加了 K 工作，相应的工程量有所增加，承包方提出对增加工程量的结算费用为：

土方工程：3500×16＝56000 元。

混凝土工程：200×320＝64000 元。

合计：120000 元。

该费用是否合理？说明理由。监理工程师对这笔费用应签证多少？

4．在工程未正式验收前，业主提前使用是否可以认为该单位工程已经验收？对出现的质量问题，承包方是否承担保修责任？

【案例 29】

背景资料：

某水利工程项目概算 1 亿元，由政府投资建设。

招标人委托某招标代理公司代理施工招标。招标人对招标代理公司提出以下要求：为了避免潜在的投标人过多，项目招标公告仅在本市日报上发布，且采用邀请招标方式招标。招标文件规定：投标担保可采用投标保证金或投标保函方式担保，评标方法采用经评审的最低投标价法，投标有效期为60d。

项目施工招标信息发布以后，共有12家潜在的投标人报名参加投标。招标人认为报名参加投标的人数太多，为减少评标工作量，要求招标代理公司先行对报名的潜在投标人资格条件进行审查，主要审查潜在投标人资质条件。

开标、评标后发现：

（1）投标人A的投标报价为8000万元。

（2）投标人B在开标后又提交了一份补充说明，提出可以降价5%。

（3）投标人C投标文件的投标函盖有企业及企业法定代表人的印章，但没有加盖项目负责人的印章。

（4）投标人D与其他投标人组成了联合体投标，附有各方资质证书，但没有联合体共同投标协议书。

（5）投标人E的投标报价低于投标人A的报价约3%，故投标人E在开标后第二天撤回了其投标文件。

经过对投标文件的评审，投标人A被确定为第一中标候选人，经评审的投标报价为8000万元。发出中标通知书后，招标人和投标人A进行合同谈判。招标人要求投标人A降价3%，否则不予签订合同。

问题：

1. 发包人对招标代理公司提出的要求是否正确？说明理由。
2. 判断投标人A、B、C、D的投标文件是否有效？无效时，须说明理由。
3. 招标人对投标人E撤回投标文件的行为应如何处理？
4. 判断合同谈判中，招标人的要求是否合理？不合理时，须说明理由。该项目施工合同应在何时签订？签约合同价应是多少？

【案例30】

背景资料：

某水利工程施工项目经过招标，建设单位选定A公司为中标单位。双方在施工合同中约定，A公司将设备安装、配套工程和桩基工程的施工分别分包给B、C和D三家专业公司，业主负责采购设备。

该工程在施工招标和合同履行过程中发生了下述事件：

事件1：施工招标过程中共有6家公司竞标。其中F公司的投标文件在招标文件要求提交投标文件的截止时间后半小时送达；G公司的投标文件的密封不符合招标文件的要求。

事件2：桩基工程施工完毕，已按国家有关规定和合同约定作了检测验收。监理工程师对其中5号桩的混凝土质量有怀疑，建议建设单位采用钻孔取样方法进一步检验。D公司不配合，总监理工程师要求A公司给予配合，A公司以桩基为D公司施工为由拒绝。

事件3：5号桩钻孔取样检验合格，A公司要求该监理公司承担由此发生的全部费用，赔偿其窝工损失，并顺延所影响的工期。

事件4：建设单位采购的配套工程设备提前进场，A公司派人参加开箱清点，并向监理机构提交因此增加的保管费支付申请。

事件5：C公司在配套工程设备安装过程中发现附属工程设备部分配件丢失，要求建设单位重新采购供货并承担费用。

问题：

1. 事件1中，招标人对F、G这两家公司的投标文件应当如何处理？说明理由。
2. 事件2中，A公司的做法是否妥当？说明理由。
3. 事件3中，A公司的要求合理吗？应当如何处理？并说明理由。
4. 事件4中，监理机构是否签认A公司的支付申请？说明理由。
5. 事件5中，C公司的要求是否合理？应当如何处理？

【案例31】

背景资料：

经批准后，Y省水利厅作为项目法人对某大型水利水电工程土建标采用公开招标的方式招标，该项目属中央投资的公益性水利工程。招标人于2021年5月2—11日发布招标公告，公告规定投标人须具有水利水电工程施工总承包一级资质，采用资格后审。5月12—16日出售招标文件，招标文件规定5月30日为投标截止时间（相关日历如图16-10所示）。截至5月16日，共有6家投标单位购买了招标文件，且该6家单位（分别为A、B、C、D、E、F）均在招标文件规定的时间内提交了投标文件，其中F投标单位为甲单位（水利水电施工总承包一级资质）与乙单位（水利水电施工总承包二级资质）的联合体。投标单位A在提交投标文件后发现其报价估算有较严重的失误，遂赶在投标截止时间前15min，递交了一份书面声明，要求撤回已提交的投标文件。

2021年5月						
日	一	二	三	四	五	六
						1
2	3	4	5	6	7	8
9	10	11	12	13	14	15
16	17	18	19	20	21	22
23	24	25	26	27	28	29
30	31					

2021年6月						
日	一	二	三	四	五	六
		1	2	3	4	5
6	7	8	9	10	11	12
13	14	15	16	17	18	19
20	21	22	23	24	25	26
27	28	29	30			

图16-10 相关日历

开标时，由招标人委托的市公证处人员检查投标文件的密封情况，确认无误后，由工作人员当众拆封。由于投标单位A已撤回投标文件，故招标人宣布有B、C、D、E、F共6家投标单位投标，并宣读该5家投标单位的投标价格、工期和其他主要内容。

评标委员会委员由招标人代表和其他技术经济专家组成，共9人，其中招标人代表4人，从Y省水利厅组建的评标专家库随机抽取专家5名，其专业分布为：工程建设管理1人、金属结构1人、造价2人、水工1人。

在评标过程中，评标委员会要求B、D两投标人分别对其施工方案作详细说明，并对若干技术要点和难点提出问题，要求其提出具体、可靠的实施措施。评标委员会的招标人代表希望投标单位B再适当考虑一下降低报价的可能性，并由评标文员会发出问题澄清通知。

按照招标文件中确定的综合评标标准，5个投标人综合得分从高到低的依次顺序为B、D、F、C、E，故评标委员会确定投标单位B为中标人。由于投标单位B为外地企业，招标人于6月10日将中标通知书以挂号方式寄出，投标单位B于6月14日收到中标通知书。

由于从报价情况来看，5个投标人的报价从低到高的依次顺序为D、C、B、E、F，因此，从6月16—21日招标人又与投标单位B就合同价格进行了多次谈判，结果投标单位B将价格降到略低于投标单位C的报价水平，最终双方于7月12日签订了书面合同。合同签订后，招标人向A、C、D、E、F共5家投标单位发去了中标结果通知书。

问题：

从所介绍的背景资料来看，指出该项目的招标投标过程中哪些方面不符合招标投标的有关规定。并说明理由。

【案例32】

背景资料：

某水利工程施工项目，发包人依据《水利水电工程标准施工招标文件》（2009年版），与施工单位签订了施工合同。招标文件中的工期为280d，协议书中的工期为240d。

施工中发生了下列事件：

事件1：发包人与承包人对工程工期出现争议。

事件2：施工单位在按监理单位签发的设计文件组织施工前，发现某部位钢筋混凝土浇筑要求与相关规范规定不一致，向设计单位提出变更建议并附变更方案。设计单位审核后认为施工单位的建议正确，方案合理，向施工单位发出了设计修改文件。

事件3：在施工过程中，根据监理单位的书面指示，施工单位进行了跨河公路桥基础破碎岩石开挖，但公路桥报价清单中无此项内容。主体工程报价清单中有以下单价：

（1）混凝土坝A：砂卵石、岩石地基开挖70元/m^3；混凝土坝B：基础处理80元/m^3。

（2）土石坝C：砂卵石、岩石地基开挖50元/m^3；土石坝D：基础处理60元/m^3。

事件4：施工单位经监理单位批准后对基础进行了混凝土覆盖。在下一仓浇筑准备时，监理单位对已覆盖的基础质量有疑问，指示施工单位剥离已浇筑混凝土并重新检验，检测结果表明，基础质量不合格。施工单位按要求进行返工处理并承担了相应的施工费用，但提出了检验费用支付申请和因此次检验影响工程进度的工期索赔。

问题：

1．该工程的工期应当为多少天？说明理由。

2．在事件2设计文件变更过程中，施工单位、设计单位的做法有无不妥之处？说明理由。

3．在事件2的变更中若涉及需要调整合同价格时，应遵循什么原则？

4. 在事件3中,如果从4个单位中选用的话,哪一项单价最为合理?说明理由。
5. 在事件4中,施工单位的检验费用支付申请和工期索赔是否成立?说明理由。

【案例33】

背景资料:

某拦湖大坝加固改造工程,发包人与施工单位签订了工程施工合同,合同中估算工程量为8000m³,单价为200元/m³,合同工期为6个月,有关付款条款如下:

(1)开工前发包人应向施工单位支付合同总价20%的工程预付款。

(2)发包人自第1个月起,从施工单位的工程款中,按3%的比例扣留工程质量保证金。

(3)当累计实际完成工程量不超过估算工程量10%时,单价不调整;超过10%时,对超过部分进行调价,调价系数为0.9。

(4)工程预付款从累计工程款达到合同总价的30%以上的下1个月起,至合同工期的第5个月(包括第5个月)平均扣除。

施工单位每月实际完成并经监理单位确认的工程量见表16-8。

表16-8 施工单位每月实际完成并经监理单位确认的工程量

月份	7	8	9	10	11	12
完成工程量(m³)	1200	1700	1300	1900	2000	800
累计完成工程量(m³)	1200	2900	4200	6100	8100	8900

问题:

1. 合同总价为多少?工程预付款为多少(计算结果以万元为单位,保留到小数点后两位)?
2. 工程预付款从哪个月开始扣除?每月应扣工程预付款为多少?
3. 12月底监理单位应签发的付款凭证金额为多少?

【案例34】

背景资料:

某混凝土重力坝工程包括左岸非溢流坝段、溢流坝段、右岸非溢流坝段、右岸坝肩混凝土刺墙段。最大坝高43m,坝顶全长322m,共17个坝段。该工程采用明渠导流施工。坝址以上流域面积610.5km²,属于亚热带暖湿气候区,雨量充沛,湿润温和。施工期平均气温比较高,需要采取温控措施。其施工组织设计主要内容包括:

(1)大坝混凝土施工方案的选择。

(2)坝体的分缝分块。根据混凝土坝型、地质情况、结构布置、施工方法、浇筑能力、温控水平等因素进行综合考虑。

(3)坝体混凝土浇筑强度的确定。应满足该坝体在施工期的历年度汛高程与工程面貌。在安排坝体混凝土浇筑工程进度时,应估算施工有效工作日,分析气象因素造成的停工或影响天数,扣除法定节假日,然后再根据阶段混凝土浇筑方量拟定混凝土的月浇筑强度和日平均浇筑强度。

（4）混凝土拌和系统的位置与容量选择。
（5）混凝土运输方式与运输机械选择。
（6）运输线路与起重机轨道布置。门、塔机栈桥高程必须在导流规划确定的洪水位以上，宜稍高于坝体重心，并与供料线布置高程相协调。栈桥一般平行于坝轴线布置，栈桥墩宜部分埋入坝内。
（7）混凝土温控要求及主要温控措施。

问题：

1．为防止混凝土坝出现裂缝，可采取哪些温控措施？
2．混凝土浇筑的工艺流程包括哪些？
3．对于17个独立坝段，每个坝段的纵缝分块形式可以分为几种？
4．大坝混凝土浇筑的水平运输包括哪些方式？垂直运输设备主要有哪些？
5．大坝混凝土浇筑的运输方案有哪些？本工程采用哪种运输方案？
6．混凝土拌和设备生产能力主要取决于哪些因素？
7．混凝土的正常养护时间至少应为多少天？

【案例35】

背景资料：

某水利工程经监理人批准的施工网络进度计划如图16-11所示（单位：d）。

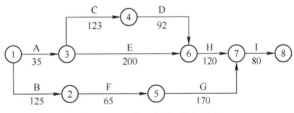

图16-11 施工网络进度计划

合同约定：如工程工期提前，奖励标准为10000元/d；如工程工期延误，支付违约金标准为10000元/d。

当工程施工按计划进行到第110天末时，因承包人的施工设备故障造成E工作中断施工。为保证工程顺利完成，有关人员提出以下施工调整方案：

方案一：修复设备。设备修复后E工作继续进行，修复时间是20d。

方案二：调剂设备。B工作所用的设备能满足E工作的需要，故使用B工作的设备完成E工作未完成工作量，其他工作均按计划进行。

方案三：租赁设备。租赁设备的运输安装调试时间为10d。设备正式使用期间支付租赁费用，其标准为350元/d。

问题：

1．计算施工网络进度计划的工期以及E工作的总时差，并指出施工网络进度计划的关键线路。
2．若各项工作均按最早开始时间施工，简要分析采用哪个施工调整方案较合理。
3．根据分析比较后采用的施工调整方案，绘制调整后的施工网络进度计划，并指出关键线路（网络进度计划中应将 E 工作分解为 E1 和 E2，其中 E1 表示已完成工作，E2 表示未完成工作）。

【案例 36】

背景资料：

南方某以防洪为主，兼顾灌溉、供水和发电的中型水利工程，需进行扩建和加固，其中两座副坝（1号和2号）的加固项目合同工期为 8 个月，计划当年 11 月 10 日开工。副坝结构形式为黏土心墙土石坝。承包人拟定的施工进度计划如图 16-12 所示。工程实施过程中发生了以下事件：

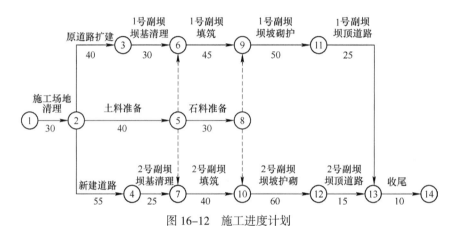

图 16-12 施工进度计划

说明：1. 每月按 30d 计，时间单位为 d。
2. 日期以当日末为准，如 11 月 10 日开工表示 11 月 10 日末开工。

事件 1：按照 12 月 10 日上级下达的水库调度方案，坝基清理最早只能在次年 1 月 25 日开始。

事件 2：根据防洪要求，坝坡护砌迎水面施工最迟应在次年 5 月 10 日完成。坝坡迎水面与背水面护砌所需时间相同，按先迎水面后背水面顺序安排施工。

事件 3："2 号副坝填筑"的进度曲线如图 16-13 所示。

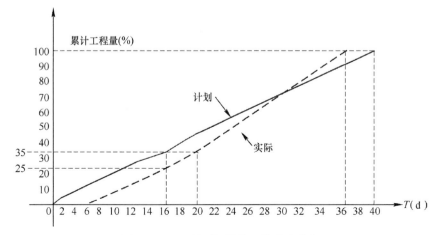

图 16-13 "2 号副坝填筑"的进度曲线

事件 4：次年 6 月 20 日检查工程进度，1 号、2 号副坝坝顶道路已完成的工程量分别为 3/5、2/5。

问题：

1．确定计划工期；根据水库调度方案和施工进度安排，分别指出 1 号、2 号副坝坝基清理最早何时开始。

2．根据防洪要求，两座副坝的坝坡护砌迎水面护砌施工何时能完成？可否满足 5 月 10 日完成的要求？

3．依据事件 3 中 2 号副坝填筑进度曲线，分析在第 16 天末的计划进度与实际进度，并确定 2 号副坝填筑实际用工天数。

4．根据 6 月 20 日检查结果，分析坝顶道路施工进展状况；若未完成的工程量仍按原计划施工强度进行，分析对合同工期的影响。

【案例 37】

背景资料：

某水利枢纽工程由电站、溢洪道和土坝组成。主坝为均质土坝，上游设干砌石护坡，下游设草皮护坡和堆石排水体，坝顶设碎石路，工程实施过程中发生下述事件：

事件 1：项目法人要求该工程质量监督机构对于大坝填筑按《水电水利基本建设工程单元工程质量等级评定标准》规定的检验数量进行质量检查。质量监督机构受项目法人委托，承担了该工程质量检测任务。

事件 2：土坝施工单位将坝体碾压分包给具有良好碾压设备和经验的乙公司承担。合同文件中规定单元工程的划分标准是：以 50m 坝长、30cm 铺料厚度为单元工程的计算单位，铺料为一个单元工程，碾压为另一个单元工程。

事件 3：工程监理单位给施工单位的"监理通知"如下：

经你单位申请并提出设计变更，我单位复核同意将坝下游排水体改为浆砌石，边坡由 13∶2.5 改为 13∶2。

事件 4：土坝单位工程完工验收结论为：

本单位工程划分为 20 个分部工程，其中质量合格 8 个，质量优良 12 个，优良率为 60%，主要分部工程（坝顶碎石路）质量优良，且施工中未发生重大质量事故；中间产品质量全部合格，其中混凝土拌合物质量达到优良；原材料质量、金属结构及启闭机制造质量合格；外观质量得分率为 83%。所以，本单位工程质量评定为优良。

事件 5：该工程项目单元工程质量评定表由监理单位填写，土坝单位工程完工验收由施工单位主持。工程截流验收及工程截流阶段移民安置验收由项目法人主持。

问题：

1．判断事件 1 中是否存在不妥问题。并说明理由。

2．判断事件 2 中是否存在不合理问题。并说明理由。

3．判断事件 3 "监理通知"中是否存在不合理问题。并说明理由。

4．依据水利工程验收和质量评定的有关规定，判断事件 4 中验收结论存在的问题。

5．根据水利工程验收和质量评定的有关规定，指出事件 5 中存在的不妥之处，并改正。

【案例 38】

背景资料：

某闸室基础开挖是闸室分部工程中的一部分，其中右岸边墩基础开挖单元工程施工质量验收评定表见表 16-9。

表 16-9 右岸边墩基础开挖单元工程施工质量验收评定表

单位工程名称		××××		单元工程量	××××		
分部工程名称		××××		施工单位	××××		
单元工程名称、部位		××××		施工日期	××××年××月××日～××××年××月××日		
项次	检验项目	质量标准		检查（测）记录或备查资料名称		合格数	合格率
主控项目	1	保护层开挖	保护层开挖方式应符合设计要求，在接近建基面时，宜使用小型机具或人工挖除，不应扰动建基面以下的原地基		保护层开挖方式符合设计要求，在接近建基面时，采用人工挖除，未扰动建基面以下的原地基		
	2	建基面处理	构筑物软基和土质岸坡开挖面平顺。软基和土质岸坡与土质构筑物接触时，采用斜面连接，无台阶、急剧变坡及反坡		构筑物软基和土质岸坡开挖面平顺。软基和土质岸坡与土质构筑物接触时，采用斜面连接，无台阶、急剧变坡及反坡		
	3	渗水处理	构筑物基础区及土质岸坡渗水（含泉眼）妥善引排或封堵，建基面清洁无积水		构筑物基础区及土质岸坡渗水（含泉眼）妥善引排或封堵，建基面清洁无积水		
一般项目	1	基坑断面尺寸及开挖面平整度	无结构要求或无配筋	长或宽不大于10m	符合设计要求，允许偏差为 −10～20cm	—		
				长或宽大于10m	符合设计要求，允许偏差为 −20～30cm	—		
				坑（槽）底部标高	符合设计要求，允许偏差为 −10～20cm	—		
				垂直或斜面平整度	符合设计要求，允许偏差为 20cm	—		
			有结构要求有配筋预埋件	长或宽不大于10m	符合设计要求，允许偏差为 0～20cm	—		
				长或宽大于10m	符合设计要求，允许偏差为 0～30cm	10, 40, 20, 30, 35, 20, 30, 10, 25, 20		
				坑（槽）底部标高	符合设计要求，允许偏差为 0～20cm	6, 2, 6, 10, 8, 1, 5, 7, 6, 9		
				斜面平整度	符合设计要求，允许偏差为 15cm	30, 8, 6, 30, 8, 18, 12, 14, 16, 15		

续表

施工单位自评意见	主控项目检验点100%合格,一般项目逐项检验点的合格率____%,且不合格点不集中分布。 单元质量等级评定为: (签字,加盖公章)××××年××月××日
监理单位复核意见	经抽检并查验相关检验报告和检验资料,主控项目检验点100%合格,一般项目逐项检验点的合格率____%,且不合格点不集中分布。 单元质量等级评定为: (签字,加盖公章)××××年××月××日

注:1. 对关键部位单元工程和重要隐蔽单元工程的施工质量验收评定应有设计、建设等单位的代表签字,具体要求应满足《水利水电工程施工质量检测与评定规程》SL 176—2007的规定;
2. 本表所填"单元工程量"不作为施工单位工程量结算计量的依据。

问题:
1. 找出不合格的数值,并用"★"表示在其后。
2. 填写表格,写出评定意见及工序质量评定等级。

【案例39】

背景资料:

某水闸工程建于土基上,共10孔,每孔净宽10m;上游钢筋混凝土铺盖顺水流方向长15m,垂直水流方向共分成10块;铺盖部位的两侧翼墙亦为钢筋混凝土结构,挡土高度为12m,其平面布置示意图如图16-14所示。

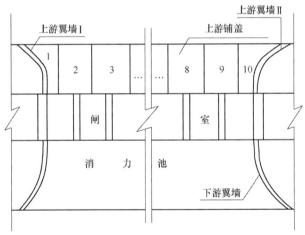

图16-14 平面布置示意图

上游翼墙及铺盖施工时,为加快施工进度,承包人安排两个班组,按照上游翼墙Ⅱ→10→9→8→7→6和上游翼墙Ⅰ→1→2→3→4→5的顺序同步施工。

在闸墩混凝土施工中,为方便立模和浇筑混凝土,承包人拟将闸墩分层浇筑至设计高程,再对牛腿与闸墩结合面按施工缝进行处理后浇筑闸墩牛腿混凝土。

在翼墙混凝土施工过程中,出现了胀模事故,承包人采取了拆模、凿除混凝土、重新立模、浇筑混凝土等返工处理措施。返工处理耗费工期20d,费用15万元。

在闸室分部工程施工完成后,根据《水利水电工程施工质量检验与评定规程》SL 176—

2007 进行了分部工程质量评定，评定内容包括原材料质量、中间产品质量等。

问题：

1. 指出承包人在上游翼墙及铺盖施工方案中的不妥之处，并改正。
2. 指出承包人在闸墩与牛腿施工方案中的不妥之处，并说明理由。
3. 根据《水利工程质量和安全事故处理暂行规定》，本工程中的质量事故属于哪一类？确定水利工程质量事故等级主要考虑哪些主要因素？
4. 闸室分部工程质量评定的主要内容，除原材料质量、中间产品质量外，还包括哪些？

【案例 40】

背景资料：

某水利枢纽工程位于甲、乙两省交界处，由大坝、泄洪闸、引水洞、发电站等建筑物组成。该枢纽工程于 2012 年 10 月开工建设，计划 2015 年 6 月建设完成，项目在施工过程中发生如下事件：

事件 1：按照水利部有关通知精神，项目法人牵头工程参建单位建立了项目安全生产风险管控机制。

事件 2：上级有关主管部门为加强质量管理，在工地现场成立了由省水利工程质量监督中心站以及工程项目法人、设计单位和监理单位等有关人员组成的工程质量监督项目站。

事件 3：发电站工地基坑开挖时，由于局部塌方，造成 1 名工人死亡。

问题：

1. 项目安全生产风险管控机制有哪几项？
2. 指出根据事件 2 中工地现场工程质量监督项目站组成形式的不妥之处，并简要说明理由。
3. 根据水利水电工程有关建设管理的规定，简述工程现场项目法人、设计单位、承包人、监理单位、工程质量监督机构之间在建设管理上的相互关系。
4. 根据《水利部生产安全事故应急预案（试行）》（水安监〔2016〕443 号），水利工程生产安全事故分为哪几级？判断事件 3 的事故等级。

【案例 41】

背景资料：

某水库溢洪道加固工程，控制段现状底板顶高程 20.0m，闸墩顶面高程 32.0m，墩顶以上为现浇混凝土排架、启闭机房及公路桥。加固方案为：底板顶面增浇 20cm 混凝土，闸墩外包 15cm 混凝土，拆除重建排架、启闭机房及公路桥。其中现浇钢筋混凝土排架采用爆破拆除方案。施工过程中，针对闸墩新浇薄壁混凝土的特点，承包人拟采用以下温控措施：

（1）通过采用高效减水剂以减少水泥用量。
（2）采用低发热量的水泥。
（3）采取薄层浇筑方法增加散热面。

(4)预埋水管通水冷却。

问题：

1. 指出本工程施工中可能发生的主要伤害事故的种类，并列举对应的作业。
2. 根据《建设工程安全生产管理条例》和有关技术标准的规定，承包人应当在本工程施工现场的哪些部位设置明显的安全警示标志？
3. 指出承包人在温控措施方面的不妥之处。

【案例 42】

背景资料：

某二级泵站交通洞口明挖打钻作业中，当班所用48kg炸药及其他爆破器材由自卸汽车运到现场，并由炮工魏某某、杨某某负责现场放炮作业。张某某安排警戒任务后，就奔向自己负责的弃渣场方向，并告诉负责车辆保养的李某某避炮。炮响后解除警戒，跟班的队长刘某某等未见张某某返回作业现场，后经寻找，发现张某某倒在停车场的装载机与自卸汽车之间，立即送往医院抢救，经医院确认张某某已经死亡。

经现场勘察，张某某是站在距爆破面180m处的装载机与自卸汽车之间，两车的侧门面对爆破方向，一块约1kg重的碎石砸在自卸汽车车斗外壁上，反弹打在张某某头上，造成严重头部伤害而死亡。

问题：

1. 分析发生事故的原因。
2. 在运输爆破器材时有无违规之处？应当遵守哪些运输规定？
3. 爆破作业安全警戒主要有哪些要求？

【案例 43】

背景资料：

某水库枢纽工程项目包括大坝、溢洪道、水电站等建筑物。在水电站厂房工程施工期间发生如下事件：

事件1：承包人提交的施工安全技术措施部分内容如下：

（1）爆破作业，必须统一指挥，统一信号，划定安全警戒区，并明确安全警戒人员。在引爆时，无关人员一律退到安全地点隐蔽。爆破后，首先须经安全员进行检查，确认安全后，其他人员方能进入现场。

（2）电站厂房上部排架施工时高处作业人员使用升降机垂直上下。为确保升降设备安全平稳运行，升降机必须配备灵敏、可靠的安全装置。

（3）为确保施工安全，现场规范使用"三宝"，加强对"四口"的防护。

事件2：水电站厂房施工过程中，因模板支撑体系稳定性不足，导致现浇混凝土楼板整体坍塌，造成直接经济损失50万元。事故发生后，项目法人组织联合调查组进行了事故调查，并根据"四不放过"原则进行处理。

问题：

1. 指出并改正爆破作业安全措施中的不妥之处。
2. 为确保升降设备安全平稳运行，升降机必须配备的安全装置有哪些？

3. 施工安全技术措施中的"三宝"和"四口"各指什么?

4. 根据《水利工程质量事故处理暂行规定》(中华人民共和国水利部令第9号)等规定,判断事件2的质量事故等级;写出事故处理"四不放过"原则;指出事故调查处理的不妥之处,并说明正确的做法。

【案例44】

背景资料:

某水利工程项目,发包人与承包人就重力坝第Ⅱ标段混凝土浇筑工程签订施工合同。合同有如下约定:

(1) 合同中混凝土工程量为20万 m^3,单价为300元/m^3,合同工期10个月。

(2) 工程开工前,按合同价的10%支付工程预付款,自开工后的第1个月起按当月工程进度款的20%逐月扣回,扣完为止。

(3) 工程质量保证金以履约保证金代替。

(4) 当实际完成工程量超过合同工程量的15%时,对超过部分进行调价,调价系数为0.9。

施工期各月计划工程量和实际完成工程量见表16-10。

表16-10 施工期各月计划工程量和实际完成工程量

时间(月)	1	2	3	4	5	6	7	8	9	10
合同工程量(万m^3)	1.5	1.5	2.0	2.0	2.0	3.0	3.0	2.0	2.0	1.0
实际完成工程量(万m^3)	1.5	1.5	2.5	2.5	3.0	3.5	3.5	3.0	2.0	1.0

问题:

1. 计算第5个月的工程进度款、工程预付款扣回额、发包人当月应支付的工程款。

2. 计算第10个月的工程进度款、工程预付款扣回额、发包人当月应支付的工程款。

【案例45】

背景资料:

某河道整治工程包括河道开挖、堤防加固、修筑新堤、修复堤顶道路等工作。施工合同约定:

(1) 工程预付款为签约合同价的20%,开工前支付完毕,施工期逐月按当月工程款的30%扣回,扣完为止。

(2) 工程质量保证金以履约保证金代替。

(3) 当实际工程量超出合同工程量20%时,对超出20%的部分进行综合单价调整,调整系数为0.9。

经监理人审核的施工网络计划如图16-15所示(单位:月),各项工作均以最早开工时间安排,其合同工程量、实际工程量、综合单价见表16-11。

工程开工后在施工范围内新增一座丁坝。丁坝施工工作面独立,坝基清理、坝身填筑、混凝土护坡等三项工作依次施工，在第 4 个月末开始施工，堤顶道路修复开工前结束；丁坝坝基清理、坝身填筑工作的内容和施工方法与堤防施工相同。双方约定：

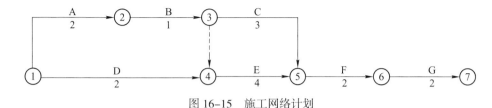

图 16-15 施工网络计划

表 16-11 合同工程量、实际工程量及综合单价

工作代号	工作内容	合同工程量	实际工程量	综合单价
A	河道开挖	20 万 m^3	22 万 m^3	10 元/m^3
B	堤基清理	1 万 m^3	1.2 万 m^3	3 元/m^3
C	堤身加高培厚	5 万 m^3	6.3 万 m^3	8 元/m^3
D	临时交通道路	2km	1.8km	12 万元/km
E	堤身填筑	8 万 m^3	9.2 万 m^3	8 元/m^3
F	干砌石护坡	1.6 万 m^3	1.4 万 m^3	105 元/m^3
G	堤顶道路修复	4km	3.8km	10 万元/km

混凝土护坡单价为 300 元/m^3，丁坝工程量不参与工程量因素变更。各项工作的工程量、持续时间见表 16-12。

表 16-12 丁坝工程量及持续时间

工作代号	持续时间（月）	工作内容	合同工程量	实际工程量
H	1	丁坝坝基清理	0.1 万 m^3	0.1 万 m^3
I	1	丁坝坝身填筑	0.2 万 m^3	0.2 万 m^3
J	1	丁坝混凝土护坡	300m^3	300m^3

问题：

1．计算该项工程的签约合同价、工程预付款总额。

2．绘出增加丁坝后的施工网络计划。

3．若各项工作每月完成的工程量相等，计算第 6 个月的月工程进度款、预付款扣回款额、应得付款。

4．若各项工作每月完成的工程量相等，分别计算第 7 个月的月工程进度款、预付款扣回款额、应得付款。

【案例 46】

背景资料：

某地新建一座水库，其库容为 3 亿 m^3，土石坝坝高 75m。批准项目概算中的土坝工程概算为 1 亿元。土坝工程施工招标工作实际完成情况见表 16-13。

表 16-13　土坝工程施工招标工作实际完成情况

工作序号	A	B	C	D	E
时间	2006.5.25	2006.6.5—2006.6.9（5日）	2006.6.10	2006.6.11	2006.6.27
工作内容	在《中国采购与招标网》上发布招标公告	发售招标文件，投标人甲、乙、丙、丁、戊购买了招标文件	仅组织投标人甲、乙、丙踏勘现场	电话通知删除招标文件中坝前护坡内容	上午9:00投标截止。上午10:00组织开标，投标人甲、乙、丙、丁、戊参加

根据《水利水电工程标准施工招标文件》（2009年版），发包人与投标人甲签订了施工合同。其中第一坝段土方填筑工程合同单价中的直接费为 7.5 元 $/m^3$（不含碾压，下同）。列入合同文件的投标辅助资料见表 16-14。

表 16-14　投标辅助资料

填筑方法	土的级别	运距（m）	直接费（元/h）	说明
2.75m³ 铲运机	Ⅲ	300	5.3	1. 单价＝直接费 × 综合系数，综合系数取 1.34。 2. 土的级别调整时，单价须调整，调整系数为：Ⅰ、Ⅱ类土 0.91，Ⅳ类土 1.09
2.75m³ 铲运机	Ⅲ	400	6.4	
2.75m³ 铲运机	Ⅲ	500	7.5	
1m³ 挖掘机配 5t 自卸汽车	Ⅲ	1000	8.7	
1m³ 挖掘机配 5t 自卸汽车	Ⅲ	2000	10.8	

工程开工后，发包人变更了招标文件中拟定的第一坝段取土区。新取土区的土质为黏土，自然湿密度 1900kg/m³，用锹开挖时需用力加脚踩。取土区变更后，施工运距由 500m 增到 1500m。

问题：

1. 指出土坝工程施工招标投标实际工作中不符合现行水利工程招标投标有关规定之处，并提出正确做法。
2. 根据现行水利工程设计概（估）算编制的有关规定，指出投标辅助资料"说明"栏中"综合系数"综合了哪些费用？
3. 第一坝段取土区变更后，其土方填筑工程单价调整适用的原则是什么？
4. 判断第一坝段新取土区土的级别，简要分析并计算新的土方填筑工程单价（单位：元/m³，有小数点的，保留到小数点后两位）。

【实务操作和案例分析题答案】

【案例1】答：

1. 依据为：(1)、(2)、(3)、(4)。

（水利水电工程施工组织设计文件的编制应执行国家有关政策，其依据主要包括：有关法律、法规、规章和技术标准；可行性研究报告及审批意见、设计任务书、上级单位对本工程建设的要求或批件；设计/施工合同中与施工组织设计编制相关的条款等。

建设监理合同不属于承包商编制施工组织设计的依据。）

备注：括号的内容是分析或理由，帮助对答案的理解。下划线为答案的关键词，一般情况下不可缺少。下同。

2. 包括：（1）、（2）、（3）、（5）。

（水利水电工程施工组织设计文件的内容一般包括：施工条件、施工导流、料场的选择与开采、主体工程施工、施工交通运输、施工工厂设施、施工总布置、施工总进度、主要技术供应及附图10个方面。）

3. 顺序是：（1）、（2）、（5）、（3）、（4）。

（碾压混凝土坝的施工工艺程序是先在初浇层铺砂浆，汽车运输入仓，平仓机平仓，振动压实机压实，振动切缝机切缝，切完缝再沿缝无振碾压两遍。）

4. 特点有：（2）、（3）、（4）。

（碾压混凝土坝施工主要特点是：采用干贫混凝土；大量掺加粉煤灰，以减少水泥用量；采用通仓薄层浇筑；同时要采取温度控制和表面防裂措施。）

5. 适用方案有：（1）、（2）、（3）、（4）。

（大坝等建筑物的混凝土运输浇筑，主要有：门、塔机运输方案，缆机运输方案以及辅助运输浇筑方案。门、塔机运输方案可分为有栈桥和无栈桥方案。常用的辅助运输浇筑方案有：履带式起重机浇筑方案、汽车运输浇筑方案、皮带运输机浇筑方案。）

6. 可采用：（1）、（3）、（4）。

（全段围堰法导流是指在河床内距主体工程轴线（如大坝、水闸等）上下游一定的距离，修筑拦河堰体，一次性截断河道，使河道中的水流经河床外修建的临时泄水道或永久泄水建筑物下泄。全段围堰法导流一般适用于枯水期流量不大，河道狭窄的河流，按其导流泄水建筑物的类型可分为明渠导流、隧洞导流、涵管导流等。在实际工程中也采用明渠隧洞等组合方式导流。）

7. 顺序是：（1）、（4）、（3）、（2）。

（分析：施工导流首要修建导流泄水建筑物，然后进行河道截流修筑围堰，此后进行施工过程中的基坑排水。当主体建筑物修建到一定高程后，再对导流泄水建筑物进行封堵。）

8. 可采用：（1）、（3）、（4）。

（分析：截流的基本方法有抛投块料截流、爆破截流、下闸截流，还有木笼、钢板桩、草土、枵槎堰、水力冲填法截流等方法。抛投块料截流是最常用的截流方法，特别适用于大流量、大落差的河道上的截流。采用抛投块料截流，按不同的抛投合龙方法可分为平堵、立堵、混合堵三种。）

9. 因素有：（1）、（3）、（4）。

（集料加工厂布置原则包括：应充分利用地形，减少基建工程量；有利于及时供料，减少弃料；成品获得率高，通常要求达到85%～90%；集料加工厂宜尽可能靠近混凝土系统，以便共用成品堆料场。集料堆场形式不属于集料加工厂布置原则的内容。）

【案例2】答：

1.（1）计算工期为47d。

（2）使用时间是20d，闲置时间是12d。

(工期应以各项工作的最早时间进行计算,可以根据公式计算法或图上计算法计算出各项工作的最早完成时间,终点节点的紧前工作最早完成时间最大值即为计算工期;也可以根据节点计算法计算出终点节点最早时间,得出计算工期。

机械在现场的使用时间应将各项工作使用机械的时间累计计算。闲置时间应考虑各项工作使用机械的时间差,也即是前项工作最早完成时间与该工作最早开始时间的差值为该两项工作机械闲置时间,将各闲置时间累计计算,就可计算出机械在该工程中的闲置时间。)

2.(1)计算工期为 45d。

(2)使用时间是 20d,闲置时间是 3d。

(分析思路同问题 1。)

3. 按 D→A→I 顺序施工的方案较优。

[将两个方案的计算工期和机械闲置时间分别进行比较,工期短、机械闲置时间少的方案为最优方案。本例按 A→D→I 的顺序施工,工期较长(47d),机械闲置时间较多(12d);按 D→A→I 顺序施工,工期较短(45d),机械闲置时间较少(3d),所以按 D→A→I 顺序施工的方案较优。]

4.(1)工期延长 4d 合理。

(2)索赔的机械闲置时间 5d。

(工期延误及机械闲置时间的分析计算方法:

(1)一项工作被延误,是否对工程工期造成影响,应首先考虑该项工作是否在关键线路上。如果在关键线路上,则工期延误的时间就等于该项工作的延误时间;如果该项工作不在关键线路上,应计算出该项工作的总时差,用总时差与延误时间进行比较,计算出对工期的影响。同时应比较工期延误后按 D→A→I 顺序施工的工期和按 A→D→I 顺序施工的工期。本例中,B 项工作时间延长 5d 后,关键线路变为如图 16-16 所示。

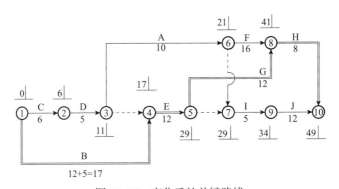

图 16-16 变化后的关键路线

总工期为 49d,工期延长 $\Delta T = 49 - 45 = 4d$,所以工期延长 4d 合理。

(2)机械的闲置时间分析方法同上。

工作 A 的最早完成时间为第 21 天,工作 I 的最早开始时间为第 29 天,$\Delta T = 29 - 21 = 8d$。扣除原计划机械中已有的闲置时间 3d,那么承包商可索赔的机械闲置时间为:$\Delta T_p = 8 - 3 = 5d$。)

【案例 3】答：

1. 计划工期 41d。
2. 关键工作是：C→D→F→H→Q→J→M→N。
3. D 工作滞后 3d，导致计划工期推迟 3d。

E 工作滞后 5d，对计划工期不影响。

G 工作滞后 4d，对计划工期不影响。

（实际工作分析：

D 工作滞后 3d，预计完成时间为第 15 天。因属于关键工作，导致总工期推迟 3d。

E 工作滞后 5d，预计完成时间为第 15 天。因有总时差 19d，对总工期不产生影响。

G 工作滞后 4d，预计完成时间为第 13 天。因有总时差 11d，对总工期不产生影响。）

【案例 4】答：

1. 网络计划图调整成图 16-17，设备闲置时间最少，且满足计划工期要求。

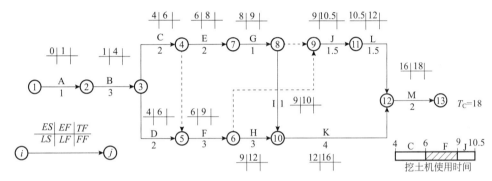

图 16-17 调整后的网络计划图

[在 C、F、J 三项工作共用 1 台挖土机时，将网络计划图 16-6 调整为图 16-17。计算出各项工作的 *ES*、*EF* 和总工期（18 个月）。因 E、G 工作的时间为 3 个月，与 F 工作时间相等，所以安排挖土机按 C→F→J 顺序施工可使机械不闲置。]

2. 土方工程的总费用为 47.35 万元。

（增加土方工程 N 后，土方工程总费用计算如下：

（1）增加 N 工作后，土方工程总量为：

$23000 + 9000 = 32000 m^3$。

（2）超出原估算土方工程量为：

$\dfrac{32000-23000}{23000} \times 100\% = 39.13\% > 25\%$，土方单价应进行调整。

（3）超出 25% 的土方量为：

$32000 - 23000 \times 125\% = 3250 m^3$。

（4）土方工程的总费用为：

$23000 \times 125\% \times 15 + 3250 \times 13 = 47.35$ 万元。）

3.（1）增加土方工程施工费用 13.5 万元，不合理。理由：

因为原土方工程总费用为：$23000 \times 15 = 345000$ 元 $= 34.5$ 万元；增加土方工程 N 后，土方工程的总费用为 47.35 万元；故土方工程施工费用可增加 12.85 万元。

（2）补偿挖土机的闲置费用 2.4 万元，合理。理由：

增加了土方工作 N 后的网络计划如图 16-18 所示，安排挖土机按 C→F→N→J 顺序施工，由于 N 工作完成后到 J 工作的开始中间还需施工 G 工作，所以造成机械闲置 1 个月。应给予承包方施工机械闲置补偿费：

30×800 = 24000 元 = 2.4 万元。

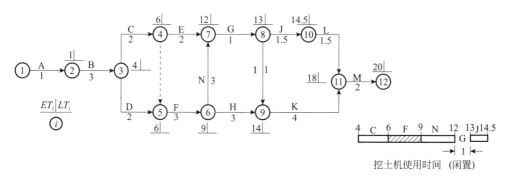

图 16-18 增加 N 工作后的网络计划

（3）延长工期 3 个月，不合理。理由：

根据原计划（不增加 N 工作）计算的工期为 18 个月（图 16-17），增加 N 工作后的网络计划计算的工期为 20 个月（图 16-18）。由此可知，增加 N 工作后，计算工期增加了 2 个月，因此，监理工程师应批准给予承包方延长工期 2 个月。

【案例 5】答：

1. 合同责任分析如下：

事件 1：属于发包方责任。

事件 2：属于发包方责任。

事件 3：发包方和承包方各承担 0.5 个月的责任。

（日降雨量超过当地 30 年气象资料记载最大强度的 0.5 个月的延期，属于不可抗力。另 0.5 个月的延期属于承包方应承担的风险责任。）

事件 4：属于承包方责任。

2. 应给承包单位顺延的工期为 1 个月。

因发包方责任造成的工作增加或时间延长，应给承包单位顺延工期。属于发包方责任工作增加或时间延长后，网络进度计划如图 16-19 所示。

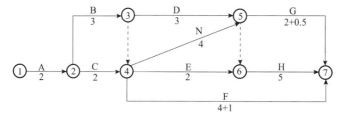

图 16-19 网络进度计划

原合同工期为 13 个月，关键线路为 A→B→D→H。调整后工期为 14 个月，关键线路为 A→B→N→H，故工期应顺延 1 个月。

3．补偿承包方的总费用为 465 万元。理由：

由于用于 A、C 工作的施工机械原计划第 4 个月已完成工作，变更增加 N 工作后第 5 个月该机械方可使用，故应给予 1 个月的闲置费。

机械闲置费：$1 \times 1 \times 1 = \underline{1 \text{ 万元}}$。

工程量清单中计划土方为 $16 + 16 = 32$ 万 m^3，新增土方工程量为 32 万 m^3。

应按原单价计算的新增工程量为 $32 \times 25\% = 8$ 万 m^3。

补偿土方工程款为 $8 \times 16 + (32 - 8) \times 14 = \underline{464 \text{ 万元}}$。

补偿承包方的总费用为 465 万元。

4．拖延工期赔偿费 240 万元。理由：

该工程实际完成工作时间如图 16-20 所示。

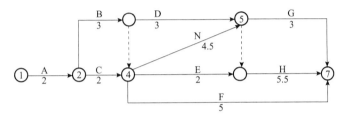

图 16-20　实际完成工作时间

实际工期为 15 个月，超过约定工期 2 个月，承包方应承担超过合同工期 1 个月的违约责任。

拖延工期赔偿费为 $8000 \times 1‰ \times 30 = \underline{240 \text{ 万元}} <$ 最高赔偿限额 $= 8000 \times 10\% = 800$ 万元。

【案例 6】答：

1．实用的机械是：（1）、（3）、（4）、（5）。

2．压实标准：干密度。

（由于该大坝为壤土均质坝，对于黏粒偏高的壤土，填筑压实标准应采取干密度来控制。）

填筑压实参数主要包括：碾压机具的重量、含水量、碾压遍数及铺土厚度等。

3．具体措施主要有：

（1）改善料场的排水条件和采取防雨措施。

（2）对含水量偏高的土料进行翻晒处理，或采取轮换掌子面的办法。

（3）采用机械烘干法烘干等。

4．分层法列表见表 16-15。

表 16-15　分层法列表

工作班组	检测点数	不合格点数	个体不合格率（%）	占不合格点总数百分率（%）
A	30	5	16.67	20
B	30	13	43.33	52
C	30	7	23.3	28
合计	90	25	—	—

B班组的施工质量对总体质量水平影响最大。

（根据以上分层调查的统计数据表可知，B班组占不合格总数的52%，最多。）

【案例7】答：

1. 事故排列图如图16-21所示。

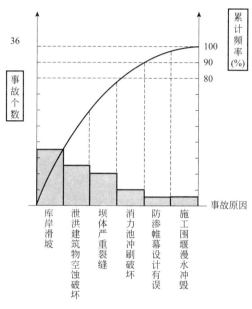

图16-21 事故排列图

（首先将产生大坝事故各类原因按次数从多到少排列，然后计算所占的百分比和累计频率，见表16-16。按表16-16计算结果，绘制事故排列图。）

表16-16 事故原因统计计算表

产生事故的原因	大坝发生事故的次数	占大坝发生事故总数的百分比（%）	累计频率（%）
库岸滑坡	13	36.11	36.11
泄洪建筑物空蚀破坏	9	25.00	61.11
坝体严重裂缝	7	19.44	80.56
消力池冲刷破坏	3	8.33	88.89
防渗帷幕设计有误	2	5.56	94.45
施工围堰漫水冲毁	2	5.56	100
合计	36	100	

2. 大坝产生事故的主要原因：库岸滑坡、泄洪建筑物空蚀破坏、坝体严重裂缝；次要原因：消力池冲刷破坏；一般原因：防渗帷幕设计有误、施工围堰漫水冲毁。

（累计频率在0～80%，库岸滑坡、泄洪建筑物空蚀破坏、坝体严重裂缝是使这些水利工程大坝产生质量事故的主要原因；累计频率在80%～90%，消力池冲刷破坏为次要原因；累计频率在90%～100%，防渗帷幕设计有误、施工围堰漫水冲毁为一般原因。）

【案例 8】答：

1．导流方式为全段围堰法导流，泄水建筑物为明渠。

（由于该河流枯水期流量很少，坝址处河道较窄，宜选择全段围堰法导流。因岸坡平缓，泄水建筑物宜选择明渠。）

2．大坝拟采用碾压式填筑，其压实机械类型主要有静压、振动碾压和夯击。

（类型，不是具体机械。）

3．碾压试验主要确定的压实参数包括：碾压机具的重量、含水量、碾压遍数及铺土厚度等。

施工中坝体与混凝土泄洪闸连接部位的填筑：在混凝土面上填土时，应洒水湿润，并边涂刷浓泥浆、边铺土、边夯实。

4．质量评定时，项目划分为单元工程、分部工程、单位工程三级。

（根据《水利水电工程施工质量检验与评定规程》SL 176—2007，质量评定时项目划分为：单元工程、分部工程、单位工程三级。）

5．验收结论应修改为"本分部工程划分为 60 个单元工程，单元工程质量全部合格，其中优良 36 个，优良率为 60%；主要单元工程和坝基开挖、坝基防渗工程质量优良，且未发生过质量事故；中间产品质量全部合格，其中混凝土拌合物质量达到优良，故本分部工程合格。"

（根据《水利水电工程施工质量检验与评定规程》SL 176—2007，必须全部合格，在合格的基础上，评优良。）

【案例 9】答：

1．降低混凝土的入仓温度的具体措施有：（1）合理安排浇筑时间；（2）采用加冰或加冰水拌和；（3）对集料进行预冷。

（对于混凝土坝等大体积混凝土浇筑，可采取的温控措施主要有减少混凝土的发热量、降低混凝土的入仓温度、加速混凝土散热等，其中降低混凝土的入仓温度的具体措施又有：

（1）合理安排浇筑时间，如：春、秋季多浇，夏季早晚浇，正午不浇，重要部位安排在低温季节、低温时段浇筑。

（2）采用加冰或加冰水拌和。

（3）对集料进行预冷，方法有：水冷、风冷、真空汽化冷却。）

2．龟裂缝可采用表面涂抹环氧砂浆或表面贴条状砂浆；渗漏裂缝可采用表面凿槽嵌补水泥砂浆或环氧砂浆；沉降缝可采用环氧砂浆贴橡皮或钻孔灌浆或表面凿槽嵌补水泥砂浆或环氧砂浆。

3．经承包商返工处理的单元工程质量可自评为优良。理由：

对单元工程若经过全部返工处理，可重新评定质量等级。返工处理后检验符合优良标准，可自评为优良。

4．编号 351 单元工程质量等级为优良。理由：规范规定优良工序达到 50% 级以上。

5．该分部工程质量等级为合格。理由：该分部工程施工过程中，发生了质量事故，故不能评为优良。

（根据《水利水电工程施工质量检验与评定规程》SL 176—2007 规定。）

【案例 10】答：
1. 基本要求：
（1）坚持"事故原因不查清楚不放过、主要事故责任者和职工未受教育不放过、补救和防范措施不落实不放过"的原则。
（2）提出工程处理方案，经有关单位审定后实施。
（3）需要设计变更的，按设计变更规定办。
（4）处理完毕后，必须按照管理权限经过质量评定与验收。
［根据水利部 1999 年 3 月 4 日颁布的《水利工程质量事故处理暂行规定》（中华人民共和国水利部令第 9 号），进行质量事故处理的基本要求是：
（1）发生质量事故，必须坚持"事故原因不查清楚不放过、主要事故责任者和职工未受教育不放过、补救和防范措施不落实不放过"的原则，认真调查事故原因，研究处理措施，查明事故责任，做好事故处理工作。
（2）发生质量事故后，必须针对事故原因提出工程处理方案，经有关单位审定后实施。
（3）事故处理需要进行设计变更的，需原设计单位或有资质的单位提出设计变更方案。需要进行重大设计变更的，必须经原设计审批部门审定后实施。
（4）事故部位处理完毕后，必须按照管理权限经过质量评定与验收后，方可投入使用或进入下一阶段施工。］

2. 质量事故分为一般质量事故、较大质量事故、重大质量事故、特大质量事故四类。依据直接经济损失的大小，检查、处理事故对工期的影响时间长短和对工程正常使用的影响进行分类。
［根据水利部 1999 年 3 月 4 日颁布的《水利工程质量事故处理暂行规定》（中华人民共和国水利部令第 9 号），工程质量事故按直接经济损失的大小，检查、处理事故对工期的影响时间长短和对工程正常使用的影响进行分类，分为一般质量事故、较大质量事故、重大质量事故、特大质量事故四类。小于一般质量事故的质量问题称为质量缺陷。水利工程应当实行质量缺陷备案制度。］

3. 安装时应注意以下几个方面的问题：
（1）门式启闭机安装应争取将门机各组成部件予以扩大预组装，然后进行扩大部件吊装，以减少高空作业工作量并加快安装速度。
（2）门腿安装应利用各种固定点予以加固牛腿或在坝体上游坝面处增设临时牛腿予以加固，将来门机安装后再用混凝土把牛腿预留孔处回填抹平。
（3）门式启闭机门腿与主梁的连接，可采用门腿法兰与主梁端翼板直接焊接的施工方法。

4. 平板闸门的安装工艺有：整扇吊入；分节吊入、节间螺接或轴接；分节吊入、节间焊接等。

【案例 11】答：
1. 工地工程质量监督项目站的组成形式不妥当。理由：
根据《水利工程质量监督管理规定》，各级质量监督机构的质量监督人员由专职质量监督员和兼职质量监督员组成，凡从事该工程监理、设计、施工、设备制造的人员不得担任该工程的兼职质量监督员。

2. 工程现场项目法人与设计、施工、监理之间是合同关系。

设计与施工、监理之间是工作关系。

施工和监理之间是被监理和监理的关系。

质量监督机构与项目法人、设计、施工、监理是监督与被监督的关系。

3. 文明工地创建考核标准有六项，其中有体制机制健全、质量管理到位等。

（其他标准有：安全施工到位、环境和谐有序、文明风尚良好、创建措施有力等。）

4. 等级划为 5 个等级。该事故属于较大级或 B 级。

（根据《大中型水电工程建设风险管理规范》GB/T 50927—2013，风险损失严重性程度等级分为 5 个等级，或轻微、较大、严重、很严重、灾难性，或 A、B、C、D、E。3 名工人重伤，属于风险损失严重性程度等级中的较大级或 B 级。）

【案例 12】答：

1. 事件中存在如下不妥之处：

（1）施工总承包单位自行决定分包是不妥的，工程分包应经建设单位同意后方可进行。

（2）设计文件给了专业分包单位的做法是不妥的，应经发包人交付给施工总承包单位。

（3）专项施工组织方案，经项目经理签字后即组织施工的做法是不妥的，应由技术负责人签字并经总监理工程师审批后方可实施。

（4）负责质量管理工作的施工人员兼任现场安全生产监督工作的做法是不妥的。从事安全生产监督工作的人员应经专门的安全考核合格并持证上岗。

（5）要求停止施工的书面通知不予理睬的做法是不妥的。总承包单位应按监理通知的要求停止施工。

（6）专业分包单位直接向有关应急管理部门上报事故的做法是不妥的，应经过总承包单位。

（7）要求设计单位赔偿事故损失是不妥的，专业分包单位可通过施工总承包单位向建设单位索赔，建设单位再向勘察设计单位索赔。

（（1）施工总承包单位自行决定将基坑支护和土方开挖工程分包给了一家专业分包单位施工是不妥的，工程分包应报监理单位经建设单位同意后方可进行。

（2）专业设计单位完成基坑支护设计后，直接将设计文件给了专业分包单位的做法是不妥的，设计文件的交接应经发包人交付给施工总承包单位。

（3）专业分包单位编制的基坑工程和降水工程专项施工组织方案，经施工总承包单位项目经理签字后即组织施工的做法是不妥的，专业分包单位编制了基坑支护工程和降水工程专项施工组织方案后，应由施工单位技术负责人签字并经总监理工程师审批后方可实施，基坑支护与降水工程、土方和石方开挖工程必须由专职安全生产管理人员进行现场监督。

（4）专业分包单位由负责质量管理工作的施工人员兼任现场安全生产监督工作的做法是不妥的。从事安全生产监督工作的人员应经专门的安全考核合格并持证上岗。

（5）总承包单位对总监理工程师因发现基坑四周地表出现裂缝而发出要求停止施工的书面通知不予理睬的做法是不妥的。总承包单位应按监理通知的要求停止施工。

（6）事故发生后专业分包单位直接向有关应急管理部门上报事故的做法是不妥的，应经过总承包单位。

（7）专业分包单位要求设计单位赔偿事故损失是不妥的，专业分包单位和设计单位之间不存在合同关系，不能直接向设计单位索赔，专业分包单位可通过施工总承包单位向建设单位索赔，建设单位再向勘察设计单位索赔。）

2. 包括下列工程：
（1）基坑支护与降水工程；
（2）土方和石方开挖工程；
（3）模板工程；
（4）起重吊装工程；
（5）脚手架工程；
（6）拆除、爆破工程；
（7）围堰工程；
（8）其他危险性较大的工程。

（施工单位应对下列达到一定规模的危险性较大的工程编制专项施工方案，并附具安全验算结果，经施工单位技术负责人签字以及总监理工程师核签后实施，由专职安全生产管理人员进行现场监督：
（1）基坑支护与降水工程；
（2）土方和石方开挖工程；
（3）模板工程；
（4）起重吊装工程；
（5）脚手架工程；
（6）拆除、爆破工程；
（7）围堰工程；
（8）其他危险性较大的工程。）

3. 本事故应定为较大事故。
（根据《水利部生产安全施工应急预案（试行）》（水安监〔2016〕443号），本事故直接经济损失虽未超过1000万元，但已造成3人死亡，故应定为较大事故。）

4. 本起事故的主要责任应由施工总承包单位承担。理由：
在总监理工程师发出书面通知要求停止施工的情况下，施工总承包单位继续施工，直接导致事故的发生，所以本起事故的主要责任应由施工总承包单位承担。

【案例13】答：
1. 施工单位项目经理任指挥不妥，应有项目法人主要负责人任指挥。
（根据《水利工程建设项目法人管理指导意见》，项目法人对工程建设的安全负首要责任。）

2. 施工单位的应急救援预案应包括主要内容有：应急救援组织，救援人员，救援器材、设备。

3．项目经理还应立即向应急管理部门、水行政主管部门或流域机构、特种设备安全监督管理部门报告。

4．垂直运输机械作业人员、安装拆卸工、爆破作业人员、起重信号工、登高架设作业人员应取得特种设备操作资格证书。

【案例14】答：

1．事件1中：

（1）不妥之处：凭以往经验进行安全估算。正确做法：应进行安全验算。

（2）不妥之处：质量检查员兼任施工现场安全员工作。正确做法：应配备专职安全生产管理人员。

（3）不妥之处：遂将专项施工方案报送总监理工程师签认。正确做法：专项施工方案应先经甲施工单位技术负责人签认。

2．事件2中，妥当。《监理通知单》中的主要内容：重新建立施工测量控制网；改进保护措施。

3．发出《监理通知单》妥当，签发《暂停施工通知》不妥。理由：专业监理工程师无权签发《暂停施工通知》(或只有总监理工程师才有权签发《暂停施工通知》)。

正确做法：专业监理工程师向总监理工程师报告，总监理工程师在征得建设单位同意后发出《暂停施工通知》。

4．项目监理机构应重新进行复查验收，不符合规定要求，责令乙施工单位继续整改；符合规定要求后，征得建设单位同意，总监理工程师应及时签署《复工通知》。

5．正确。理由：

（1）乙施工单位与项目法人有合同关系；

（2）项目法人负责提供施工场地（满足施工要求的场地），甲施工单位造成乙施工单位设备损坏，也可以认为是施工场地不满足要求，故向项目法人提出工期索赔。项目法人可以向甲施工单位提出索赔，因为承包方有为他人提供方便的责任。

【案例15】答：

1．文明工地创建考核标准有以下几个方面：体制机制健全；质量管理到位；安全施工到位；环境和谐有序；文明风尚良好；创建措施有力等。

2．记15分。该施工单位安全生产标准化等级证书期满后将不予延期。

（重新申请安全生产标准化评审。）

3．不能。未经监理人员进行隐蔽工程验收，就开始后续工程施工，违反了隐蔽工程质量检验程序。

（违反《水利水电工程施工质量检验与评定规程》SL 176—2007 有关条款。）

4．不能。理由如下：

（1）发生死亡3人的生产安全重大事故。

（表现为安全施工不到位。）

（2）施工单位在隐蔽工程施工中未经监理检验进行下一道工序施工。

（表现为质量管理不到位。）

（3）同时该工程建设过程中发生当地群众大量聚集事件。

（表现为达不到环境和谐有序。）

5．向项目法人以及项目所在地县级以上人民政府报告并要求解决。

（项目法人职责之一是配合地方政府做好工程建设外部条件的落实。政府应当为项目法人履职创造良好的外部条件。）

【案例16】答：

1．工程废水控制、噪声控制、粉尘控制。

（关键问题，不能照搬书本，要求针对性。）

2．远郊施工合理规划进场运输线路，保持道路平整，设法保证道路通畅。对进出场土路应采取措施防止车辆行进过程中引起大量扬尘对环境的污染。

安排专人调度和管理现场，指挥进场施工车辆卸料及停放，并及时清理施工剩余料或闲置机具，保持现场料具存放整洁。施工作业区与生活区分开设置，保证安全的施工和生活环境。

3．城区施工现场较狭小，现场布置主要考虑合理规定进场车辆的运输线路，设法保证其通畅。

安排专人管理卸料及其堆放，及时清理施工剩余料或闲置机具，保持现场料具存放整洁。施工场地出口应设洗车池清洁车辆，以防泥土污染城区。

运输土料、草皮等进入城市，还应对运输设备和装载量进行选择确定，防止土料、草皮在运输过程中散落对城市形成环境污染。

施工作业区与生活区分开设置，保证安全的施工和生活环境。

4．主要问题及改进措施：

（1）插打钢板桩施工时的噪声大，夜间施工影响市民休息。

改进措施：在城区标段应尽量将插打钢板桩从夜间施工调整到白天施工，即便是为抢进度，确需夜间施工时，一般也应在夜晚10时前停止该项施工。噪声不得超过场界噪声限值。

（2）现场材料、机具存放不合理。

改进措施：应设置专人负责场地环境，对施工现场料具、设备等进行集中堆放，并保持整洁。

（3）施工运输车辆出工地没有进行清洗措施。

改进措施：应在施工场地出口设洗车池清洁车辆，以防泥土污染城区。

（4）运土料车辆超载。

改进措施：应合理选择运输车辆，防止超载和土料运输遗撒。

【案例17】答：

1．施工成本分析的方法有比较法、因素分析法、差额计算法和比率法。

2．该工程施工项目成本差异为：383760－364000＝19760元。

3．商品混凝土成本变动因素分析表（表16-17）

表16-17　商品混凝土成本变动因素分析

顺序	连环替代计算	差异（元）	因素分析
目标数	500×700×1.04	—	—

续表

顺序	连环替代计算	差异（元）	因素分析
第一次替代	520×700×1.04	14560	由于产量增加 20m³，成本增加 14560 元
第二次替代	520×720×1.04	10816	由于单价提高 20 元，成本增加 10816 元
第三次替代	520×720×1.025	−5616	由于损耗率下降 2.5%，成本减少 5616 元
合计	14560＋10816−5616	19760	—

【案例 18】答：

1. 保本规模＝5166700÷（1083.83−722.26）＝14289.63m²。

相应报价＝1083.83×14289.63＝15487529.68 元＝1548.75 万元。

2. 该项目的线性盈亏分析图，包括亏损区和盈利区，如图 16-22 所示。

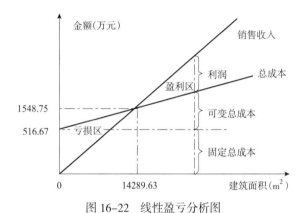

图 16-22　线性盈亏分析图

3. 盈亏平衡点越低，达到此点的盈亏平衡产销量就越少，项目投产后盈利的可能性越大，适应市场变化的能力越强，抗风险能力也越强；

盈亏平衡点越高，达到此点的盈亏平衡产销量就越大，项目投产后盈利的可能性越小，适应市场变化的能力越弱，抗风险能力也越弱。

【案例 19】答：

1. 签约合同总价为：5300×180＝95.4 万元。
2. 计算如下：

（1）工程预付款金额为：95.4×20%＝19.08 万元。

（2）工程预付款应从第 3 个月起扣留，因为第 1、2 两个月累计工程款为：

1800×180＝32.4 万元＞95.4×30%＝28.62 万元。

（3）每月应扣工程预付款为：19.08÷3＝6.36 万元。

3. 计算如下：

（1）第 1 个月工程量价款为：800×180＝14.40 万元。

应签证的工程款为：14.40 万元。

第 1 个月不予付款。

（2）第 2 个月工程量价款为：1000×180＝18.00 万元。

应签证的工程款为：18.00 万元。

应签发的付款凭证金额为：14.40＋18.00＝32.40万元。

（3）第3个月工程量价款为：1200×180＝21.60万元。

应签证的工程款为：21.60万元。

应扣工程预付款为：6.36万元。

应签发的付款凭证金额为：21.60－6.36＝15.24万元。

（4）第4个月工程量价款为：1200×180＝21.60万元。

应签证的工程款为：21.60万元。

应扣工程预付款为：6.36万元。

应签发的付款凭证金额为：21.60－6.36＝15.24万元。

（5）第5个月累计完成工程量为5400m^3，比原估算工程量超出100m^3，但未超出估算工程量的10%，所以仍按原单价结算。

第5个月工程量价款为：1200×180＝21.60万元。

应签证的工程款为：21.60万元。

应扣工程预付款为：6.36万元。

应签发的付款凭证金额为：21.60－6.36＝15.24万元。

（6）第6个月累计完成工程量为5900m^3，比原估算工程量超出600m^3，已超出估算工程量的10%，对超出的部分应调整单价。

应按调整后的单价结算的工程量为：5900－5300×(1＋10%)＝70m^3。

第6个月工程量价款为：70×180×0.9＋(500－70)×180＝8.874万元。

应签证的工程款为：8.874万元。

应签发的付款凭证金额为：8.874万元。

【案例20】答：

1．工程误期违约金为30万元。

［Ⅰ区段不延误。Ⅱ区段：

延误天数＝40d（1996.8.31→1996.10.10）。

索赔允许延长10d，故实际延误＝40－10＝30d。

赔偿金额＝30×2/1000×500＝30万元。

最高限额＝5/100×1500＝75万元。

因为30万元＜75万元，故工程误期赔偿费为30万元。］

2．工程质量保证金：列表见表16-18。

表16-18 工程质量保证金

区段	退还50%工程质量保证金		缺陷责任期满退还余留的工程质量保证金		
	日期（发移交证书日）	金额（万元）	业主已动用金额（万元）	缺陷责任期终止日期	金额（万元）
Ⅰ	1996.3.10	25.0	15.0	1997.3.1	10.0
Ⅱ	1996.10.15	12.5	0.0	1997.10.10	12.5

故工程质量保证金退还：

1996.3.10后<u>14d</u>内，退还25.0万元。

1996.10.15 后 14d 内，退还 12.5 万元。

1997.3.10 后 14d 内，退还 10.0 万元。

1997.10.10 后 30 个工作日内，退还 12.5 万元。

【案例 21】答：

1. 要求建设单位另行支付工程保护措施费不合理，因为该部分费用已包括在合同价中（或属施工单位支付的费用）。

要求建设单位另行支付防护措施费不合理，因为该部分费用已包括在合同价中（或属施工单位支付的费用）。

2. 计算如下：

（1）全费用综合单价 489.51 元 /m³。

① N 工作的直接费 = 400 元 /m³。

② 间接费 = ①×5% = 400×5% = 20 元 /m³。

③ 利润 =（①+②）×5% =（400 + 20）×5% = 21 元 /m³。

④ 税金 =（①+②+③）×11% =（400 + 20 + 21）×11% = 48.51 元 /m³。

⑤ 全费用综合单价 = ①+②+③+④ = 400 + 20 + 21 + 48.51 = 489.51 元 /m³）

（2）工程变更后增加的金额 = 489.51×3000 = 1468530 元 = 146.85 万元。

3. 计算如下：

（1）该工程合同总价 = 90 + 25 + 200 + 240 + 380 + 320 + 100 + 240 + 140 = 1735 万元。

（2）增加 N 工作后的工程造价 = 1735 + 146.85 = 1881.85 万元。

（3）该工程预付款 = 1735×20% = 347 万元。

4. 各项工作分月工程款及合计值见表 16-19。

表 16-19 各项工作分月工程款及合计值

工作名称	时间							
	第1月	第2月	第3月	第4月	第5月	第6月	第7月	合计
A	45	45						90
B	25							25
C	100	100						200
D			240					240
E			190	190				380
F			320					320
G				100				100
H						240		240
I							140	140
N					146.85			143.33
合计	170	145	750	290	146.85	240	140	1881.85

5. 总额达到合同总价 10% 的工程款累计值为：

$1735 \times 10\% = 173.5$ 万元。

故工程预付款从第 2 个月开始扣还。

第 1 个月至第 4 个月每月结算款各为：

第 1 个月：170 万元。

第 2 个月：扣工程预付款：$145 \times 30\% = 43.5$ 万元。

　　　　　结算款：$145 - 43.5 = 101.5$ 万元。

第 3 个月：扣工程预付款：$750 \times 30\% = 225$ 万元。

　　　　　结算款：$750 - 225 = 525$ 万元。

第 4 个月：

$290 \times 30\% = 87$ 万元＞工程预付款余额 $= 347 - 43.5 - 225 = 78.5$ 万元。

故该月扣预付款为 78.5 万元。

结算款：$290 - 78.5 = 211.5$ 万元。

【案例 22】答：

1. 承包商已经得到的工程款为：2469.5 万元。

［合同解除时，承包人已经得到的工程款为发包人应支付的款项金额与发包人应扣款项的金额之差。

（1）发包人应支付的款项金额为 3020.2 万元。

其中：

① 承包人已完成的合同工程量清单金额 2200 万元（含临建工程费 200 万元）。

② 新增项目 100 万元。

③ 计日工 10 万元。

④ 价格调整差额 $(2000 + 10) \times 0.02 = 40.2$ 万元。

⑤ 材料预付款 $300 \times 90\% = 270$ 万元。

⑥ 工程预付款 $4000 \times 10\% = 400$ 万元。

（2）发包人应扣款项的金额为 550.7 万元。

其中：

① 工程预付款扣还。

合同解除时，累计完成合同工程金额：

$C = 2200 + 100 + 10 = 2310$ 万元 $> F_1 S = 0.2 \times 4000 = 800$ 万元。

累计扣回工程预付款：

$$R = \frac{400 \times 100\%}{(0.9 - 0.2) \times 4000} \times (2310 - 0.2 \times 4000) = 215.7 \text{ 万元}.$$

② 材料预付款扣还：

$270 \times \dfrac{1}{6} \times 3 = 135$ 万元。

③ 扣保留金：

$2310 \times 10\% = 231$ 万元 $> 4000 \times 5\% = 200$ 万元（保留金总额）。

故已扣保留金 200 万元。

承包商已经得到的工程款为：

应支付的款项金额－应扣款项的金额＝3020.2－550.7＝2469.5万元。]

2．合同解除时，发包人应总共支付承包人金额2555.9万元。

包括：

（1）承包人已完成的合同金额2200万元。

（2）新增项目100万元。

（3）计日工10万元。

（4）价格调整差额（2000＋10）×0.02＝40.2万元。

（5）承包人的库存材料50万元（一旦支付，材料归发包人所有）。

（6）承包人订购设备定金10万元。

（7）承包人设备、人员遣返和进场费损失补偿：

[（4000－2200）/4000]×（20＋10＋32）＝27.9万元。

（8）利润损失补偿：

$(4000-2200) \times \dfrac{7\%}{1+7\%} = 117.8$ 万元。

3．进一步支付86.4万元。

（合同解除时，发包人应进一步支付承包人金额为总共应支付承包人金额与承包人已经得到的工程款之差。

本例中，总共应支付承包人金额－承包人已经得到的工程款＝2555.9－2469.5＝86.4万元。）

【案例23】答：

1．批准工程延期为37d。分析如下：

（1）承包人应获准的工程延期天数是由于<u>业主的原因、业主应承担的风险</u>造成的工期延误。本例中包括：

① 移交场地延误。

② 不可抗力停工。

③ 石料场变化后运输能力降低。

因天气原因、移交场地延误等原因（属于发包人应承担的停工原因）造成从10月4日至10月15日暂停，工期延误12d。

由于石料场变化，运输能力不足，影响填筑工效，延长工期：

$\dfrac{100000-50000}{400} - \dfrac{100000-50000}{500} = 25\text{d}$。

2．费用赔偿929.5万元，分析如下：

由于变更引起的费用增加包括：

（1）土方填筑量增加超过规定百分比引起的费用增加。

（2）由于石料运输距离增加的费用增加。

（3）由于石料运输能力不足应给予承包人的补偿。

（4）承包人另寻采石场发生的合理费用。

（5）发包人应负责的停工期间设备停产损失。

分析计算应由发包人负责的停工时间，然后乘以停工期间的设备、人工损失费。

（1）在10月4—15日的12天停工期间，10月4—8日是发包人移交场地造成的，属于应补偿费用的停工。

（2）10月9—15日，由于异常自然条件引起停工，属于不予费用补偿的停工。

（3）10月6—8日属于"共同性延误"，以先发生因素"发包人移交场地延误"确定延误责任，因此，应予费用补偿。

（4）工期延长后管理费、保险费、保函费等费用损失补偿。

本例中：

（1）土方填筑量增加超过规定百分比引起的费用增加：

[300－(1＋20%)×200]×(10＋3)＝780万元。

（2）由于石料运输距离增加的费用增加：(10－5)×(30－10)×1＝100万元。

（3）由于石料运输能力不足应给予承包人的补偿：[(10－5)/400]×2000＝25万元。

（4）承包人另寻采石场发生合理费用0.5万元。

（5）发包人应负责的停工期间设备停产损失：

应予补偿费用的停工共计5d，补偿费用：5×(0.8＋1)＝9万元。

（6）工期延长后管理费、保险费、保函费等费用损失补偿：(5＋25)×0.5＝15万元。

【案例24】答：

1．成立。因为属于业主责任（或业主未及时提供施工现场）。

2．不正确。因为土方公司为分包，与业主无合同关系。

3．不合理。按规定，此项费用应由业主支付。

4．不批准。因为此项支出应由总包单位承担。

5．得不到。虽然总监理工程师同意更换，但不等同于免除总承包商应负的责任。

6．返修的经济损失由防渗公司承担。因为施工单位保证施工质量。

监理工程师的不妥之处：

（1）不能凭口头汇报签证认可，应到现场复验。

（2）不能直接要求防渗公司整改，应要求总承包商整改。

（3）不能根据分包单位的要求进行签证，应根据总包单位的申请进行复验、签证。

7．处理如下：

（1）监理工程师应拒绝直接接受分包单位终止合同申请。

（2）应要求总包单位与分包单位双方协商，达成一致后解除合同。

（3）要求总承包商对不合格工程返工处理。

8．业主意见正确。理由：

因为合同约定，安装配件材料费调整依据为本地区工程造价管理部门公布的价格调整文件。

【案例25】答：

1．工程预付款起扣点为1200万元

本例工程预付款为合同价的20%；起扣点为合同价的60%。工程预付款为：

2000×20%＝400万元。

预付款起扣点为：$T = 2000 \times 60\% = 1200$ 万元。

2．可索赔款为 38.4 万元，合同实际价款为 2038.4 万元。

计算应调部分合同价款；列出价格调整计算公式，计算调整价款；承包商可索赔价款为调整后价款与原合同价款的差值；合同实际价款为调整价差与原合同价之和。

价格调整计算公式：

$$P = P_0 \times (0.15 + 0.35A/A_0 + 0.23B/B_0 + 0.12C/C_0 + 0.08D/D_0 + 0.07E/E_0)$$

式中　　　　　　P——调值后合同价款或工程实际结算款；

P_0——合同价款中工程预算进度款；

A_0、B_0、C_0、D_0、E_0——基期价格指数或价格；

A、B、C、D、E——工程结算日期的价格指数或价格。

当工程完成 70% 时，$P_0 = 2000 \times (1-0.7) = 600$ 万元。

应索赔价款为：

$\Delta P = P - P_0 = 600 \times [(0.15 + 0.35 \times 1 + 0.23 \times 1.2 + 0.12 \times 1.15 + 0.08 \times 1 + 0.07 \times 1) - 1] = 38.4$ 万元。

合同实际价款：$2000 + 38.4 = 2038.4$ 万元。

3．工程结算款为 1838.4 万元

（工程结算款为合同实际价款与保留金金额之差。本例中，保留金金额为原合同价 10%。

保留金：$2000 \times 10\% = 200$ 万元。

工程结算款：$2038.4 - 200 = 1838.4$ 万元。）

【案例 26】答：

1．事件 1 不合理。

理由：施工招标应该在初步设计已经批准；建设资金来源已落实，年度投资计划已经安排；监理单位已确定；具有能满足招标要求的设计文件，已与设计单位签订适应施工进度要求的图纸交付合同或协议；有关建设项目永久征地、临时征地和移民搬迁的实施、安置工作已经落实或已有明确安排等条件具备后方可进行。

事件 2 不合理。

理由：评标委员会不应向投标单位发出要求澄清的通知，也不能认可工期修改；工期超期属于重大偏差，评标委员会应否决其投标。

事件 3 不合理。

理由：施工单位提高混凝土强度等级，但不调整单价，属于变相压低报价；如确需提高混凝土强度等级，双方应协商调整相应单价，不能强迫中标人不调整单价而签订合同。

2．事件 4 中发包人的义务和责任中不妥之处有：

（1）执行监理单位指示。

（2）保证工程施工人员安全。

（3）避免施工对公众利益的损害。

承包人的义务和责任中不妥之处有：

（1）垫资 100 万元。

（2）为监理人提供工作和生活条件。

（3）组织工程验收。

3．合同金额为500万元。

发包人应支付的工程预付款为50万元。

应扣留的质量保证金总额为25万元。

4．最后1个月的工程进度款为320万元。

工程质量保证金扣留9.6万元。

工程预付款扣回25万元。

施工单位应收款为279万元。

【案例27】答：

1．业主自行决定采取邀请招标的做法不妥当。

理由：根据《中华人民共和国招标投标法》规定，省、自治区、直辖市人民政府确定的地方重点项目中不适宜公开招标的项目，要经过省、自治区、直辖市人民政府批准，方可进行邀请招标。

2．拒收C企业的投标文件。

理由：根据《中华人民共和国招标投标法》规定，在招标文件要求提交投标文件的截止时间后送达的投标文件，招标人应当拒收。

E企业投标文件应作废标处理。

理由：根据《中华人民共和国招标投标法》和《评标委员会和评标方法暂行规定》，投标文件若没有法定代表人签字和加盖公章，属于重大偏差。

（关键问题：没有法定代表人签字，项目经理也未获得委托人授权书，无权代表本企业投标签字，尽管有单位公章，仍属存在重大偏差。）

3．不妥之处一，10月21日下午才开标。

理由：根据《中华人民共和国招标投标法》规定，开标应当在投标文件确定的提交投标文件的截止时间公开进行。本案例招标文件规定的投标截止时间是10月18日下午4时。

不妥之处二，当地招标投标监督管理办公室主持开标。

理由：根据《中华人民共和国招标投标法》规定，开标应由招标人主持。

4．不妥之处一，当地招标投标监督管理办公室1人，公证处1人进入评标委员会。

理由：根据《中华人民共和国招标投标法》和《评标委员会和评标方法暂行规定》，评标委员会由招标人或其委托的招标代理机构熟悉相关业务的代表，以及有关技术、经济等方面的专家组成。公证处人员参加评标委员会，影响公正工作的开展。

不妥之处二，评标委员会技术经济专家比例为4/7，偏少。

理由：《中华人民共和国招标投标法》规定，评标委员会技术、经济等方面的专家不得少于成员总数的2/3。

5．确定A企业中标是违规的。

理由：根据《中华人民共和国招标投标法》规定，能够最大限度地满足招标文件中规定的各项综合评价标准的中标人的投标应当中标，因此中标人应当是综合评分最高或经评审的投标价最低的投标人。本案例中B企业综合评分是第一名应当中标，以B企业投标报价高于A企业为由不让其中标违背规定。

6. 合同签订时间违规。

理由：根据《中华人民共和国招标投标法》规定，招标人和中标人应当自中标通知书发出之日起 30 日内，按照招标文件和中标人的投标文件订立书面合同。本案例 11 月 10 日发出中标通知书，迟至 12 月 12 日才签订书面合同，两者的时间间隔已超过 30 日。

【案例 28】答：

1．方案二可满足要求，应选择方案二。

理由：因为合同要求质量目标为优良，主体分部工程必须优良。采取方案二，所在分部工程可评为优良，此方案可行。方案一、方案三所在主体分部工程不能评为优良，不能实现合同目标。

2．承包方提出顺延工期 2 个月不合理。因为增加了 K 工作，工期增加 1 个月，所以监理工程师应签证顺延工期 1 个月。

3．增加结算费用 120000 元不合理。

理由：因为增加了 K 工作，使土方工程增加了 3500m^3，已经超过了原估计工程量 22000m^3 的 15%，故应进行价格调整，新增土方工程款为：

$3300 \times 16 + 200 \times 16 \times 0.9 = 55680$ 元。

混凝土工程量增加了 200m^3，没有超过原估计工程量 1800m^3 的 15%，仍按原单价计算，新增混凝土工程款为：$200 \times 320 = 64000$ 元。

监理工程师应签证的费用为：$55680 + 64000 = 119680$ 元。

4．在工程未正式验收前，业主提前使用不能认为该单位工程已经验收。工程未经验收，业主提前使用，由此发生的质量问题及其他问题，由业主承担责任（重大质量事故除外）。

【案例 29】答：

1．存在以下三个不正确方面：

（1）招标人提出招标公告只在本市日报上发布是不正确的。

理由：公开招标项目的招标公告。应当在"中国招标投标公共服务平台"或项目所在地省级电子招标投标公共服务平台发布。

（2）招标人要求采用邀请招标是不正确的。

理由：因该工程项目由政府投资建设，相关法规规定："全部使用国有资金投资或者国有资金投资占控股或者主导地位的项目，应当采用公开招标方式招标。如果采用邀请招标方式招标，应由有关部门批准。"

（3）对潜在投标人资格条件进行审查时，主要审查潜在投标人资质条件是不正确的（或不全面的）。

理由：资格条件审查的内容还应包括：财务状况、投标人业绩、投标人信誉等。

2．投标文件有效性方面：

（1）投标人 A 的投标文件有效。

（2）投标人 B 的投标文件（或原投标文件）有效，但补充说明无效。

理由：开标后，投标人不得主动提出澄清、说明或补正。

（3）投标人 C 的投标文件有效。

（4）投标人 D 的投标文件无效。

理由：因为组成联合体投标的，投标文件应附联合体各方共同投标协议。

3. 投标人 E 撤回投标文件，招标人可以没收其投标保证金。

4. 合同方面问题：

（1）招标人的要求不合理。

理由：根据《水利工程建设项目招标投标管理规定》和《工程建设项目施工招标投标办法》有关规定，招标人不得向中标人提出压低报价、增加工作量、缩短工期或其他违背中标人意愿的要求，不得以此作为签订合同的条件。

（2）该项目应自中标通知书发出后 30 日内按招标文件和投标人 A 的投标文件签订书面合同，双方不得再签订背离合同实质性内容的其他协议。

（3）签约合同价应为 8000 万元。

【案例 30】答：

1. 事件 1 中，对 F、G 两家公司投标文件拒收。

理由：根据《中华人民共和国招标投标法实施条例》，未通过资格预审的申请人提交的投标文件，以及逾期送达或者不按照招标文件要求密封的投标文件，招标人应当拒收。

2. 事件 2 中，A 公司的做法不妥。

理由：《水利工程质量管理规定》（中华人民共和国水利部令第 52 号）规定，总承包单位对其承包的工程质量负责。总承包单位与分包单位对分包工程的质量承担。

3. 事件 3 中，A 公司的要求不合理。应当向建设单位提出索赔。

理由：监理公司与 A 公司没有合同关系。监理公司受建设单位委托管理施工合同，即使是监理公司造成 A 公司损失，也应当向建设单位索赔。建设单位必要时，可以按监理合同向监理公司提出索赔。

4. 监理机构应予签认。

理由：建设单位供应的材料设备提前进场，导致保管费用增加，属发包人责任，由建设单位承担因此发生的保管费用。

5. C 公司的要求不合理。

理由：C 公司不应直接向建设单位提出采购要求，而应由总承包 A 公司提出。建设单位供应的配套工程设备经清点移交 A 公司保管，故配件丢失责任在承包方。

【案例 31】答：

不符合招标投标有关规定的方面有：

1. F 投标单位资质不符合招标公告的要求，不应向其出售招标文件。

理由：根据《中华人民共和国招标投标法》规定，由同一专业的单位组成的联合体，按照资质等级较低的单位确定资质等级。

2. 评标委员会招标人代表偏多。

理由：根据《评标委员会和评标方法暂行规定》《水利工程建设项目招标投标管理规定》的有关规定，评标委员会中招标人代表人数不能超过评委总人数的 1/3，而本案例中招标人代表 4 人，显然已经超过评委总数的 1/3。

3. 不应以要求投标单位考虑降价发出问题澄清通知。

理由：报价属于实质性内容，投标人的澄清、说明、补正不得改变投标文件的实质性内容。

4．中标通知书发出后，招标人不应与中标人就降低投标报价进行谈判。

理由：招标人和中标人应按照招标文件和投标文件订立书面合同，不得再行订立背离合同实质性内容的其他协议。

（关键问题，投标报价属于实质性内容。）

5．投标文件截止时间 19 日偏短。

理由：《中华人民共和国招标投标法》规定不得少于 20 日。

6．订立书面合同的时间为 32 日，过迟。

理由：《中华人民共和国招标投标法》规定，招标人和中标人应当自中标通知书发出之日起 30 日内订立书面合同。

（关键问题，不是中标人收到中标通知书之日。）

7．招标人在合同签订后才将中标结果通知书发给 A、C、D、E、F 共 5 家投标单位，违规。

理由：《中华人民共和国招标投标法》规定，中标人确定后，招标人应当向中标人发出中标通知书，并同时将中标结果通知所有未中标的投标人。

【案例 32】答：

1．该工程的工期为 240d。

理由：根据《水利水电工程标准施工招标文件》（2009 年版），除合同另有规定外，解释合同的优先顺序中，协议书优先于招标文件，因此，工期应按协议书中确定的工期为准。

2．施工单位、设计单位的做法不妥。

理由：根据《水利水电工程标准施工招标文件》（2009 年版）的有关内容，工程变更可以由发包人、监理机构提出，也可以由设计单位或承建单位提出变更要求和建议，报经发包人或由发包人授权监理机构按工程承建合同文件规定审查和批准。工程变更指令由发包人或发包人授权监理机构审查、批准后发出。因此，施工单位向设计单位提出变更建议不符合规定，设计单位向施工单位发出设计修改文件也不符合规定。

3．根据《水利水电工程标准施工招标文件》（2009 年版），变更需要调整合同价格时，按以下原则确定其单价或合价：

（1）本合同工程量清单中有适用于变更工作的项目时，应采用该项目的单价。

（2）本合同工程量清单中无适用于变更工作的项目时，则可在合理的范围内参考类似项目的单价或合价作为变更估价的基础，由监理人与承包人协商确定变更后的单价或合价。

（3）本合同工程量清单中无类似项目的单价或合价可供参考，则应由监理人与发包人和承包人协商确定新的单价或合价。

4．A 最合理。

理由：根据《水利水电工程标准施工招标文件》（2009 年版）有关规定，工程量清单中无适用于变更工作的项目时，则可在合理的范围内参考类似项目的单价或合价作为变更估价的基础。

A 与本工程的"跨河公路桥基础破碎岩石开挖"最为类似，因此认为 A 单价最为合理。

5．检验费用支付申请和工期索赔不成立。

理由：由于此事件是承包方施工质量不合格引起的，责任在施工单位。

（根据《水利水电工程标准施工招标文件》（2009年版），由于承包方原因未能按合同进度计划完成预定工作，承包方应采取赶工措施赶上进度。若采取赶工措施后仍未能按合同规定的完工日期完工，承包方除自行承担采取赶工措施所增加的费用外，还应支付逾期完工违约金。

检验结果证明该材料或工程设备质量不符合合同要求，则应由承包方承担抽样检验的费用；检验结果证明该材料或工程设备质量符合合同要求，则应由发包方承担抽样检验的费用。）

【案例33】答：

1．合同总价为 $8000 \times 200 = 160.00$ 万元。

工程预付款为 $160.00 \times 20\% = 32.00$ 万元。

2．工程预付款从9月份开始扣除。

9、10、11月份每月应扣工程预付款为 $32.00/3 = 10.67$ 万元。

合同总价的30%为 $160.00 \times 30\% = 48.00$ 万元。

7月份累计工程款为 $1200 \times 200 = 24$ 万元，未达到合同总价的30%。

8月份累计工程款为 $2900 \times 200 = 58$ 万元，超过了合同总价的30%。

3．12月底监理单位应签发的付款凭证金额为15.33万元。

[11月份累计实际完成工程量 $8100m^3$，超过工程估算量 $(8100-8000)/8000 = 1.25\% < 10\%$，故不予调价。

12月份累计实际完成工程量 $8900m^3$，超过工程估算量 $(8900-8000)/8000 = 11.25\%$，因此对超出部分 $8900-8000 \times (1+10\%) = 100m^3$ 进行调价。

12月底监理单位应签发的付款凭证金额为：

$(700 \times 200 + 100 \times 200 \times 0.9) \times (1-3\%) = 15.33$ 万元。]

【案例34】答：

1．温控的主要措施有。

（1）减少混凝土的发热量。

（2）降低混凝土的入仓温度。

（3）加速混凝土散热。

（关键问题：减少混凝土的发热量：采用减少每立方米混凝土的水泥用量、低发热量的水泥。

降低混凝土的入仓温度：合理安排浇筑时间、采用加冰或加冰水拌和、对集料进行预冷。

加速混凝土散热：采用自然散热冷却降温，在混凝土内预埋水管通水冷却。）

2．混凝土浇筑的工艺流程包括：

（1）浇筑前的准备作业。

（2）浇筑时入仓铺料。

（3）平仓振捣。

（4）浇筑后的养护。

3. 坝段的纵缝分块形式有竖缝分块、斜缝分块、通仓浇筑和错缝分块四种。

4. 大坝混凝土浇筑的水平运输包括有轨运输和无轨运输两种方式；垂直运输设备主要有门机、塔机、缆机和履带式起重机。

5. 大坝水工混凝土浇筑的运输方案有门、塔机运输方案，缆机运输方案以及辅助运输浇筑方案。本工程采用门、塔机运输方案。

6. 混凝土拌和设备生产能力主要取决于设备容量、台数与生产率等因素。

7. 混凝土的正常养护时间至少应为28d。

【案例35】答：

1. 计划工期为450d，E工作的总时差为15d。

关键线路为 A→C→D→H→I（或①→③→④→⑥→⑦→⑧）。

[可用工作（节点）计算法计算，也可用最长线路法确定计划工期。]

2. 从工期和费用两方面进行分析：

方案一，设备修复时间为20d，E工作的总时差为15d，影响工期5d，且增加的工期延期的违约费用为1×5＝5万元。

方案二，B工作第125天末结束，E工作将推迟15d完成，但不超过E工作的总时差，也就是计划工期仍为450d，不影响工期，不增加费用。

方案三，租赁设备安装调试10d，不超过E工作的总时差，不影响工期，E工作还需工作125d，增加设备租赁费用为43750元（350×125＝43750元）。

三个方案综合比较，方案二较合理。

3. 根据优选的方案二，调整后的网络计划如图16-23所示（单位：d）。

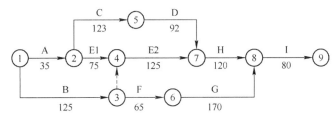

图16-23 调整后的网络计划

关键线路之一：①→③→④→⑦→⑧→⑨（或B→E2→H→I）。

关键线路之二：①→②→⑤→⑦→⑧→⑨（或A→C→D→H→I）。

（有些情况下，可能有多条关键线路。）

【案例36】答：

1. 计划工期为235d。

根据施工进度安排：1号副坝坝基清理可在1月20日开始、2号副坝坝基清理只能在2月5日开始，综合考虑水库调度方案，1号、2号副坝坝基清理最早分别于1月25日、2月5日开始。

2. 按计划，1号、2号副坝坝坡护砌迎水面施工分别于5月5日、5月10日完成，可满足要求。

3. 2号副坝填筑第16天末计划进度为35%，实际进度为25%，累计工程量拖延10%，进度滞后4d，实际用工30d。

4．6月20日检查结果：
（1）1号副坝坝顶道路已完成3/5，计划应完成4/5，推迟5d。
（2）2号副坝坝顶道路已完成2/5，计划应完成2/3，推迟4d。
（3）由于计划工期比合同工期提前5d，而1号副坝推迟工期也为5d，故对合同工期没有影响。

【案例37】答：
1．事件1判断：
（1）项目法人要求该工程质量监督机构对大坝进行质量检查不妥当。
理由：项目法人不应委托质量监督机构对大坝填筑进行质量检查，应通过施工合同由监理单位要求施工单位按《水电水利基本建设工程单元工程质量等级评定标准》规定的检验数量进行质量检查。
（2）质量监督机构受项目法人委托，承担了该工程质量检测任务不妥当。
理由：质量监督机构与项目法人是监督与被监督的关系，质量监督机构不得接受项目法人委托承担工程质量检测任务。
2．事件2判断：
（1）土坝施工单位将坝体碾压分包给乙公司承担不合理（或不对）。
理由：坝体是主体工程，碾压是坝体填筑的工序之一，主体工程不能分包。
（2）单元工程划分不合理。
理由：铺料和整平工作是一个单元工程的两个工序。
3．事件3判断：
（1）监理单位通过"监理通知"形式下发设计变更指令不对，应通过"变更指示"和"变更通知"形式确认同意。
理由：根据《水利水电工程标准施工招标文件》通用合同中关于"变更"的规定："承包人收到监理人按合同约定发出的图纸和文件，经检查认为其存在约定变更的条件之一，可向监理人提出书面变更建议，监理人收到承包人书面建议后，应与发包人共同研究，确认存在变更的，应在收到承包人书面建议后14d内作出变更指示，经研究不同意变更的，应由监理人书面答复承包人"。
（这里并未提出设计变更应由设计单位提出，这里是设计单位的设计变更以何种规范的形式发送给承包人。）
（2）将坝下游排水体改为浆砌石不对。
理由：浆砌石不利于坝体排水，不能将排水体改为浆砌石。
4．事件4判断：
验收结论存在的问题有：
（关键问题，验收结论不能不加思考地照搬规程。）
（1）坝顶碎石路不能作为主要分部工程。
（关键问题，主要分部工程是对单位工程安全、功能或效益起决定性作用。）
（2）均质土坝中无金属结构及启闭机。
（3）分部工程应为全部合格，其中，质量优良18个，分部工程优良率低于70%，外观质量得分率低于85%，因此该单位工程质量不得评定为优良。

(4) 验收结论中还应包括质量检验与评定资料是否齐全以及质量事故处理情况等。
(5) 优良品率及外观质量得分率数字表达不准确，小数点后应保留一位数字。

5．事件 5 判断：

不妥之处：

(1) 工程项目单元工程质量评定表由<u>监理单位</u>填写不妥，单元工程质量评定表应该由<u>施工单位</u>填写。

(2) 土坝单位工程完工验收由<u>施工单位</u>主持不妥，单位工程完工验收应该由<u>项目法人</u>主持。

(3) 工程截流验收及移民安置验收由<u>项目法人</u>主持不妥。工程截流验收由<u>竣工验收主持单位或其委托单位</u>主持。移民安置验收应由省级<u>人民政府</u>或其规定的移民管理机构主持。

（关键问题，注意水利部 2022 年颁发的移民安置验收管理办法与之前的老办法变动较大。）

【案例 38】答：

1、2 题答案均见表 16-20。

表 16-20　右岸边墩基础开挖单元工程施工质量验收评定表

单位工程名称	××××	单元工程量	××××
分部工程名称	××××	施工单位	××××
单元工程名称、部位	××××	施工日期	××××年××月××日～××××年××月××日

<table>
<tr><th colspan="2">项次</th><th>检验项目</th><th colspan="2">质量标准</th><th>检查（测）记录或备查资料名称</th><th>合格数</th><th>合格率</th></tr>
<tr><td rowspan="3">主控项目</td><td>1</td><td>保护层开挖</td><td colspan="2">保护层开挖方式应符合设计要求，在接近建基面时，宜使用小型机具或人工挖除，不应扰动建基面以下的原地基</td><td>保护层开挖方式符合设计要求，在接近建基面时，采用人工挖除，未扰动建基面以下的原地基</td><td></td><td></td></tr>
<tr><td>2</td><td>建基面处理</td><td colspan="2">构筑物软基和土质岸坡开挖面平顺。软基和土质岸坡与土质构筑物接触时，采用斜面连接，无台阶、急剧变坡及反坡</td><td>构筑物软基和土质岸坡开挖面平顺。软基和土质岸坡与土质构筑物接触时，采用斜面连接，无台阶、急剧变坡及反坡</td><td></td><td></td></tr>
<tr><td>3</td><td>渗水处理</td><td colspan="2">构筑物基础区及土质岸坡渗水（含泉眼）妥善引排或封堵，建基面清洁无积水</td><td>构筑物基础区及土质岸坡渗水（含泉眼）妥善引排或封堵，建基面清洁无积水</td><td></td><td></td></tr>
<tr><td rowspan="3">一般项目</td><td rowspan="3">1</td><td rowspan="3">基坑断面尺寸及开挖面平整度</td><td rowspan="3">无结构要求或无配筋</td><td>长或宽不大于 10m</td><td>符合设计要求，允许偏差为 -10～20cm</td><td>—</td><td></td></tr>
<tr><td>长或宽大于 10m</td><td>符合设计要求，允许偏差为 -20～30cm</td><td>—</td><td></td></tr>
<tr><td>坑（槽）底部标高</td><td>符合设计要求，允许偏差为 -10～20cm</td><td>—</td><td></td></tr>
</table>

续表

项次	检验项目	质量标准		检查（测）记录或备查资料名称	合格数	合格率
一般项目 2	基坑断面尺寸及开挖面平整度	无结构要求或无配筋	垂直或斜面平整度	符合设计要求，允许偏差为20cm	—	
		有结构要求有配筋预埋件	长或宽不大于10m	符合设计要求，允许偏差为0～20cm	—	
			长或宽大于10m	符合设计要求，允许偏差为0～30cm	10, 40★, 20, 30, 35★, 20, 30, 10, 25, 20	8	80.0
			坑（槽）底部标高	符合设计要求，允许偏差为0～20cm	6, 2, 6, 10, 8, 1, 5, 7, 6, 9	10	100
			斜面平整度	符合设计要求，允许偏差为15cm	30★, 8, 6, 30★, 8, 18★, 12, 14, 16★, 15	6	60.0

施工单位自评意见	主控项目检验点100%合格，一般项目逐项检验点的合格率80%，且不合格点不集中分布。 单元质量等级评定为：合格 （签字，加盖公章）××××年××月××日
监理单位复核意见	经抽检并查验相关检验报告和检验资料，主控项目检验点100%合格，一般项目逐项检验点的合格率60%，且不合格点不集中分布。 单元质量等级评定为：不合格 （签字，加盖公章）××××年××月××日

注：1. 对关键部位单元工程和重要隐蔽单元工程的施工质量验收评定应有设计、建设等单位的代表签字，具体要求应满足《水利水电工程施工质量检测与评定规程》SL 176—2007 的规定；
    2. 本表所填"单元工程量"不作为施工单位工程量结算计量的依据。

（1. 将实测值与允许偏差相比较，找出超出允许偏差的实测值，即为不合格的数值。

2. 首先计算合格率；其次根据《水利水电工程单元工程施工质量验收评定标准 土石方工程》SL 631—2012。合格等级标准应符合下列规定：

（1）主控项目，检验结果应全部符合质量标准要求。
（2）一般项目，逐项应有70%及以上的检验点合格，且不合格点不应集中。
（3）各项报验资料应符合质量标准要求。

优良等级标准应符合下列规定：

（1）主控项目，检验结果应全部符合质量标准要求。
（2）一般项目，逐项应有90%及以上的检验点合格，且不合格点不应集中。
（3）各项报验资料应符合质量标准要求。

本案例中，主控项目检验结果全部符合质量标准要求；一般项目逐项检验点的合格率最高为100%，最低为60%，小于"逐项应有70%及以上的检验点合格"的要求，故应评定为"不合格"。）

【案例39】答：

1. 上游翼墙及铺盖的浇筑次序不满足规范要求。合理的施工安排包括：铺盖应分块间隔浇筑；与翼墙毗邻部位的 1 号和 10 号铺盖应等翼墙沉降基本稳定后再浇筑。

2．承包人在闸墩与牛腿结合面设置施工缝的做法不妥，因该部位所受剪力较大，不宜设置施工缝。

3．本工程中的质量事故属于一般质量事故。

确定水利工程质量事故等级应主要考虑主要因素有：直接经济损失的大小，检查、处理事故对工期的影响时间长短和对工程正常使用和寿命的影响。

4．闸室分部工程质量评定的主要内容还包括：单元工程质量、质量事故、混凝土拌合物质量、金属结构及启闭机制造、机电产品等。

【案例 40】答：

1．安全生产风险管控机制有以下：

建立安全生产风险查找、研判、预警、防范、处置、责任六项安全生产风险管控机制。

（根据《水利部关于印发构建水利安全生产风险管控"六项机制"的实施意见》（水监督〔2022〕309 号），健全风险查找机制，提升风险发现能力；健全风险研判机制，提升科学评价能力；健全风险预警机制，提升高效应对能力；健全风险防范机制，提升精准防控能力；健全风险处置机制，提升风险化解能力；健全风险责任机制，提升管控履职能力。简称"风险管控六项机制"。）

2．工程参建单位人员从事本项目的质量监督工作。

理由：根据《水利工程质量监督管理规定》，各级质量监督机构的质量监督人员由专职质量监督员和兼职质量监督员组成，凡从事该工程监理、设计、施工、设备制造的人员不得担任该工程的兼职质量监督员。

3．工程现场项目法人与设计单位、承包人、监理单位之间是合同关系。

设计单位与承包人、监理单位之间是工作关系。

施工和监理之间是被监理和监理的关系。

质量监督机构与项目法人、设计、施工、监理是监督与被监督关系。

4．生产安全事故分为 4 个等级。事件 3 的事故等级为一般事故。

（根据《水利部生产安全事故应急预案（试行）》（水安监〔2016〕443 号），水利工程生产安全事故分为 4 个等级，即特别重大事故、重大事故、较大事故和一般事故。本工程事件 3 中死亡人数 3 人以下，事故等级为一般事故。）

【案例 41】答：

1．主要伤害事故有以下：

（1）高空坠落，如现浇混凝土排架。

（2）物体打击，如拆除排架等。

（3）火药爆炸，如火药的运输、存储。

（4）炸伤，如爆破拆除混凝土。

（5）触电，如施工用电。

（6）起重伤害，如起吊重物。

（7）机械伤害，如钢筋加工、混凝土拌和等。

（8）车辆伤害，如交通运输。

（9）坍塌，如拆除以及重建排架过程中。

2．设置明显的安全警示标志的地点有以下：

（1）施工现场入口处。

（2）起重机械周围。

（3）施工电源处。

（4）脚手架周边。

（5）停放炸药点周围。

（6）油料库周围。

（7）爆破作业区等。

3．不妥当的温控措施有第（3）、（4）项。

（因为就本工程施工条件而言，底板和闸墩加固方案均为新浇薄壁混凝土，采取薄层浇筑方法增加散热面已无必要；预埋水管通水冷却更是没有必要且无法实现。）

【案例42】答：

1．根据施工安全有关方面的规定，露天爆破安全警戒距离半径应达到300m，而张某某却停留在距爆破点仅180m的危险范围内，站在两车之间，且两车的侧门面对爆破方向，没有把自己隐蔽起来。

2．运输爆破器材时采用自卸汽车违反了禁用普通工具运输的要求。

运输爆破器材的具体规定有：

（1）押运员和警卫。

（2）按指定线路。

（3）不得在人多处或岔口停留。

（4）有帆布覆盖并设警示。

（5）他人不得乘坐。

（6）禁用普通工具运输。

（7）车底垫软垫等。

3．爆破作业安全警戒的要求主要有：

（1）爆破作业须统一指挥、统一信号。

（2）划定安全警戒区，明确安全警戒人员。

（3）爆破后经炮工进行检查，对暗挖石方爆破，须经过通风、恢复照明、安全处理后方可进行其他工作。

【案例43】答：

1．不妥之处：

（1）"在引爆时，无关人员一律退到安全地点隐蔽"不妥。应改正为"在装药、连线开始前，无关人员一律退到安全地点隐蔽"。

（2）"爆破后，首先须经安全员进行检查"不妥。应改正为"爆破后，首先须经炮工进行检查"。

2．为确保升降设备安全平稳运行，升降机必须配备灵敏、可靠的控制器、限位等安全装置。

3．施工安全技术措施中的"三宝"是安全帽、安全带和安全网，"四口"是楼梯口、电梯井口、预留口和通道口。

4．事件2的质量事故等级为较大质量事故。

事故处理"四不放过"原则是：事故原因不查清楚不放过、主要事故责任者和职工未受教育不放过、补救和防范措施不落实不放过、责任人员未受处理不放过。

事故调查处理不妥之处："由<u>项目法人</u>组织联合调查组进行了事故调查"，因本工程质量事故为较大质量事故，正确的做法是："由<u>项目主管部门</u>组织调查组进行调查，调查结果报上级主管部门批准并报省级水行政主管部门核备"。

【案例44】答：

1．第5个月：

（1）工程进度款额：3.0×300 = 900 万元。

（2）工程预付款扣回额：120 万元。

（① 本月以前已扣回工程预付款额为：（1.5 + 1.5 + 2.5 + 2.5）×300×20% = 480 万元。

② 工程预付款总额为：20×300×10% = 600 万元。

到本月预付款余额为：600 - 480 = 120 万元。

而本月进度款的 20% 为 900×0.2 = 180 万元，已超过需扣回的工程预付款余额。故本月实际应扣 120 万元的工程预付款。）

（3）发包人当月应支付的工程款为：900 - 120 = 780 万元。

2．第10个月：

（1）工程进度款额：270 万元。

（到第 10 个月末，累计实际完成工程量为 24 万 m^3，合同工程量的 1.15 倍为 20×1.15 = 23 万 m^3，超过合同工程量15%的部分 1 万 m^3。故本月工程进度款为：1×300×0.9 = 270 万元。）

（2）工程预付款扣回额：0 万元。

（3）发包人当月应支付的工程款额：270 万元。

【案例45】答：

1．签约合同价为：539 万元。工程预付款总额为：107.8 万元。

（工程开工前，签约合同价 = 20×10 + 1×3 + 5×8 + 2×12 + 8×8 + 1.6×105 + 4×10 = 539 万元。<u>不含施工过程中增加的丁坝</u>。

预付款总额 = 539×20% = 107.8 万元。有时，答案需要<u>列出计算公式</u>。）

2．增加丁坝后施工网络计划如图 16-24 所示。

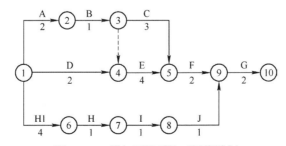

图 16-24　增加丁坝后施工网络计划

3. 第 6 个月完成的工程量：C 工作的 1/3、E 工作的 1/4、I 工作。

相应工程进度款：$1.8\times8+0.3\times8\times0.9+2.3\times8+0.2\times8=36.56$ 万元。

预付款扣回为进度款的 30%：$36.56\times30\%=10.968$ 万元。

前 5 个月累计完成工程量：A 工作、B 工作、C 工作的 2/3、D 工作、E 工作的 1/2、H 工作。

累计工程进度款：$22\times10+1.2\times3+4.2\times8+1.8\times12+4.6\times8+0.1\times3=315.9$ 万元。

累计扣回预付款：$315.9\times30\%=94.77$ 万元。

至本月预付款余额为：$107.8-94.77=13.03$ 万元 > 10.968 万元。

故第 6 个月预付款应扣回 10.968 万元。

应得付款：$36.56-10.968=25.59$ 万元。

4. 第 7 个月完成的工程量：E 工作的 1/4、J 工作。

相应工程进度款：$2.3\times8+0.03\times300=27.4$ 万元。

预付款扣回为进度款的 30%：$27.4\times30\%=8.22$ 万元 > 预付款应扣回余额 $13.03-10.968=2.062$ 万元。

故第 7 个月预付款应扣回 2.062 万元。

应得付款：$27.4-2.062=25.338$ 万元。

【案例 46】答：

1. 违法规定的有：

（1）工作序号 C。招标人不得单独或者分别组织任何一个投标人进行现场踏勘。

（2）工作序号 D。招标人对招标文件的修改应当以书面形式。

（3）工作序号 E。投标截止时间与开标时间应相同。

2. 其他直接费、间接费、企业利润、增值税。

3. 因投标辅助资料中有类似项目，所以在合理的范围内参考类似项目的单价作为单价调整的基础。

4. 新取土区土的级别为Ⅲ级。

第一坝段填筑应以 $1m^3$ 挖掘机配自卸汽车的单价为基础变更估计。因为运距超过 500m 后，$2.75m^3$ 铲运机施工方案不经济；运距超过 1km 时，挖掘机配自卸车的施工方案经济合理。第一坝段的填筑单价为 $(8.7+10.8)/2\times1.34=13.07$ 元$/m^3$。

（注意计算结果保留小数点后两位的要求。）

综合测试题（一）

一、单项选择题（共20题，每题1分。每题的备选项中，只有1个最符合题意）

1. 根据《水利水电工程等级划分及洪水标准》SL 252—2017，某在建大型水利枢纽工程，主坝为混凝土重力坝，最大坝高166m，为2级永久性水工建筑物，则该水利枢纽导流隧洞为（　　）级导流建筑物。
   A. 2
   B. 3
   C. 4
   D. 5

2. 以下属于临时性水工建筑物的是（　　）。
   A. 溢洪道
   B. 主坝
   C. 电站厂房
   D. 围堰

3. 根据《水利水电工程合理使用年限及耐久性设计规范》SL 654—2014，工程等别为Ⅱ等的水库工程，其合理使用年限为（　　）年。
   A. 50
   B. 100
   C. 150
   D. 200

4. 下列材料中，可用作炮孔装药后堵塞材料的是（　　）。
   A. 块石
   B. 瓜子片
   C. 土壤
   D. 预制混凝土塞

5. 作用于主坝的偶然作用荷载是（　　）。
   A. 地震作用荷载
   B. 地应力
   C. 静水压力
   D. 预应力

6. 防渗墙墙体质量检查应在成墙后（　　）d进行。
   A. 7
   B. 14
   C. 21
   D. 28

7. 灌溉分水闸闸门的导轨安装及混凝土浇筑过程，正确的顺序是（　　）。
   A. 浇筑闸墩混凝土、凹槽埋设钢筋、固定导轨、浇筑二期混凝土
   B. 凹槽埋设钢筋、浇筑闸墩混凝土、浇筑二期混凝土、固定导轨
   C. 凹槽埋设钢筋、浇筑闸墩混凝土、固定导轨、浇筑二期混凝土
   D. 凹槽埋设钢筋、固定导轨、浇筑闸墩混凝土、浇筑二期混凝土

8. 穿堤闸基础在人工开挖过程中，临近设计高程时，保护层暂不开挖的范围是（　　）m。

   A．0.2～0.3 B．0.1～0.3
   C．0.2～0.4 D．0.3～0.5

9. 灌溉分水闸施工中人工作业最高处距地面为18m，该作业为（　　）级高处作业。

   A．一 B．二
   C．三 D．四

10. 根据《水利部关于印发水利工程建设项目代建制管理的指导意见的通知》（水建管〔2015〕91号），拟实施代建制的项目应在（　　）中提出实行代建制管理的方案。

    A．项目建议书 B．可行性研究报告
    C．初步设计报告 D．工程开工申请报告

11. 根据《建设项目竣工环境保护验收技术规范 水利水电》HJ 464—2009，水利水电建设项目竣工环境保护验收技术工作阶段划分中不包括（　　）。

    A．准备阶段 B．验收调查阶段
    C．现场验收阶段 D．验收评估阶段

12. 灌溉分水闸招标时共有甲、乙、丙、丁四家单位购买了招标文件，其中甲、乙、丙参加了由招标人组织的现场踏勘和标前会，现场踏勘中甲单位提出了招标文件中的疑问，招标人现场进行了答复，根据有关规定，招标人应将解答以书面方式通知（　　）。

    A．甲 B．乙、丙
    C．甲、乙、丙 D．甲、乙、丙、丁

13. 根据《水利工程设计概（估）算编制规定（工程部分）》（水总〔2014〕429号），水利工程费用中，直接费不包括（　　）。

    A．施工机械使用费 B．临时设施费
    C．安全生产措施费 D．现场经费

14. 根据《水利部关于修订印发水利建设质量工作考核办法的通知》（水建管〔2018〕10号），工程发生重大质量事故的，考核等次一律为（　　）级。

    A．A B．B
    C．C D．D

15. 工序施工质量优良等级标准中，一般项目逐项应有（　　）及以上的检验点合格，且不合格点不应集中。

A．60% B．70%
C．80% D．90%

16．某堤防工程中第 2 单元工程因碾压不足造成质量问题，以下处理方式符合《水利水电工程单元工程施工质量验收评定标准 堤防工程》SL 634—2012 要求的是（　　）。

A．全部返工重做，但只能评定为合格
B．可进行加固补强，经鉴定能达到设计要求的，可重新进行质量等级评定
C．无论采用何种方式处理，其质量等级只能评定为合格
D．全部返工重做，可重新评定其质量等级

17．根据《水电水利工程施工重大危险源辨识及评价导则》DL/T 5274—2012，依据事故可能造成的人员伤亡数量及财产损失情况，重大危险源共划分为（　　）级。

A．2 B．3
C．4 D．5

18．根据《水利工程施工监理规范》SL 288—2014，水利工程建设项目施工监理开工条件的控制中不包括（　　）。

A．签发进场通知 B．签发开工通知
C．分部工程开工 D．单元工程开工

19．根据《水利部生产安全事故应急预案（试行）》（水安监〔2016〕443号），地方水利工程发生较大事故时，向水利部的快报时间为（　　）min 内。

A．40 B．60
C．90 D．120

20．水行政主管部门在开展安全生产检查督查时，采取（　　）的方式。

A．直奔基层、直插现场 B．直奔基层、直观工程
C．直奔工地、直插现场 D．直奔基层、直面问题

二、多项选择题（共 10 题，每题 2 分。每题的备选项中，有 2 个或 2 个以上符合题意，至少有 1 个错项。错选，本题不得分；少选，所选的每个选项得 0.5 分）

21．钢筋标牌上的标记中，除规格、尺寸等外，还应包括（　　）等内容。

A．生产厂家 B．厂家地址
C．生产日期 D．牌号
E．产品批号

22．绿色建造时，废水控制包括（　　）。

A．工程废水控制 B．酸雨防治

C．生活污水控制 　　　　　　D．地表降水防护
E．地下水控制

23．均质土坝土料填筑压实参数主要包括（　　）。
A．碾压机具的重量 　　　　B．含水量
C．干密度 　　　　　　　　D．铺土厚度
E．碾压遍数

24．根据《碾压式土石坝施工技术规范》DL/T 5129—2013，筑坝材料施工试验项目包括（　　）。
A．调整土料含水率 　　　　B．调整土料级配工艺
C．碾压试验 　　　　　　　D．堆石料开采爆破试验
E．土料开挖级别

25．采用PPP模式的水利工程建设项目，政府投资和社会资本的建设投入比例，原则上按（　　）进行合理分摊和筹措。
A．功能 　　　　　　　　　B．效益
C．规模 　　　　　　　　　D．风险
E．税收

26．投标单位的（　　）取得安全生产考核合格是进行水利工程建设施工投标所必备的基本条件。
A．法人代表 　　　　　　　B．主要负责人
C．项目负责人 　　　　　　D．专职安全生产管理人员
E．施工负责人

27．下列属于重大设计变更的有（　　）。
A．水库库容、特征水位的变化　　B．骨干堤线的变化
C．主要料场场地的变化　　　　　D．一般机电设备及金属结构设计变化
E．主要建筑物施工方案和工程总进度的变化

28．根据《水利工程施工监理规范》SL 288—2014，施工监理在工程资金控制方面的工作包括（　　）。
A．审核承包人提交的资金流计划　B．建立合同工程付款台账
C．签发完工付款证书　　　　　　D．签发最终付款证书
E．支付合同款

29．根据《水利部关于调整水利工程建设项目施工准备开工条件的通知》（水建管〔2017〕177号），水利工程建设项目施工准备开工条件包括（　　）等。

A. 建设项目可行性研究报告已经批准
B. 建设项目初步设计报告已经批准
C. 年度水利投资计划下达
D. 环境影响评价文件已经批准
E. 报建手续已经办理

30. 根据水利水电工程施工安全有关规定，施工现场各作业区与建筑物之间的防火安全距离应符合的要求有（   ）。
A. 用火作业区距所建的建筑物和其他区域不得小于25m
B. 用火作业区距生活区不小于25m
C. 仓库区、易燃、可燃材料堆集场距修建的建筑物和其他区域不小于20m
D. 易燃废品集中站距所建的建筑物和其他区域不小于20m
E. 易燃废品集中站距所建的建筑物和其他区域不小于30m

三、实务操作和案例分析题

【案例1】（本题20分）

某水利水电工程项目的原施工进度网络计划（双代号）如图1所示。该工程总工期为18个月。在上述网络计划中，工作C、F、J三项工作均为土方工程，土方工程量分别为7000m³、10000m³、6000m³，共计23000m³，土方单价为15元/m³。合同中规定，土方工程量增加超出原估算工程量25%时，新的土方单价可从原来的15元/m³下降到13元/m³。合同约定机械每台闲置1d为800元，每月以30d计；C、F、J三项工作实际工作量与计划工作量相同。

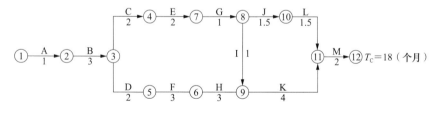

图1 原施工进度网络计划

施工中发生如下事件：

事件1：施工中，由于施工单位施工设备调度原因，C、F、J工作需使用同1台挖土机先后施工。

事件2：在工程按计划进行4个月后（已完成A、B两项工作的施工），项目法人提出增加一项新的土方工程N，该项工作要求在F工作结束以后开始，并在G工作开始前完成，以保证G工作在E、N工作完成后开始施工。根据施工单位提出并经监理机构审核批复，该项N工作的土方工程量约为9000m³，施工时间需要3个月；新增加的土方工程N使用与C、F、J工作同1台挖土机施工。

事件3：土方工程N完成后，施工单位提出如下索赔：

（1）增加土方工程施工费用13.5万元。

（2）由于增加土方工程N后，使租用的挖土机增加了闲置时间，要求补偿挖土机的闲置费用2.4万元。

（3）延长工期3个月。

问题：

1. 根据事件1，绘制调整后的施工进度计划（双代号），使设备闲置时间最少，且满足计划工期要求。

2. 按事件2新增加一项新的土方工程N后，土方工程的总费用应为多少？

3. 事件3中，施工单位上述索赔是否合理？说明理由。

【案例2】（本题20分）

某堤防工程项目业主与承包商签订了工程施工承包合同。合同中估算工程量为5300m^3，单价为180元/m^3。合同工期为6个月。有关付款条款如下：

（1）开工前业主应向承包商支付估算合同总价20%的工程预付款。

（2）业主自第1个月起，从承包商的工程款中，按3%的比例扣留保修金。

（3）当累计实际完成工程量超过（或低于）估算工程量的10%时，可进行调价，调价系数为0.9（或1.1）。

（4）每月签发付款最低金额为15万元。

（5）工程预付款从乙方获得累计工程款超过估算合同价的30%以后的下1个月起，连续3个月内均匀扣回。

承包商每月实际完成并经签证确认的工程量见表1。

表1 每月实际完成工程量

月份	1	2	3	4	5	6
完成工程量（m^3）	800	1000	1200	1200	1200	500
累计完成工程量（m^3）	800	1800	3000	4200	5400	5900

问题：

1. 签约合同总价为多少？

2. 工程预付款为多少？工程预付款从哪个月起扣留？每月应扣工程预付款为多少？

3. 每月工程量价款为多少？应签证的工程款为多少？应签发的付款凭证金额为多少？

【案例3】（本题20分）

某大型防洪工程由政府投资兴建。项目法人委托某招标代理公司代理施工招标。招标代理公司依据有关规定确定该项目采用公开招标方式招标，招标公告在当地政府规定的招标信息网上发布。招标文件中规定：投标担保可采用投标保证金或投标保函方式担保。评标方法采用经评审的最低投标价法。投标有效期为60d。

项目法人对招标代理公司提出以下要求：为避免潜在的投标人过多，项目招标公告只在本市日报上发布，且采用邀请方式招标。

项目施工招标信息发布后，共有9家投标人报名参加投标。项目法人认为报名单位多，为减少评标工作量，要求招标代理公司仅对报名单位的资质条件、业绩进行资格审查。开标后发生的事件如下：

事件1：A投标人的投标报价为8000万元，为最低报价，经评审推荐为中标候选人。

事件2：B投标人的投标报价为8300万元，在开标后又提交了一份补充说明，提出可以降价5%。

事件3：C投标人投标保函有效期为70d。

事件4：D投标人投标文件的投标函盖有企业及其法定代表人的印章，但没有加盖项目负责人的印章。

事件5：E投标人与其他投标人组成联合体投标，附有各方资质证书，但没有联合体共同投标协议书。

事件6：F投标人的投标报价为8600万元，开标后谈判中提出估价为800万元的技术转让。

事件7：G投标人的投标报价最高，故G投标人在开标后第2天撤回了其投标文件。

问题：

1. 项目法人对招标代理公司提出的要求是否正确？说明理由。

2. 分析A、B、C、D、E、F投标人的投标文件是否有效或有何不妥之处。说明理由。

3. G投标人的投标文件是否有效？对其撤回投标文件的行为，项目法人可如何处理？

4. 该项目中标人应为哪一家？合同价为多少？

【案例4】（本题30分）

某高土石坝坝体施工项目，业主与施工总承包单位签订了施工总承包合同，并委托了工程监理单位实施监理。

施工总承包完成桩基工程后，将深基坑支护工程的设计委托给了专业设计单位，并自行决定将基坑的支护和土方开挖工程分包给了一家专业分包单位施工，专业设计单位根据业主提供的勘察报告完成了基坑支护设计后，即将设计文件直接给了专业分包单位，专业分包单位在收到设计文件后编制了基坑支护工程和降水工程专项施工组织方案，施工组织方案经施工总承包单位项目经理签字后即由专业分包单位组织了施工。

专业分包单位在施工过程中，由负责质量管理工作的施工人员兼任现场安全生产监督工作。土方开挖到接近基坑设计标高时，总监理工程师发现基坑四周地表出现裂缝，即向施工总承包单位发出书面通知，要求停止施工，并要求立即撤离现场施工人员，查明原因后再恢复施工，但总承包单位认为地表裂缝属正常现象没有予以理睬。不久基坑发生严重坍塌，并造成4名施工人员被掩埋，其中3人死亡，1人重伤。

事故发生后，专业分包单位立即向有关应急管理部门上报了事故情况。经事故调查组调查，造成坍塌事故的主要原因是由于地质勘察资料中未标明地下存在古河道，基坑支护设计中未能考虑这一因素。事故中直接经济损失80万元，于是专业分包单位要求设计单位赔偿事故损失80万元。

问题：

1．请指出上述整个事件中有哪些做法不妥，并写出正确的做法。
2．根据《水利工程建设安全生产管理规定》，施工单位应对哪些达到一定规模的危险性较大的工程编制专项施工方案？
3．本事故应定为哪种等级的事故？
4．这起事故的主要责任人是哪一方？并说明理由。

【案例5】（本题30分）

某承包商在混凝土重力坝施工过程中，采用分缝分块常规混凝土浇筑方法。由于工期紧，浇筑过程中气温较高，为保证混凝土浇筑质量，承包商积极采取了降低混凝土的入仓温度等措施。

在某分部工程施工过程中，发现某一单元工程混凝土强度严重不足，承包商及时组织人员全部进行了返工处理，造成直接经济损失20万元，构成了一般质量事故。返工处理后经检验，该单元工程质量符合优良标准，自评为优良。

在该分部工程施工过程中，由于养护不及时等原因，造成另一单元工程坝体内出现较大裂缝和空洞，还有个别单元工程出现细微裂缝和表面裂缝。在发现问题后，承包商都及时采取了相应的措施进行处理。

在该分部工程施工过程中，对5号坝段混凝土某一单元工程模板安装质量检查结果见表2。

表2　5号坝段混凝土某一单元工程模板安装质量检查结果

单位工程名称	混凝土大坝			单元工程质量	混凝土788m³，模板面积145.8m²		
分部工程名称	溢流坝段			施工单位	×××		
单元工程名称、部位	5号坝段，▽2.5~4.0m			检查日期	×年×月×日		
项次	检查项目	质量标准			检验记录		
1	△稳定性、刚度和强度	符合设计要求（支撑牢固，稳定）			采用钢模板、钢支撑和木方，稳定性、刚度和强度满足设计要求		
2	模板表面	光洁、无污物、接缝严密			光洁、无污物、接缝严密		
项次	检查项目	设计值	允许偏差（mm）		实测值	合格点数	合格率（%）
			外露表面	隐蔽内面			
			√钢模 / 木模				
1	模板平整度；相邻两板面高差（mm）		2　　3	5	0.3, 1.2, 2.8, 0.7, 0.2, 0.7, 0.9, 1.5		
2	局部不平（mm）		2　　5	10	1.7, 2.3, 0.2, 0.4, 1.0, 1.2, 0.7, 2.4		

续表

项次	检查项目	设计值	允许偏差（mm）			实测值	合格点数	合格率（%）
			外露表面		隐蔽内面			
			√钢模	木模				
3	面板缝隙（mm）		1	2	2	0.2, 0.5, 0.7, 0.2, 1.1, 0.4, 0.5, 0.9, 0.3, 0.7		
4	结构物边线与设计边线	8.5m×15.5m	10		15	8.747, 8.749, 8.752, 8.750, 15.51, 15.508, 15.50, 15.409		
5	结构物水平段面内部尺寸		±20			—		
6	承重模板标高（m）	2.5m	±10			2.50, 2.50, 2.505, 2.510		
7	预留孔洞尺寸及位置		±10			—		
检测结果								
评定意见						工序质量等级		
施工单位	××××年×月×日				监理单位	××××年×月×日		

分部工程施工完成后，质检部门及时统计了该分部工程的单元工程施工质量评定情况：20个单元工程质量全部合格，其中12个单元工程被评为优良，优良率75%；关键部位单元工程质量优良；原材料、中间产品质量全部合格，其中混凝土拌合质量优良。该分部工程自评结果为优良。

问题：

1．在大体积混凝土浇筑过程中，可采取哪些具体措施降低混凝土的入仓温度？
2．对上述混凝土内外部出现的不同裂缝可采取哪些处理措施？
3．上述经承包商返工处理的单元工程质量能否自评为优良？为什么？
4．根据混凝土模板安装质量检查检测结果，指出该工序的施工质量等级并说明理由。

【答案】

一、单项选择题

1．C； 2．D； 3．B； 4．C； 5．A； 6．D； 7．C； 8．A；
9．C； 10．B； 11．D； 12．D； 13．D； 14．D； 15．B； 16．D；
17．C； 18．A； 19．B； 20．A

二、多项选择题

21．A、C、D、E； 22．A、C、D； 23．A、B、D、E； 24．A、B、C、D；

25. A、B；　　26. B、C、D；　　27. A、B、C、E；　　28. A、B、C、D；
29. A、C、D；　　30. A、C、E

三、实务操作和案例分析题

【案例1】答：

1. 在C、F、J三项工作共用1台挖土机时，将网络计划图调整为如图2所示。计算出各项工作的 ES、EF 和总工期（18个月）。因E、G工作的时间为3个月，与F工作时间相等，所以安排挖土机按C→F→J顺序施工可使机械不闲置。

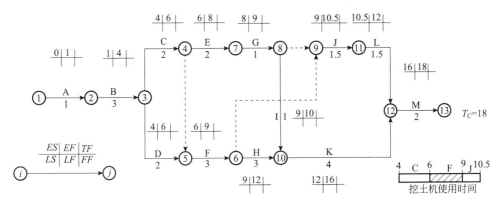

图2　调整后的网络计划

2. 增加土方工程N后，土方工程总费用计算如下：

（1）增加N工作后，土方工程总量为：

$23000 + 9000 = 32000 \text{m}^3$。

（2）超出原估算土方工程量百分比为：

$$\frac{32000 - 23000}{23000} \times 100\% = 39.13\% > 25\%。$$

土方单价应进行调整。

（3）超出25%的土方量为：

$32000 - 23000 \times 125\% = 3250 \text{m}^3$。

（4）土方工程的总费用为：

$23000 \times 125\% \times 15 + 3250 \times 13 = 47.35$ 万元。

3. 分述如下：

（1）施工单位提出增加土方工程施工费用13.5万元不合理。

因为原土方工程总费用为：$23000 \times 15 = 345000$ 元 $= 34.5$ 万元。

增加土方工程N后，土方工程的总费用为47.35万元，故土方工程施工费用可增加 $47.35 - 34.5 = 12.85$ 万元。

（2）施工单位提出补偿挖土机的闲置费用2.4万元合理。

增加了土方工作N后的网络计划如图3所示，安排挖土机按C→F→N→J顺序施工，由于N工作完成后到J工作的开始中间还需施工G工作，所以造成机械闲置1个月。应给予承包方施工机械闲置补偿费：

$30 \times 800 = 24000$ 元 $= 2.4$ 万元。

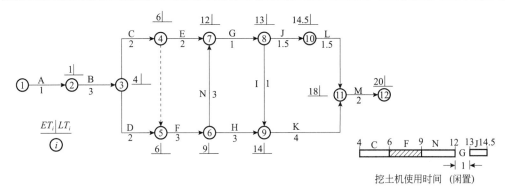

图3 增加土方工作N后的网络计划

（3）工期延长3个月不合理。

根据对原计划（不增加N工作）计算的工期为18个月，增加N工作后的网络计划计算的工期为20个月。因此可知，增加N工作后，计算工期增加了2个月，因此，监理工程师应批准给予承包方延长工期2个月。

【案例2】答：

1. 估算合同总价为：$5300 \times 180 = 95.4$ 万元。

2. 计算如下：

（1）工程预付款金额为：$95.4 \times 20\% = 19.08$ 万元。

（2）工程预付款应从第3个月起扣留，因为第1、2两个月累计工程款为：$1800 \times 180 = 32.4$ 万元 $> 95.4 \times 30\% = 28.62$ 万元。

（3）每月应扣工程预付款为：$19.08 \div 3 = 6.36$ 万元。

3. 每月工程量价款、应签证的工程款、应签发的付款凭证金额计算如下：

（1）第1个月工程量价款为：$800 \times 180 = 14.40$ 万元。

应签证的工程款为：$14.40 \times 0.97 = 13.968$ 万元 < 15 万元。

第1个月不予付款，应签发的付款凭证金额为零。

（2）第2个月工程量价款为：$1000 \times 180 = 18.00$ 万元。

应签证的工程款为：$18.00 \times 0.97 = 17.46$ 万元。

应签发的付款凭证金额为：$13.968 + 17.46 = 31.428$ 万元。

（3）第3个月工程量价款为：$1200 \times 180 = 21.60$ 万元。

应签证的工程款为：$21.60 \times 0.97 = 20.952$ 万元。

应扣工程预付款为：6.36 万元。

$20.952 - 6.36 = 14.592$ 万元 < 15 万元。

第3个月不予付款，应签发的付款凭证金额为零。

（4）第4个月工程量价款为：$1200 \times 180 = 21.60$ 万元。

应签证的工程款为：$21.6 \times 0.97 = 20.952$ 万元。

应扣工程预付款为：6.36 万元。

应签发的付款凭证金额为：$14.592 + 20.952 - 6.36 = 29.184$ 万元。

（5）第5个月累计完成工程量为$5400 m^3$，比原合同工程量超出$100 m^3$，但未超出合同工程量的10%，所以仍按原单价结算。

第 5 个月工程量价款为：$1200 \times 180 = 21.60$ 万元。

应签证的工程款为：20.952 万元。

应扣工程预付款为：6.36 万元。

$20.952 - 6.36 = 14.592$ 万元 < 15 万元。

第 5 个月不予付款，应签发的付款凭证金额为零。

（6）第 6 个月累计完成工程量为 5900m^3，比原估算工程量超出 600m^3，已超出合同工程量的 10%，对超出的部分应调整单价。

应按调整后的单价结算的工程量为：$5900 - 5300 \times (1 + 10\%) = 70 m^3$。

第 6 个月工程量价款为：$70 \times 180 \times 0.9 + (500 - 70) \times 180 = 8.874$ 万元。

应签证的工程款为：$8.874 \times 0.97 = 8.6078$ 万元。

应签发的付款凭证金额为 $14.592 + 8.6078 = 23.1998$ 万元。

【案例 3】答：

1. 不正确。理由：项目招标公告应按有关规定在中国招标投标公共服务平台等媒体上发布，不能限制只在本市日报上发布；依据有关规定，该项目应采用公开招标方式招标，项目法人不能擅自改变。

2. A 投标人无不妥之处。理由：经评审后最低报价者应被推荐为中标人。

B 投标人在开标后降价不妥。理由：除按评标委员会要求对投标文件澄清和修改外，投标文件在投标文件有效期内不得修改。

C 投标人无不妥之处。理由：投标人的投标保函有效期应不短于招标文件规定的有效期。

D 投标人无不妥之处。理由：投标人的投标函（或投标文件）应加盖企业及其法定代表人的印章，但不要求加盖项目负责人的印章。

E 投标人投标文件无效。理由：根据有关规定，联合体投标，应有联合体共同投标协议书。

F 投标人无不妥之处。理由：根据有关规定，开标后合同谈判中投标人提出的优惠条件，不作为评标的依据。

3. G 投标人的投标文件有效。投标文件在投标文件有效期内不得撤回。G 投标人撤回其投标文件，项目法人可没收其投标保函。

4. 该项目中标人应为 A，合同价为 8000 万元。

【案例 4】答：

1. 上述整个事件中存在如下不妥之处：

（1）施工总承包单位自行决定将基坑支护和土方开挖工程分包给了一家专业分包单位施工的做法不妥。工程分包应报监理单位经建设单位同意后方可进行。

（2）专业设计单位完成基坑支护设计后，直接将设计文件给了专业分包单位的做法不妥。设计文件的交接应经发包人交付给施工总承包单位。

（3）专业分包单位编制的基坑工程和降水工程专项施工组织方案，经施工总承包单位项目经理签字后即组织施工的做法不妥。专业分包单位编制了基坑支护工程和降水工程专项施工组织方案后，施工单位技术负责人应签字并经总监理工程师审批后方可实施，基坑支护与降水工程、土方和石方开挖工程必须由专职安全生产管理人员进行现场监督。

（4）专业分包单位由负责质量管理工作的施工人员兼任现场安全生产监督工作的做法不妥。从事安全生产监督工作的人员应经专门的安全培训并持证上岗。

（5）总承包单位对总监理工程师因发现基坑四周地表出现裂缝而发出要求停止施工的书面通知不予理睬的做法不妥。总承包单位应按监理通知的要求停止施工。

（6）事故发生后专业分包单位直接向有关应急管理部门上报事故的做法不妥。应经过总承包单位。

（7）专业分包单位要求设计单位赔偿事故损失的做法不妥。专业分包单位和设计单位之间不存在合同关系，不能直接向设计单位索赔，专业分包单位应通过施工总承包单位向建设单位索赔，建设单位再向勘察设计单位索赔。

2. 施工单位应对下列达到一定规模的危险性较大的工程编制专项施工方案，并附具安全验算结果，经施工单位技术负责人签字以及总监理工程师核签后实施，由专职安全生产管理人员进行现场监督：

（1）基坑支护与降水工程；

（2）土方和石方开挖工程；

（3）模板工程；

（4）起重吊装工程；

（5）脚手架工程；

（6）拆除、爆破工程；

（7）围堰工程；

（8）其他危险性较大的工程。

3. 本起事故中3人死亡，1人重伤，事故应定为重大质量与安全事故。

4. 本起事故的主要责任应由施工总承包单位承担。

在总监理工程师发出书面通知要求停止施工的情况下，施工总承包单位继续施工，直接导致事故的发生，所以本起事故的主要责任应由施工总承包单位承担。

【案例5】答：

1. 对于混凝土坝等大体积混凝土浇筑，可采取的措施主要有：

减少混凝土的发热量、降低混凝土的入仓温度、加速混凝土散热等，其中降低混凝土的入仓温度的具体措施又有：

（1）合理安排浇筑时间，如：春、秋季多浇，夏季早晚浇，正午不浇，重要部位安排在低温季节、低温时段浇筑。

（2）采用加冰或加冰水拌和。

（3）对集料进行预冷，方法有：水冷、风冷、真空汽化冷却。

2. 混凝土内部及表面裂缝，应根据裂缝大小，根据不同灌浆材料的可灌性，选择不同的灌浆材料进行灌浆。对坝内裂缝、空洞可采用水泥灌浆；对细微裂缝可用化学灌浆；对于表面裂缝可用水泥砂浆或环氧砂浆涂抹处理。

3. 经承包商返工处理的单元工程质量可自评为优良。

对单元工程若经过全部返工处理，可重新评定质量等级。返工处理后检验符合优良标准，可自评为优良。

4. 该模板安装工序施工质量评定意见应根据检测值首先统计各检测项目的合格点数和合格率，以及该单元模板工程检测点合格率，然后根据主要检查项目、一般检测项目符合质量标准情况及实测点的合格率作出施工质量评定意见。根据工序质量评定标准中"在主要检查项目符合质量标准的前提下，一般检测基本符合质量标准，检测总点数中有70%及以上符合质量标准，评为合格；检测总点数中有90%及以上符合质量标准，评为优良。"由此得出该工序质量等级。

该分部工程质量等级为合格。虽然该分部工程的优良率达到75%，其他各项标准也达到优良，但该分部工程施工过程中，发生了质量事故，故不能评为优良。

综合测试题（二）

一、单项选择题（共20题，每题1分。每题的备选项中，只有1个最符合题意）

1. 根据《水利水电工程等级划分及洪水标准》SL 252—2017，某土石坝施工中，汛前达到拦洪度汛高程（超过围堰顶高程），相应库容为5000万 m^3，坝体施工期临时度汛的洪水标准为（　　）年。
    A．20～10　　　　　　　　B．50～20
    C．100～50　　　　　　　D．≥100

2. 水工建筑物中的丁坝按作用应属于（　　）。
    A．泄水建筑物　　　　　　B．输水建筑物
    C．河道整治建筑物　　　　D．取水建筑物

3. 为检查紫铜片止水焊接后是否渗漏，应采用（　　）进行检验。
    A．光照法　　　　　　　　B．柴油渗透法
    C．注水渗透法　　　　　　D．吹气法

4. 快硬水泥存储超过（　　）个月应复试其各项指标，并按复试结果使用。
    A．0.5　　　　　　　　　　B．1
    C．2　　　　　　　　　　　D．3

5. 疏浚工程宜采用的开挖方式是（　　）。
    A．横挖法　　　　　　　　B．反挖法
    C．顺流开挖　　　　　　　D．逆流开挖

6. 以下属于水工建筑物永久作用荷载的是（　　）。
    A．地震作用荷载　　　　　B．预应力
    C．静水压力　　　　　　　D．扬压力

7. 为减小地基渗流量或降低扬压力，主要采用（　　）方法。
    A．帷幕灌浆　　　　　　　B．接触灌浆
    C．接缝灌浆　　　　　　　D．固结灌浆

8. 根据土的分级标准，下列属于Ⅲ级土的是（　　）。
    A．用锹或略加脚踩开挖的砂土　　B．用镐、三齿耙开挖的黏土
    C．用锹需用脚踩开挖的壤土　　　D．用镐、三齿耙等开挖含卵石黏土

9. 在电压等级为220kV的带电体附近进行高处作业时，工作人员的活动范围距带电体的最小安全距离为（   ）m。
   A．2   B．3
   C．4   D．5

10. 面板堆石坝的混凝土面板宜采用单层双向钢筋，钢筋宜置于面板截面（   ）。
    A．边缘部位   B．上部
    C．下部   D．中部

11. 根据《水利工程施工安全管理导则》SL 721—2015，项目法人组织制定的安全生产管理制度其基本内容中不包括（   ）。
    A．工作内容   B．责任人（部门）的职责与权限
    C．基本工作程序及标准 D．安全生产监督

12. 根据《水利工程设计概（估）算编制规定（工程部分）》（水总〔2014〕429号），下列水利工程费用中，属于基本直接费的是（   ）。
    A．人工费   B．冬雨期施工增加费
    C．临时设施费   D．现场管理费

13. 根据《水利水电建设验收技术鉴定导则》SL 670—2015，蓄水安全鉴定工作程序中不包括（   ）阶段。
    A．工作大纲编制   B．自检报告编写
    C．验收报告编写   D．现场鉴定与鉴定报告编写

14. 根据《水电工程验收规程》NB/T 35048—2015，工程蓄水验收由（   ）进行。
    A．项目法人会同电网经营管理单位共同组织验收委员会
    B．省级人民政府能源主管部门负责，并委托有业绩、能力单位作为技术主持单位，组织验收委员会
    C．项目法人会同有关省级政府主管部门共同组织工程验收委员会
    D．项目法人自行组织

15. 江河、湖泊的水位在汛期上涨可能出现险情之前而必须开始准备防汛工作时的水位称为（   ）。
    A．上限水位   B．下限水位
    C．设计水位   D．警戒水位

16. 根据住房和城乡建设部《建筑业企业资质标准》，水利水电工程施工专业承包企业资质中不包括（   ）。
    A．水工金属结构制作与安装工程 B．水利水电机电安装工程

C. 河湖整治工程　　　　　　D. 堤防工程

17. 《中华人民共和国水土保持法》规定，禁止在（　　）度以上陡坡地开垦种植农作物。
A. 15　　　　　　　　　　　B. 20
C. 25　　　　　　　　　　　D. 30

18. 高处作业指的是在坠落高度基准面（　　）m 及以上有可能坠落的高处进行作业。
A. 3　　　　　　　　　　　 B. 5
C. 2　　　　　　　　　　　 D. 4

19. 按《水利工程建设程序管理暂行规定》（水建〔1998〕16 号）的要求，水利工程建设程序的最后一个阶段为（　　）。
A. 竣工验收　　　　　　　　B. 生产准备
C. 生产运行　　　　　　　　D. 项目后评价

20. 根据《水利部关于修订印发水利建设质量工作考核办法的通知》（水建管〔2018〕102 号），监理单位监理质量控制考核内容不包括（　　）。
A. 监理单位资质　　　　　　B. 质量控制体系建立情况
C. 监理控制相关材料报送情况　D. 监理控制责任履行情况

二、多项选择题（共 10 题，每题 2 分。每题的备选项中，有 2 个或 2 个以上符合题意，至少有 1 个错项。错选，本题不得分；少选，所选的每个选项得 0.5 分）

21. 经纬仪分类中不包括（　　）。
A. 微倾经纬仪　　　　　　　B. 激光经纬仪
C. 光学经纬仪　　　　　　　D. 电子经纬仪
E. 游标经纬仪

22. 混凝土坝坝基所受的扬压力通常包括（　　）。
A. 浮托力　　　　　　　　　B. 坝体自重压力
C. 孔隙水压力　　　　　　　D. 静水压力
E. 渗透压力

23. 混凝土耐久性包括（　　）等方面。
A. 抗渗性　　　　　　　　　B. 强度
C. 抗冻性　　　　　　　　　D. 抗冲磨性
E. 抗侵蚀性

24. 堆石坝施工中，砂砾料压实检查项目包括（   ）。
    A．干密度   B．孔隙率
    C．含水量   D．相对密度
    E．颗粒级配

25. 软土基坑施工中，为防止边坡失稳，保证施工安全，通常采取的措施有（   ）。
    A．采取合理坡度   B．设置边坡护面
    C．基坑支护   D．降低地下水位
    E．抬高地下水位

26. 根据《大中型水电工程建设风险管理规范》GB/T50927—2013，水利水电工程建设风险包括（   ）等类别。
    A．人员伤亡风险   B．工程质量风险
    C．工期延误风险   D．环境影响风险
    E．社会影响风险

27. 根据《水利工程施工监理规范》SL 288—2014，施工监理在工程资金控制方面的工作包括（   ）。
    A．审核承包人提交的资金流计划 B．建立合同工程付款台账
    C．签发完工付款证书   D．签发最终付款证书
    E．支付合同款

28. 水利工程建设安全生产监督工作，水行政主管部门可以（   ）监督。
    A．自行   B．委托建设行政主管部门
    C．委托水利安全生产监督机构 D．委托社会中介机构
    E．委托水利工程质量检测机构

29. 下列关于施工质量评定表的使用说法，正确的有（   ）。
    A．可使用圆珠笔填写
    B．数字应使用阿拉伯数字
    C．单位使用国家法定计量单位，并以规定的符号表示
    D．合格率用百分数表示，小数点后保留一位
    E．改错应使用改正液

30. 根据《中华人民共和国水法》规定，水资源规划按层次分为（   ）。
    A．全国战略规划   B．全省战略规划
    C．全县战略规划   D．流域规划
    E．区域规划

三、实务操作和案例分析题

【案例1】（本题 20 分）

某水闸项目经监理单位批准的施工进度网络图如图 1 所示（单位：d），合同约定：工期提前奖励标准为 10000 元/d，逾期违约金标准为 10000 元/d。

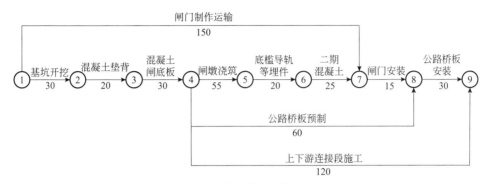

图 1　施工进度网络图

在施工中发生如下事件：

事件 1：基坑开挖后，发现地质情况与业主提供的资料不符，需要进行处理，致使"基坑开挖"工作推迟 10d 完成。

事件 2：对闸墩浇筑质量进行检查时，发现存在质量问题，需进行返工处理，使得"闸墩浇筑"工作经过 60d 才完成任务。

事件 3：在进行闸门安装时，施工设备出现了故障后需修理，导致"闸门安装"工作的实际持续时间为 17d。

事件 4：由于变更设计，使得"上下游连接段施工"推迟 22d 完成。

事件 5：为加快进度采取了赶工措施，将"底槛导轨等埋件"工作的时间压缩了 8d。

问题：

1. 指出施工进度计划的计划工期，确定其关键线路。
2. 分别说明事件 1～事件 4 的责任方以及对计划工期的影响。
3. 综合上述事件，计算该项目的实际工期，应获得多少天的工期补偿？可获得的工期提前的奖励或支付逾期违约金为多少？

【案例2】（本题 20 分）

某项工程业主与承包商签订了工程施工合同，合同中含两个子项工程，估算工程量甲项为 2300m³，乙项为 3200m³，经协商合同单价甲项为 180 元/m³，乙项 160 元/m³。合同工期为 4 个月。合同约定：

（1）开工前业主应向承包商支付签约合同价 20% 的预付款。

（2）业主自第 1 个月起，从承包商的工程款中，按 3% 的比例扣留保留金。

（3）当子项工程实际工程量超过（或低于）估算工程量 10% 时，可进行调价，调整系数为 0.9（或 1.1）。

（4）根据市场情况规定价格调整系数平均按 1.2 计算。

（5）合同规定每月签发付款的最低金额为 25 万元。
（6）工程预付款在最后两个月扣除，每月扣 50%。

承包商各月实际完成并经监理工程师签证确认的工程量见表 1。

表 1　确认的工程量　　　　　　　　　　（单位：m³）

月份	1月	2月	3月	4月
甲项	500	800	800	600
乙项	700	900	800	600

问题：

1. 签约合同价为多少？
2. 工程预付款金额为多少？
3. 每月工程量价款是多少？应签证的工程款是多少？实际签发的付款凭证金额是多少？

【案例 3】（本题 20 分）

某省重点水利工程项目计划于 2009 年 12 月 28 日开工，由于工程复杂，技术难度高，一般施工队伍难以胜任，业主自行决定采取邀请招标方式。于 2009 年 9 月 8 日向通过资格预审的 A、B、C、D、E 5 家施工企业发出投标邀请书。该 5 家施工企业均接受了邀请，并于规定时间 2009 年 9 月 20—22 日购买了招标文件。招标文件中规定，2009 年 10 月 18 日下午 4 时为投标截止时间，2009 年 11 月 10 日发出中标通知书。

在投标截止时间前，A、B、D、E 4 家企业提交了投标文件，但 C 企业于 2009 年 10 月 18 日下午 5 时才送达投标文件，原因是路途堵车。2009 年 10 月 21 日下午由当地招标投标监督管理办公室主持进行了公开开标。

评标委员会成员由 7 人组成，其中当地招标投标监督管理办公室 1 人，公证处 1 人，招标人 1 人，技术、经济方面专家 4 人。评标时发现 E 企业投标文件虽无法定代表人签字和委托人授权书，但投标文件均已有项目经理签字并加盖了单位公章。评标委员会于 2009 年 10 月 28 日提出了书面评标报告。B、A 企业分列综合得分第一名、第二名。由于 B 企业投标报价高于 A 企业，2009 年 11 月 10 日招标人向 A 企业发出了中标通知书，并于 2009 年 12 月 12 日签订了书面合同。

问题：

1. 业主自行决定采取邀请招标方式的做法是否妥当？说明理由。
2. C 企业和 E 企业的投标文件是否有效？分别说明理由。
3. 请指出开标工作的不妥之处，说明理由。
4. 请指出评标委员会成员组成的不妥之处，说明理由。
5. 招标人确定 A 企业为中标人是否违规？说明理由。
6. 合同签订的日期是否违规？说明理由。

【案例 4】（本题 30 分）

某水电站大坝为混凝土双曲拱坝，坝高 240m，总库容 58 亿 m³，装机容量 6×55 万 kW，年发电量约 172 亿 kW·h。固结灌浆施工于 1994 年 12 月开始施工，1999 年 3 月全部完成。

（1）地质简况和岩体质量分级

根据岩石强度、岩体结构、围压效应、水文地质条件等多种因素将岩体类型分为：① 优良岩体（A～C 级），可直接作为大坝地基；② 一般岩体（D 级），经过灌浆处理后可作为大坝地基；③ 较差岩体（E3 级），自然状态下原则上不宜作为高坝地基；④ 软弱岩体（E1、E2 级），不能直接作为坝基，需特殊处理；⑤ 松散岩体（F 级），不能作为主体建筑物地基。

（2）坝基固结灌浆设计

① 设计原则。根据岩体质量情况，灌浆设计分为常规灌浆和特殊灌浆两大类，前者适用于 A、B、C 级岩体，后者适用于 D、E 两类岩体。

② 灌浆材料。常规灌浆使用 42.5 级普通硅酸盐水泥。特殊灌浆原则上Ⅰ、Ⅱ序孔为普通硅酸盐水泥，Ⅲ序孔为磨细水泥。

（3）固结灌浆质量检查显示固结灌浆效果良好。

问题：

1. 本工程坝基固结灌浆的目的是什么？
2. 本工程使用了 42.5 级普通硅酸盐水泥，试回答使用水泥类材料作为灌浆浆材的优缺点。
3. 简答固结灌浆的施工程序。如果灌前做简易压水试验，应采用什么方法？实验孔数一般不宜少于多少？
4. 固结灌浆效果检查的主要方法是什么？

【案例 5】（本题 30 分）

某水闸为 14 孔开敞式水闸，设计流量为 2400m³/s。每个闸墩划分为一个单元工程，其中第 4 号闸墩高 10.5m，厚 1.5m，顺水流方向长 24.0m，其混凝土量为 365.8m³，模板面积为 509.6m²，钢筋量为 30.5t。闸墩混凝土采用钢模施工。承包人进行闸墩模板及支架设计时，考虑的基本荷载有：模板及支架自重、新浇筑混凝土重量、钢筋重量以及振捣混凝土时产生的荷载。监理单位发现承包人考虑的基本荷载有漏项并及时进行了纠正。

施工过程中，承包人和监理单位对第 4 号闸墩的混凝土模板进行了检查验收，填写的《水利水电工程混凝土模板工序质量评定表》，见表 2。

问题：

1. 指出承包人在闸墩模板及支架设计时，漏列了哪些基本荷载。
2. 根据水利水电工程施工质量评定有关规定，指出《水利水电工程混凝土模板工序质量评定表》中"质量标准"以及"实测值"栏内有哪些基本资料未填写或未标注，"单元工程量"栏内缺少哪一项工程量。

表2　水利水电工程混凝土模板工序质量评定表

单位工程名称	××水闸工程		单元工程量	混凝土35.8m³	
分部工程名称	闸室段		施工单位	×××	
单元工程名称、部位	第4号闸墩		检查日期	×年×月×日	
项次	检查项目	质量标准		检验记录	
1	△稳定性、刚度和强度	符合设计要求		采用钢模板，钢支撑和木方，稳定性、刚度和强度满足设计要求	
2	模板表面	光洁、无污物、接缝严密		光洁、无污物、接缝严密	

项次	检查项目	设计值	允许偏差（mm）			实测值	合格点数	合格率（%）
			外露表面		隐蔽内面			
			钢模	木模				
1	模板平整度；相邻两板面高差		2	3	5	0.9, 1.5, 2.8, 0.7, 2.4, 0.7, 0.3, 1.2, 1.1, 0.8		
2	局部不平		2	5	10	1.2, 2.4, 0.2, 0.4, 1.0, 1.7, 0.7, 2.3		
3	面板缝隙		1	2	2	1.1, 0.9, 0.5, 0.2, 1.2, 0.4, 0.7, 0.5, 0.3, 0.7		
4	结构物边线与设计边线		10		15	1.494, 1.500, 1.503, 1.502, 1.498, 1.503, 24.000, 24.003, 23.997, 23.998, 24.000, 24.002		
5	结构物水平段面内部尺寸		±20			—		
6	承重模板标高		±5			—		
7	预留孔洞尺寸及位置		±10			—		
检测结果		共检测　点，其中合格　点，合格率　%						
评定意见					工序质量等级			
施工单位	××××年×月×日		监理单位		××××年×月×日			

3. 统计《水利水电工程混凝土模板工序质量评定表》中各"项次"实测值合格点数，计算各"项次"实测值合格率，写出评定表中"检测结果"栏内相应数据。

4. 写出评定意见及工序质量等级。

【答案】

一、单项选择题

1. C；　2. C；　3. B；　4. B；　5. C；　6. B；　7. A；　8. B；

9．C； 10．D； 11．D； 12．A； 13．C； 14．B； 15．D； 16．D；
17．C； 18．C； 19．D； 20．A

二、多项选择题
21．A、B； 22．A、E； 23．A、C、D、E； 24．A、D、E；
25．A、B、C、D； 26．A、C、D、E； 27．A、B、C、D； 28．A、C；
29．B、C、D； 30．A、D、E

三、实务操作和案例分析题
【案例1】答：
1．计划工期为225d，关键线路为①→②→③→④→⑤→⑥→⑦→⑧→⑨。
2．事件1责任方为业主，因"基坑开挖"为关键工作，故影响计划工期10d。
事件2责任方为施工单位，因"闸墩浇筑"为关键工作，故影响计划工期5d。
事件3责任方为施工单位，因"闸门安装"为关键工作，故影响计划工期2d。
事件4责任方为业主，因"上下游连接段施工"为非关键工作，原有总时差25d，故不影响计划工期。
3．该项目的实际工期为234d，应获得10d的工期补偿，可获得工期提前奖励为10000元。

【案例2】答：
1．签约合同价为：2300×180＋3200×160＝92.6万元。
2．工程预付款金额为：92.6×20%＝18.52万元。
3．计算如下：
（1）第一个月：
工程量价款为：500×180＋700×160＝20.2万元。
应签证的工程款为：20.2×（1－3%）＝19.594万元。
由于合同规定每月签发付款的最低金额为25万元，故本月付款凭证金额为0。
（2）第二个月：
工程量价款为：800×180＋900×160＝28.8万元。
应签证的工程款为：28.8×（1－3%）＝27.936万元。
本月实际签发的付款凭证金额为：19.594＋27.936＝47.53万元。
（3）第三个月：
工程量价款为：800×180＋800×160＝27.2万元。
应签证的工程款为：27.2×（1－3%）＝26.384万元。
应扣工程预付款为：18.52×50%＝9.26万元。
该月应支付的净金额为：26.384－9.26＝17.124万元＜25万元。
由于未达到最低结算金额，故本月付款凭证金额为0。
（4）第四个月：
甲项工程累计完成工程量为2700m^3，较估算工程量2300m^3增加超过10%。
2300×（1＋10%）＝2530m^3
超过10%的工程量为：2700－2530＝170m^3。
其单价应调整为：180×0.9＝162元/m^3。

故甲项工程量价款为：(600-170)×180+170×162=10.494万元。

乙项累计完成工程量为3000m³，与估计工程量3200m³增减均未超过10%，故不予调整。

乙项工程量价款为：600×160=9.6万元。

本月完成甲、乙两项工程量价款为：10.494+9.6=20.094万元。

应扣工程预付款为：18.52×50%=9.26万元。

应签证的工程款为：20.094×(1-3%)-9.26=10.23118万元。

本期实际签发的付款凭证金额为：17.124+10.23118=27.35518万元。

【案例3】答：

1. 业主自行决定采取邀请招标方式招标的做法不妥当。因为该项工程不符合《中华人民共和国招标投标法实施条例》邀请招标条件，依据有关规定应该进行公开招标。

2. C企业的投标文件应属于无效标书。因为C企业的投标文件是在招标文件要求提交投标文件的截止时间后才送达的，为无效投标文件，招标人应拒收C企业的投标文件。E企业的投标文件应属于无效标书。因为E企业的投标文件没有法定代表人签字和委托人的授权书。

3. 该项目的开标工作存在以下不妥之处：

（1）在2009年10月21日开标不妥，招标投标法中规定开标应当在招标文件确定的提交投标文件截止时间的同一时间公开进行开标。

（2）开标由当地招标投标监督管理办公室主持开标的做法不妥当，按照有关规定应由招标人主持。

4. 评标委员会成员的组成存在如下问题：

（1）评标委员会成员中有招标投标监督管理办公室人员不妥，因评标委员会由招标人代表和从相关评标专家库中抽取的评标专家组成，行政监督部门履行行政监督职责。

（2）评标委员会成员中有公证处人员不妥，因为公证处人员不可以参加评标委员会。

（3）评标委员会成员中技术、经济等方面专家只有4人不妥，因为按照规定，评标委员会中技术、经济等方面专家不得少于成员总数的2/3，由7人组成的评标委员会中技术、经济等方面专家必须要有5人或5人以上。

5. 招标人确定A企业为中标人是违规的。在按照综合评分法评标时，因投标报价已经作为评标内容考虑在得分中，再重新单列投标报价作为中标依据显然不合理，招标人应该按综合得分先后顺序选择中标人。

6. 合同签订的日期违规。按有关规定，招标人和中标人应当自中标通知书发出之日起30日内，按照招标文件和中标人的投标文件订立书面合同，即招标人必须在2009年12月10日前与中标单位签订书面合同。

【案例4】答：

1. 本工程坝基固结灌浆的目的是：

（1）解决表（浅）层因爆破松动和应力松弛所造成的岩体损伤对坝基质量的影响，增加岩体刚度。

（2）提高局部D级岩体的变形模量，以满足高拱坝应力和稳定的要求。

（3）用作为E、F级岩体和断层与破碎带经置换处理后的补强灌浆。

2．采用水泥浆优点是胶结情况好，结石强度高，制浆方便。缺点是价格高，颗粒较粗，细小孔隙不易灌入，浆液稳定性差，易沉淀，常会过早地将某些渗透断面堵塞，影响灌浆效果，时间较长，易将灌浆器胶结住，难以拔起。

3．固结灌浆的施工程序是：钻孔、压水试验、灌浆、封孔和质量检查。应采用单点法，不宜少于总孔数的5%。

4．固结灌浆效果检查的主要方法有整理、分析灌浆资料，验证灌浆效果；钻设检查孔检查，测定弹性模量或弹性波速。

【案例5】答：

1．承包人在闸墩模板及支架设计时，漏列的基本荷载有：

（1）人员及设备、工具等荷载。

（2）新浇筑混凝土的侧压力。

2．具体如下：

（1）单元工程量：应补填写"模板面积509.6m^2"。

（2）钢模应加标注，例如变成"√钢模"。

（3）实测值应标注数量单位，其中：项次1～3实测值应标注"mm"；项次4实测值应标注"m"。

（4）结构物边线与设计边线对应的"设计值"应补填1.5m×24.0m。

3．见表3。

表3 评定表中"检测结果"栏内相应数据

项次	允许偏差项目	实测点数	合格点数	合格率（%）
1	模板平整度；相邻两板面高差	10	8	80
2	局部不平	8	6	75
3	面板缝隙	10	8	80
4	结构物边线与设计边线	12	12	100

检测结果：共检测40点，其中合格34点，合格率85.0%。

4．评定意见：

主要检查项目全部符合质量标准。一般检查项目符合质量标准。检测项目实测点合格率85.0%，大于合格标准70%，小于优良标准90%，故评为合格。

工序质量等级：合格。

网上增值服务说明

为了给一级建造师考试人员提供更优质、持续的服务，我社为购买正版考试图书的读者免费提供网上增值服务。**增值服务包括**在线答疑、在线视频课程、在线测试等内容。

网上免费增值服务使用方法如下：

1. 计算机用户

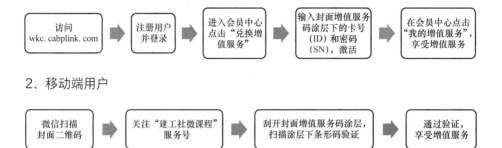

2. 移动端用户

注：增值服务从本书发行之日起开始提供，至次年新版图书上市时结束，提供形式为在线阅读、观看。如果输入卡号和密码或扫码后无法通过验证，请及时与我社联系。

客服电话：010-68865457，4008-188-688（周一至周五9：00—17：00）

Email: jzs@cabp.com.cn

防盗版举报电话：010-58337026，举报查实重奖。

网上增值服务如有不完善之处，敬请广大读者谅解。欢迎提出宝贵意见和建议，谢谢！